DIE RAKETEN DER NVA

BODEN – LUFT

Jörg Siegert

Motor buch Verlag

Einbandgestaltung: Sven Rauert unter Verwendung von Fotos aus dem Archiv des Autors.

Bildnachweis: Die zur Illustration dieses Buches verwendeten Aufnahmen stammen – wenn nicht anderes vermerkt ist – vom Verfasser.

ISBN: 978-3-613-04821-8

1. Auflage 2026

Sie finden uns im Internet unter www.motorbuch-verlag.de

Produkthinweis:
Dieses Buch wurde nach den geltenden Vorschriften der General Product Safety Regulation (GPSR) entwickelt. Bei Fragen oder Problemen wenden Sie sich bitte an den Verlag unter der folgenden E-Mail-Adresse: gpsr@paul-pietsch-verlage.de

Lektorat: Martin Benz M.A.
Innengestaltung: Jürgen Knopf,
Medien und Printprodukte, 74321 Bietigheim-Bissingen
Druck und Bindung: DZS GRAFIK d.o.o, 1210 Ljubljana
Printed in Slovenia

Inhalt

Vorwort und Danksagung

Dieses Buch beschreibt die **Flugabwehr-Raketen** (im Folgenden Raketen genannt), die von den Luftstreitkräften/Luftverteidigung und von der Truppenluftabwehr der Landstreitkräfte der NVA eingesetzt wurden. Es konzentriert sich auf die Beschreibung der Raketen und gibt gleichzeitig einen kurzen Einblick in die Strukturen jener Truppenteile, die für den Einsatz der Raketen notwendig waren.

Die in den einzelnen Kapiteln verwendeten technischen Bezeichnungen entstammen einem zu Beginn des Kapitels genannten Stellenplan/Ausrüstungsnachweis. Später eingeführte wichtige Technik wird zusätzlich erwähnt. Die bei mehreren Raketen verwendete Technik konnte unterschiedliche Bezeichnungen tragen, sie wird aber nur einmal beschrieben. Kommt diese Technik ein weiteres Mal vor, wird sie mit (1) gekennzeichnet, was bedeutet, dass diese Technik bereits in einem früheren Kapitel beschrieben wurde.

Die Einteilung der Raketen erfolgt nach dem Zeitpunkt ihrer Einführung. Da die Rakete im Mittelpunkt steht, widmet sich ein großer Teil dem Aufbau und der Funktionsweise wichtiger Komponenten. Die für den Einsatz der Rakete unmittelbar erforderliche Technik wie Startrampe oder Raketenleitstation wird in gleicher Weise behandelt. Die Beschreibung mittelbar notwendiger Technik wie Transportmittel, Tanktechnik, Mittel der technischen Sicherungsstellung oder Kräne wird kurz gehalten.

Für die Darstellung der Technik wurden hauptsächlich die Dienstvorschriften der Nationalen Volksarmee verwendet. Die taktisch-technischen Daten, die Beschreibungen und Erläuterungen entstammen diesen Dienstvorschriften. Leider existieren für die ersten und die letzten in die NVA eingeführten Raketen keine aussagekräftigen Dienstvorschriften. Um überhaupt technische Beschreibungen anbieten zu können, musste der Verfasser auf sowjetische und russische Dokumente aus dem Internet zurückgreifen. Eine vorsichtige Nutzung von *Wikipedia* half dabei, zusätzliche Informationen zu erhalten. Recherchen im Militärarchiv Freiburg halfen bei der Gewinnung zahlreicher Informationen, wie historische Daten oder militärische Strukturen. Als weitere Quellen dienten verschiedene Publikationen (siehe Literaturverzeichnis im Quellennachweis), die eine bessere historische Einordnung erlaubten.

Um einen breiten Leserkreis anzusprechen, verzichtete das Buch auf eine detaillierte technische Beschreibung der Raketentechnik, da dies den Umfang gesprengt hätte. Auch die Verwendung von Fachbegriffen erfolgte behutsam.

Im Werk *PANZER DER NVA* wurden bereits die Basisfahrzeuge der Startrampen und Raketenleitstationen der Fla-Raketentruppen beschrieben; hier folgt nun der raketentechnische Teil.

Die begrenzte Verfügbarkeit von geeignetem Bildmaterial verhinderte eine vollständige bildliche Darstellung der gesamten Technik. Die Qualität des Bildmaterials hängt vom Alter und den Umständen der Entstehung ab. Oft gab es nur die Wahl zwischen keinem oder diesem Bild. Manchmal war es nur noch möglich, eine Zeichnung zur Darstellung der Technik zu verwenden. Sollten sich aufgrund der teilweise unübersichtlichen Quellenlage Unstimmigkeiten ergeben haben, bitte ich um Berichtigungen oder Ergänzungen. Vorschläge und Anregungen können dem Motorbuch Verlag mitgeteilt werden, der sie dann weiterleiten wird.

An dieser Stelle möchte ich mich nochmals ganz herzlich bei meiner **lieben Frau Doris** bedanken. Sie hat mit großem persönlichem Engagement tagelang im Bundesarchiv Freiburg recherchiert und das Manuskript akribisch auf Rechtschreib- und Grammatikfehler durchgesehen. Nicht zuletzt ihrer Unbeirrbarkeit und Hartnäckigkeit ist es zu verdanken, dass sich das vorliegende Buch leicht und verständlich lesen lässt.

Potsdam im Frühjahr 2026
Jörg Siegert

Raketen der Luftstreitkräfte/Luftverteidigung

Einführung

Die in der NVA eingesetzten **Raketen** dienten zur Bekämpfung bemannter und unbemannter Luftziele. Entsprechend den sich verändernden technischen Möglichkeiten der Raketen erweiterte sich das Aufgabenspektrum. Neben der Bekämpfung hoch und schnell fliegender Ziele im gesamten Höhenbereich und tief fliegender Flugzeuge mit geringer Reflexionsfläche konnten auch Gruppenziele, Hubschrauber, ballistische Raketen und alle Arten von Marschflugkörpern bekämpft werden. Der Einsatz gegen Erd- und Wasserziele sowie gegen automatisch driftende Ballone war ebenso möglich. Mit Raketen großer Reichweite ließen sich vorrangig wichtige Ziele wie fliegende Gefechtsstände, Träger von weitreichenden Luftangriffsmitteln sowie Störträger vernichten oder zumindest beschädigen.

Die Raketen waren entweder nach dem aerodynamischen Prinzip NORMAL (die Steuerungselemente befinden sich hinter dem Schwerpunkt der Rakete) oder nach dem aerodynamischen Prinzip ENTE konstruiert. Bei letzterem befinden sich die Steuerungselemente vor dem Schwerpunkt der Rakete. Die Lenkung erfolgte wie bei einem Pkw, was ihr eine hohe Wendigkeit und Manövrierfähigkeit beim Flug in niedrigen Höhen verlieh.

Der Aufbau der Raketen war prinzipiell gleich; Ausnahmen werden in den jeweiligen Kapiteln beschrieben. Jede Rakete bestand aus zwei **Stufen**. Die erste Stufe, die Startstufe, war mit einem Feststoff-Starttriebwerk (FSTW), die zweite Stufe, die Marschstufe, mit einem Flüssigkeits-Marschtriebwerk (FMTW) ausgerüstet. Nach erfolgreichem Start wurde die erste Stufe grundsätzlich abgeworfen. Die Bordausrüstung einer Rakete war in miteinander verbundenen **Zellen** untergebracht. Die Anzahl der Zellen und die darin untergebrachte Ausrüstung variierten von Rakete zu Rakete.

Raketen wurden im Wesentlichen mit zwei Verfahren, den sogenannten **Leitmethoden,** an ein Ziel herangeführt. Die Leitmethoden waren aufgrund der unterschiedlichen Schießbedingungen, bedingt durch die sich ändernde Höhe und Geschwindigkeit des Ziels sowie der vorhandenen Flugeigenschaften der Raketen, erforderlich. Die einfachste Methode stellte die DREIPUNKTMETHODE (DPM) dar. Wie auf einer Visierlinie sollten sich die Raketenleitstation, die fliegende Rakete und das Ziel auf einer Linie befinden. Die Rakete bewegte sich auf das Ziel zu und wich dabei von dieser Linie ab. Die RLS erkannte die Abweichungen, ermittelte den entsprechenden Korrekturwert, der in Form eines Lenkkommandos an die Rakete gesendet wurde, woraufhin sich die Rakete wieder der Linie näherte. Durch die Vorwärtsbewegung des Ziels blieb die Flugbahn der Rakete nicht geradlinig, sondern krümmte sich. Diese Krümmung nahm mit der Annäherung an das Ziel zu. Das vorhandene Lastvielfache der Rakete stieg bis zu einem Grenzwert an, der zum Ausbrechen der Rakete führen konnte. Daher begrenzen die Schießregeln und die Konstruktion der Rakete die maximal zulässige Zielgeschwindigkeit bei der DREIPUNKTMETHODE. Flog das Ziel schneller, musste mit der METHODE HALBE BEGRADIGUNG (MHB) geschossen werden. Bei der Berechnung der Lenkkommandos für die Rakete wurde ein Vorhalt eingegeben. Durch den Vorhalt wurde die Flugbahn der Rakete gestreckt und somit das Lastvielfache der Rakete gesenkt.

Das **Fla-Raketenregiment (FRR)** stellte als militärischer Verband den Einsatz der Raketen sicher. Nach dem Stellenplan vom November 1960 bestand ein FRR der LSK/LV aus der Regimentsführung mit Stab, den Einheiten der Gefechtssicherung, den Gefechtseinheiten und den Bedienungseinheiten. Wesentliche Elemente der Gefechtssicherung bildeten die Funktechnischen Mittel (FuTM) sowie die Automatisierten Führungssysteme (AFS). Das Fla-Raketenregiment war der am Boden operierende Verband mit den Aufgaben der Aufklärung und Identifizierung von Luftfahrzeugen, der Darstellung und Auswertung von Luftlagedaten, der Ermittlung von Zieldaten sowie der Bekämpfung von Flugzielen in allen möglichen Höhenbereichen.

Durch die Verwendung von Raketen mit unterschiedlichen Einsatzparametern in einer Einheit entstanden ab 1971 **Fla-Raketenbrigaden (FRBr)**, die sich in Führung, Einheiten der Gefechtssicherstellung, Fla-Raketenabteilungen und Einheiten der materiellen, technischen und medizinischen Sicherstellung gliederten.

Die in den Truppenteilen der LSK/LV eingesetzten Raketen bildeten die Hauptbestandteile eines **Fla-Raketensystems (FRS)**, das die Gesamtheit aller zur Vernichtung von Luftzielen erforderlichen, miteinander verbundenen Elemente darstellte. Ein FRS bestand aus einem Führungselement, mehreren Fla-Raketenkomplexen, den Mitteln der Gefechts-, der technischen und rückwärtigen Sicherstellung sowie den Mitteln der Sicherung. Das FRS diente der Suche und Begleitung von Zielen nach der Zielzuweisung durch ein automatisiertes Führungssystem oder in eigener Zuständigkeit. Es war möglich, die Kennung des Ziels zu verifizieren und die Anfangsangaben für das Schießen zu berechnen. Nach dem Start wurden eine oder mehrere Raketen mithilfe ihrer Bordapparatur auf das Ziel gelenkt und das Schießergebnis beurteilt. Des Weiteren wurden kontinuierlich Informationen über den Zustand des FRS und die Gefechtsarbeit der einzelnen Startkomplexe an das AFS weitergeleitet. Mithilfe des Triangulationsmodus ließen sich die genauen Daten eines mit aktiven und passiven Störsendern ausgerüsteten Flugzeugs ermitteln.

Mit den Mitteln der technischen Sicherstellung wurden die Raketen für den Start vorbereitet. Dazu mussten die Raketen montiert und bestückt, mit Brennstoff, Oxidator, Startbrennstoff und Druckluft betankt, technisch überprüft und zur Startrampe transportiert werden.

Der **Fla-Raketenkomplex (FRK)** diente der unmittelbaren Vernichtung von Luftzielen; er bestand aus mehreren Startrampen mit einsatzbereiten Raketen, einer Raketenleitstation und den Mitteln der Stromversorgung.

Ein wesentliches Merkmal des Zweiten Weltkrieges – vor allem der zweiten Kriegshälfte – stellte die deutliche Überlegenheit der Luftangriffsmittel gegenüber den Luftverteidigungsmitteln dar. So war es der Luftverteidigung kaum möglich, die Wucht der Luftangriffe durch traditionelle

Luftverteidigungsmittel, wie Flugabwehrkanonen oder Kampfflugzeuge, zu mindern.
In der Nachkriegszeit führte der Einsatz von Düsentriebwerken zu einer enormen Steigerung der Fluggeschwindigkeiten und der Einsatzgipfelhöhen. Mit dem Aufkommen der Atombombe konnte der Durchbruch eines einzigen Bombenflugzeugs verheerende Folgen haben. Das Indienststellen neuer Flugabwehrkanonen mit komplexen Geschützführungssystemen und Granaten mit Funkzündern konnte die Überlegenheit der Luftangriffsmittel nicht beseitigen. Ein Hochgeschwindigkeits-Bombenflugzeug in 10 km Höhe passierte die Feuerzone der Flak-Artillerie in wenigen Sekunden, und die starke Streuung der Granaten in dieser Höhe machte das Feuer der Flugabwehr fast wirkungslos. Die Hoffnungen auf einen effektiveren Einsatz der Luftverteidigungsmittel ruhten auf einem grundlegend neuen Waffensystem, der Flugabwehrrakete – an der bereits während des Zweiten Weltkrieges in Deutschland Pionierarbeit geleistet worden war.
Bereits 1949 rückte das Problem des Schutzes Moskaus vor massiven feindlichen Luftangriffen in den Fokus der sowjetischen Regierung. Das Moskauer Luftabwehrsystem sollte in der Lage sein, einen feindlichen Luftangriff mit bis zu 1200 Flugzeugen abzuwehren. Berechnungen ergaben, dass dafür 56 Fla-Raketenregimenter mit Sektorensichtradar und Startrampen auf zwei Ringen erforderlich waren. Geplant waren 22 FRR auf dem inneren Ring in einer Entfernung von 45 bis 50 km vom Zentrum Moskaus und 34 FRR auf dem äußeren Ring in einer Entfernung von 85 bis 90 km. Die FRR sollten in einem Abstand von 12 bis 15 km zueinander aufgestellt werden, sodass sich die Schusssektoren der FRR überlappten und damit ein kontinuierliches Zerstörungsfeld bildeten. Am 9. August 1950 beschloss der Ministerrat der UdSSR mittels Geheimdekret die Entwicklung des Fla-Raketensystems BERKUT (STEINADLER, 1953 in S25 umbenannt).
Grundsätzlich verfolgte die Sowjetunion das Ziel, ein Luftverteidigungssystem zu schaffen, das kein Flugzeug mehr durchdringen konnte. Ein FRR sollte den effektiven Kampf gegen den massiven Angriff von bis zu 20 Flugzeugen in einem Radius von 10 bis 15 km ermöglichen. Die kreisförmige Anordnung der FRR sollte Angriffe aus allen Richtungen abwehren, die große Tiefe des Luftverteidigungssystems Durchbrüche ausschließen und den Kampf unter schwierigen Wetterbedingungen und zu jeder Tages- und Jahreszeit ermöglichen.
Die Erfahrungen, die die sowjetischen Konstrukteure und Ingenieure bei der Entwicklung und beim Bau des Fla-Raketensystems S25 erwarben, waren wegweisend für alle folgenden FRS der UdSSR.

Im Mai 1958 legte das Vereinte Kommando dem Ministerium für Nationale Verteidigung der DDR erste Vorschläge zur Ausrüstung der NVA mit modernster Bewaffnung und Ausrüstung vor. Das MfNV wurde gebeten, die Vorschläge zu prüfen und entsprechende Entscheidungen auf Regierungsebene mitzuteilen.
Am 3. Oktober 1958 verabschiedete das MfNV den Plan der Maßnahmen für Spezialaufgaben. Dieser Plan enthielt die wichtigsten Aufgaben, Termine und Festlegungen zur Aufstellung von fünf FRR in der NVA.
Zur Schaffung eines Ausbildungszentrums für Fla-Raketenregimenter übergab das MfNV im Sommer 1959 das Objekt PINNOW an das Kommando der LSK/LV. In diesem Ausbildungszentrum wurden die aufzustellenden Fla-Raketenregimenter formiert und ausgebildet, außerdem die zugeführte Spezialbewaffnung und die übrige Technik aus der Industrie der DDR aufgenommen und zeitweilig untergebracht. Von PINNOW wurden die FRR in ihre endgültigen Standorte verlegt.
Zur Erfüllung dieser anspruchsvollen Aufgaben wurde das erste FRS, das Fla-Raketensystem SA75 DWINA, in PINNOW stationiert. Dazu wurden gemäß den Anordnungen Nr. 39/59 und Nr. 54/59 des 1. Stellvertreters und Chefs des Hauptstabs die Lehr- und Ausbildungsabteilung des Kommandos der LSK/LV und ein Fla-Regiment unter den Bezeichnungen PINNOW I und PINNOW II aufgestellt. Aus Gründen der Geheimhaltung und der Organisation der militärischen Führung wurden mit der Anordnung 33/60 des 1. Stellvertreter des Ministers und Chefs des Hauptstabs neue Regimentsbezeichnungen eingeführt. Der Lehr- und Ausbildungsverband des Kommandos der LSK/LV erhielt die Bezeichnung Ausbildungsregiment 12 (verschiedene Dokumente verwenden die Bezeichnung Lehr- und Ausbildungsregiment 12 – LAR-12), das Fla-Regiment die Bezeichnung Fla-Raketenregiment 16. Beide Regimenter unterstanden direkt dem Stellvertreter des Ministers und Chef der LSK/LV.
Am 14. September 1959 erhielt das Ausbildungsregiment 12 den ersten Fla-Raketenkomplex für die Ausbildung des Personalbestandes. Im Jahr 1960 übernahm das FRR-16 die Ausrüstung der restlichen drei FRK und der Technischen Abteilung in PINNOW. Die 4. Sitzung des Nationalen Verteidigungsrates der DDR (20. Januar 1961) bestätigte die Empfehlungen des Vereinten Kommandos zur weiteren Erhöhung der Kampfkraft der NVA. Die Aufstellung und Ausbildung der fünf Fla-Raketenregimenter fand zu folgenden Zeiten statt:

- FRR-16 von Oktober 1959 bis November 1960
- FRR-17 von Januar bis Juni 1961
- FRR-18 von Juli bis Dezember 1961
- FRR-13 von Januar bis Juni 1962
- FRR-14 von Juli bis Dezember 1962.

Mit der Bildung der 1. und 3. Luftverteidigungsdivision (LVD) im Kommando der LSK/LV begann die NVA Ende 1961, die bereits aufgestellten FRR – bis dahin direkt dem Stellvertreter des Ministers und Chef der LSK/LV unterstellt – als vollwertige Gefechtseinheiten in deren Kampfbestand zu integrieren.
Die 1. und die 3. Luftverteidigungsdivision verfügten bis zu ihrer Auflösung 1990 u. a. über folgende FRR und FRBr:

erste Bezeichnung		Standort	zweite Bezeichnung		letzte Bezeichnung	
1. Luftverteidigungsdivision						
1959	Fla-Raketenregiment-16	Ladeburg			1984	41. FRBr
1962	Fla-Raketenregiment-14	Straßgräbchen	1971	FRR-11	1981	FRR-31
1965	Fla-Raketenregiment-15 (mob)		1976	FRR-21	1988	51. FRBr
1974	Fla-Raketenregiment-19	Sprötau	1981	FRR-51	1988	51. FRBr
3. Luftverteidigungsdivision						
1961	Fla-Raketenregiment-18	Sanitz			1971	43. FRBr
1961	Fla-Raketenregiment-17	Stallberg			1981	FRR-23
1962	Fla-Raketenregiment-13	Parchim			1962	FRR-13

Mobilmachungseinheiten

Das FRR-15 wurde 1965 als Mobilmachungsverband aufgestellt und mit einem FRS SA75M DWINA-M ausgerüstet. Es wurde 1976 in FRR-21 umbenannt und ab 1988 durch Zusammenlegung mit dem FRR-51 zur 51. FRBr erweitert.
Aus dem FRR-16 wäre ab 1977 im Mobilmachungsfall durch Zusammenlegung mit dem FRR-11 die 16. FRBr (mit 1 x SA75M DWINA-M und 1 x S75 WOLCHOW) gebildet worden. Das FRR-16 diente als Basis für die ab 1984 aufgestellte 41. FRBr.

Am 6. Februar 1959 unterzeichneten hochrangige Regierungsvertreter der UdSSR und der DDR den ersten Vertrag über die Lieferung eines **Fla-Raketensystems SA75 DWINA** im Zeitraum 1959–1960 für rund 75 Millionen Rubel. In der zweiten Jahreshälfte 1959 traf der erste Fla-Raketenkomplex in PINNOW ein, 1960 die restlichen drei.
In den Jahren 1961/1962 erhielt die NVA vier **Fla-Raketensysteme SA75M DWINA-M** (je 24 Startrampen). Die LSK/LV verfügte zu diesem Zeitpunkt über fünf FRR, das FRR-16 war mit dem FRS SA75 DWINA ausgerüstet. Somit waren Ende 1962 alle Fla-Raketenregimenter mit je einem Fla-Raketensystem SA75 DWINA / SA75M DWINA-M ausgerüstet. Zwei FRS SA75M DWINA-M dienten bis 1990 als Mob-Reserve zur Verstärkung der 41. und 51. Fla-Raketenbrigade.
Ab 1964 begann die Einführung des **Fla-Raketensystems S75 WOLCHOW**. Es ersetzte schrittweise die fünf FRS SA75 DWINA / SA75M DWINA-M. 1986 befanden sich sechs komplette (6 x 24 Startrampen) und ein verkürztes FRS S75 WOLCHOW (6 Startrampen) in den Gefechtseinheiten der LSK/LV der NVA.
1972 erhielt die NVA zwei FRK des **Fla-Raketensystems S125 NEWA,** 1973 zwei FRK des modernisierten **Fla-Raketensystems S125M NEWA-M.** Beide FRK unterschieden sich im Wesentlichen durch die verwendeten Startrampen. Der Einsatz der beiden FRK S125 NEWA / S125M NEWA-M erfolgte grundsätzlich zusammen mit einem FRS S75 WOLCHOW im Rahmen einer Fla-Raketenbrigade, die erstmals für die Führung beider FRS ein automatisiertes Führungssystem verwendete. Ab 1985 verfügte die NVA über zwei FRS S125M NEWA-M (2 x 16 Startrampen) und zwei verkürzte FRS S125 NEWA (2 x 4 Startrampen).
Die 43. FRBr nutzte ab 1984 und die 41. FRBr ab 1985 je ein **Fla-Raketensystem S200 WEGA** großer Reichweite (2 x 12 Startrampen). Dazu wurde in beiden FRBr jeweils eine Fla-Raketenabteilungsgruppe (FRAG) gebildet. Für die 51. FRBr war die Einführung eines dritten FRS S200 WEGA ab 1990 geplant, was durch die politischen Veränderungen in der DDR 1990 abgebrochen wurde.
1988 begann mit der Einführung des **Fla-Raketensystems S300PMU ANGARA** (12 Startrampen) bei der 43. FRBr der erste Schritt zur Ablösung der FRS S75 WOLCHOW.

Rakete W750 des Fla-Raketensystems SA75 DWINA

Der Beschreibung der Rakete W750 liegen hauptsächlich der Ausrüstungsstand laut dem im Februar 1959 unterzeichneten Vertrag zur Lieferung des FRS SA75 DWINA zwischen der UdSSR und der DDR und der Stellenplan eines Fla-Regimentes der LSK/LV vom November 1960 zugrunde.

Der Erlass des Ministerrats der UdSSR vom 20. November 1953 *Über die Schaffung eines mobilen Systems von Flugabwehr-Lenkwaffen zur Bekämpfung feindlicher Flugzeuge* sah ein FRS vor, das in der Lage sein sollte, Ziele mit einer Geschwindigkeit von bis zu 1500 km/h in einer Höhe von 3 bis 20 km zu bekämpfen. Die Masse der Rakete sollte zwei Tonnen nicht überschreiten.

Die Entscheidung zur Entwicklung eines mobilen Fla-Raketensystems fiel in der Endphase des Baus des stationären FRS S25. Dabei waren die Notwendigkeit und Zweckmäßigkeit der Schaffung eines mobilen FRS nicht selbstverständlich. Bekanntlich waren die wichtigsten Verteidigungsziele der Luftverteidigung eines Landes Städte und Industriegebiete. Dennoch sprachen vorrangig zwei Überlegungen für die Entwicklung eines mobilen FRS. Zum einen hing mit dem Aufkommen von Atomwaffen der Ausgang strategischer Operationen unmittelbar von der zuverlässigen Verteidigung kritischer militärischer und verkehrstechnischer Einrichtungen gegen Luftangriffe durch in allen Flughöhen operierende Flugzeuge ab. Gleichzeitig wurde für den zu erwartenden Konflikt zunächst der für die Zeit des Zweiten Weltkriegs typische Manövercharakter der Kampfhandlungen vorausgesetzt. Stationäre FRS waren nicht in der Lage, die Bodentruppen in einer sich schnell verändernden Gefechtssituation zu decken. Weiterhin war es mit ausschließlich stationären Systemen äußerst schwierig, Einrichtungen im Falle einer Bedrohung aus einer neuen strategischen Richtung zu schützen. Zweitens ermöglichte der Einsatz transportabler FRS die Lösung einer Reihe neuer taktischer Aufgaben, wie das Ausweichen vor feindlichen Angriffen durch Stellungswechsel, das Operieren aus dem Hinterhalt und das Heranführen von Reservesystemen.

Anfang 1954 wurden die taktischen und technischen Spezifikationen verabschiedet. Das neue FRS war für den Schutz von administrativen, politischen und industriellen Einrichtungen, militärischen Einheiten und Verbänden vorgesehen. Es berücksichtigte die Mobilität aller seiner Komponenten, die in Fla-Raketenregimentern zusammengefasst waren.

Das Fla-Raketensystem SA75 DWINA (benannt nach einem Fluss in der Sowjetunion) wurde am 11. Dezember 1957 vom Zentralkomitee der KPdSU und vom Ministerrat der UdSSR für den Einsatz in den Truppenteilen der Luftverteidigung der Sowjetarmee zugelassen und ab 1958 produziert.

Fla-Raketensystem

СА-75 ДВИНА – Зенитный ракетный комплекс = SA-75 DWINA – Flugabwehr-Raketenkomplex

Das Fla-Raketensystem mittlerer Reichweite SA75 DWINA diente zur Bekämpfung bemannter und unbemannter Luftziele. Die Auffassungsentfernung für schwere Bombenflugzeuge lag zwischen 100 und 110 km, die automatische Begleitung erfolgte ab 80 bis 90 km. Die Bekämpfung von Luftzielen, die sich aus jeder Richtung mit einer Höchstgeschwindigkeit von bis zu 1500 km/h (416 m/s) nähern konnten, erfolgte in einem Entfernungsbereich von 5 bis 29 km und in Höhen von 3 bis 22 km. Bis zu drei Raketen ließen sich gleichzeitig auf ein Ziel lenken. Als Leitmethoden dienten die DREIPUNKTMETHODE (Zielgeschwindigkeit bis 360 km/h / 100 m/s) und die METHODE HALBE BEGRADIGUNG (Zielgeschwindigkeit über 360 km/h).

In die NVA gelieferte Fla-Raketensysteme SA75 DWINA und Raketen W750:

	System	Komplexe	Startrampen	Raketen
1959	0,25	1	6	30
1960	0,75	3	18	90
Gesamt	**1**	**4**	**24**	**120**

Das Fla-Raketensystem SA75 DWINA bestand aus der Führung mit Stab, den Einheiten der Gefechtssicherung (Nachrichtenkompanie, Gruppe für chemische und radiologische Aufklärung, Pioniergruppe), den Gefechtseinheiten mit vier Feuerabteilungen und einer Technischen Abteilung sowie den Bedieneinheiten (Transport- und Instandsetzungskompanie, Küche, Regimentslager, Feuerwache, Med-Punkt). Zum Bestand einer Feuerabteilung gehörten ein Fla-Raketenkomplex (bestehend aus einer Raketenleitstation RSNA75, sechs Startrampen SM63, sechs gefechtsbereite Raketen W750) sowie eine Funkmess-Station, die Elemente der Stromversorgung und die Nachrichtenmittel.

Rakete

1Д – ЗУР В750 для ЗРК СА-75 = 1D – FlaR W750 für den FRK SA-75

Der Entwicklung und Fertigung der **Rakete W750** (Produktindex 1D) lagen die beim Bau des Fla-Raketensystem S25 BERKUT gesammelten Erfahrungen und das technische Fachwissen zugrunde. Der Aufbau des funkelektronischen Teils der Raketenleitstation bestimmte weitgehend die Konstruktion der Rakete.

Die Rakete W750, bereit zum Abschuss.

Die Übertragung der Funkkommandos an die Rakete übernahm eine fest mit der Hauptantenne verbundene Funkkommandoantenne (FKA). Da die Kommandos der FKA auch über große Entfernungen stabil und auswertbar zur Rakete gelangen mussten, wurde das Signal stark gebündelt. Da die Antennenanlage immer auf das zu bekämpfende Ziel gerichtet war und damit auch die KFA, musste die Rakete zum Empfang der verschiedenen Kommandos ebenfalls auf das Ziel ausgerichtet und schräg gestartet werden. Damit ein solcher Start ohne gefährliche Annäherung an den Erdboden erfolgen konnte, war ein hohes anfängliches Schub-Gewichtsverhältnis (das Verhältnis des Schubs zur Startmasse der Rakete) erforderlich. Ein solch hoher Schub ließ sich in den 1950er-Jahren nur durch ein Feststofftriebwerk erzeugen. Ein relativ langer Flug zum Ziel erforderte dagegen einen deutlich geringeren Schub und eine hohe Treibstoffeffizienz des Triebwerks. Diese Anforderungen erfüllte damals nur ein Flüssigkeitstriebwerk. So wurde ein zweistufiges Konzept mit einem Feststoff-Starttriebwerk und einem Flüssigkeits-Marschtriebwerk festgelegt. Dieses Konzept ermöglichte eine hohe Durchschnittsgeschwindigkeit der Rakete und damit eine erfolgreiche Zielbekämpfung. Um eine hohe Treffergarantie zu erzielen, musste der Flug der Rakete ausschließlich im gelenkten Modus erfolgen.

Eine wesentliche Aufgabe bei der Konstruktion der Rakete W750 war die Wahl des Schussbereichs. Der Regierungsbeschluss vom November 1953 legte die Geschwindigkeit und die Höhe der zu treffenden Ziele sowie die Masse der Rakete fest. Die Reichweite wurde jedoch nicht spezifiziert. Um diese zu bestimmen, musste die begrenzte Reichweite der Raketenleitstation und die Notwendigkeit, die maximale Fluggeschwindigkeit der Rakete entlang der Flugbahn zu erreichen, berücksichtigt werden. Die Berechnungen ergaben, dass die Kosten für die Verteidigung eines einzelnen Ziels bei einer Raketenreichweite von ca. 30 km akzeptabel waren.

Rakete	
GRAU-Index Rakete	W750
Produktindex	1D
GRAU-Index Gefechtskopf	DWR750
Bezeichnung in der NVA	1D
Beginn der Einführung in die NVA	1959
NATO-Bezeichnung des FRS	SA-2b GUIDELINE
Einsatzebene	Fla-Raketenregiment
Maximale Reichweite (km)	29
Minimale Reichweite (km)	5
Maximale Flughöhe (km)	22
Minimale Flughöhe (km)	3
Maximale Fluggeschwindigkeit des Ziels km/h	1500
Länge Rakete (mm)	10.890
Durchmesser mit Stabilisatoren (mm)	2566
Durchmesser zweite Stufe (mm)	500
Art des Starttriebwerks	Feststoff
Art des Marschtriebwerks	Flüssigkeit
Startbrennstoff	OT-155
Brennstoff	TG-02
Oxidator	AK-20F
Masse Rakete betankt (kg)	2160
Masse Gefechtskopf mit Gefechtsladung (kg)	190
Startrampe	SM63
Zeit für den Wechsel der Feuerstellung - Abbau (h)	3
Zeit für den Wechsel der Feuerstellung - Aufbau (h)	6

Die Rakete W750 war nach dem aerodynamischen Prinzip NORMAL konstruiert und bestand aus zwei Stufen. Die **erste Stufe** enthielt das Feststoff-Starttriebwerk (FSTW) mit vier X-förmig angeordneten Stabilisatoren und die 6. Zelle, die den hinteren Teil der zweiten Stufe in Form eines Kegelstumpfes verkleidete. Das FSTW startete und beschleunigte die Rakete. Während des Fluges mit dem FSTW wurde die Rakete nicht gesteuert. Zwei gegenüberliegende Stabilisatoren waren mit jeweils einem Krängungsruder ausgestattet. Der Autopilot (AP) steuerte die Ruder mithilfe einer Rudermaschine, die eine Drehung der Rakete um die Längsachse verhinderte. In den ersten 5 bis 6 Sekunden wurde die Flugbahn durch den von der RLS vorgegebenen Startwinkel bestimmt. 1,5 Sekunden nach dem Verlassen der Startrampe, wenn der Luftdruck im Staudrucksystem 0,4 kp/cm^2 erreichte, zündete das Flüssigkeits-Marschtriebwerk (FMTW). Die Abgase des FMTW brannten die im Gasstrahl befindlichen Magnesiumbänder durch und lösten die Verschlüsse, die die zweite Stufe mit der ersten verbanden. Nach 2,5 bis 4,0 Sekunden war die Pulverladung des Starttriebwerks ausgebrannt, der Schub fiel ab und die zweite Stufe trennte sich von der Rakete. 2 Sekunden nach dem Abwurf der ersten Stufe begann die Steuerung der zweiten Stufe durch die RLS – die Rakete flog auf der Flugbahn, die durch die Leitmethode und die Parameter des Ziels und der Rakete bestimmt wurde.

Das Feststoff-Starttriebwerk funktionierte problemlos im Temperaturbereich von –40 bis +50° C. Um einen effektiven Betrieb des Triebwerks zu gewährleisten, musste der Querschnitt der Startdüse mithilfe von vier austauschbaren Einsätzen den Außentemperaturen angeglichen werden, was die Vorbereitung der Rakete auf den Einsatz erheblich erschwerte. Da die Pulverladung die Temperatur der Luft annahm, wurde die mittlere Temperatur des vergangenen Tages, die um 05:00 und um 14:00 Uhr gemessen wurde, als Referenz für die Auswahl des zutreffenden Einsatzes genutzt.

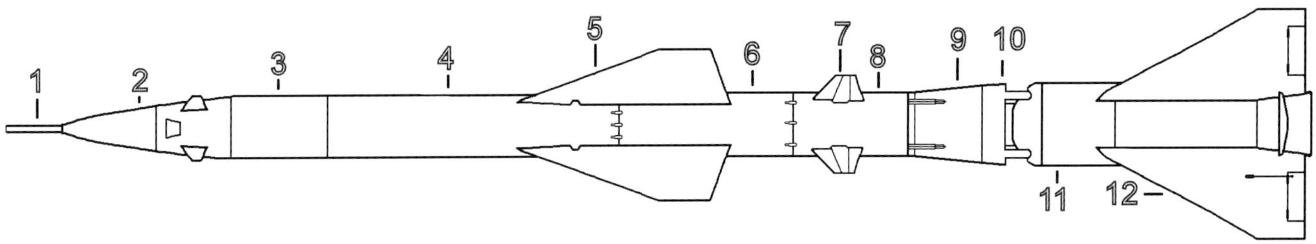

Aufbau der Rakete W750 (1D)
1 - 1. Zelle mit Staurohr
2 - Zelle 2a mit Destabilisatoren
3 - Zelle 2b mit Gefechtsteil
4 - 3. Zelle mit Tank für Oxidator und Brennstoff
5 - Flügel
6 - Zelle 4a mit Autopilot und Rudermaschinen
7 - Ruder und Ruder-Querruder
8 - Zelle 4b Rudermaschinen und Tank Startbrennstoff
9 - 5. Zelle, das Flüssigkeits-Marschtriebwerk
10 - 6. Zelle, kegelstumpfförmige Verbindung zwischen erster und zweiter Stufe
11 - Feststoff-Starttriebwerk
12 - Stabilisatoren mit/ohne Krängungsruder

Das Starttriebwerk hatte eine Betriebszeit von 3 bis 4,3 Sekunden; es erzeugte einen Schub von 265 bis 490 kN. Um die Betriebszeit zu gewährleisten, musste eine große Oberfläche für die Verbrennung des Treibstoffs geschaffen werden. Zu diesem Zweck wurde der 547 kg schwere Treibstoff in 14 Pulverstangen von 1740 mm Länge mit einem Durchmesser von 26 mm aufgeteilt. Eine 2 kg schwere Zündladung, die durch zwei Pyropatronen aktiviert wurde, entzündete die Pulverstangen.

Die **zweite Stufe** – die Marschstufe – wurde durch die von der Raketenleitstation erarbeiteten Kommandos gelenkt. Diese wurden von der Bordapparatur empfangen, umgewandelt und an die ausführenden Lenkorgane – die Ruder – übertragen. Die zweite Stufe unterteilte sich in sechs Zellen und realisierte den gelenkten Flug. Sie bestand aus dem Raketenkörper und der darin untergebrachten Bordapparatur, Ausrüstung und der Triebwerksanlage. Am Raketenkörper der zweiten Stufe waren die Destabilisatoren, die Flügel und die Ruder befestigt.

Den Bug der Rakete bildete die 1. Zelle; in ihr befand sich als Sicherungselement das ausfahrbare Staurohr mit dem Staurohrsystem. Das Staurohrsystem ermittelte die Druckdifferenz zwischen dynamischem und statischem Luftdruck (Sicherheitselement) und errechnete so die Fluggeschwindigkeit.

Die 2. Zelle unterteilte sich in die Abschnitte 2a und 2b. In der Zelle 2a, durchlässig für HF-Impulse, befand sich der kontaktlose Funkzünder mit zwei Sendeantennen. Der Funkzünder sendete über beide Antennen Hochfrequenzimpulse im Dauerbetrieb aus, die vom Ziel reflektiert und von den Empfangsantennen registriert wurden. Bei einer Entfernung von ca. 60 m zum Ziel aktivierte er das Gefechtsteil (Sprengkopf). Im Verlauf des Fluges mussten zwei Sicherheitsstufen automatisch, die dritte durch die Raketenleitstation, aufgehoben werden. Im Falle einer Verfehlung des Ziels erfolgte die Selbstzerlegung der Rakete durch den Funkzünder. An der Spitze der Zelle 2a befanden sich vier unbewegliche Destabilisatoren, die das verfügbare Lastvielfache erhöhten und somit eine stabilisierende Wirkung auf die Steuerung der Rakete bei hohen Geschwindigkeiten ausübten. Das Gefechtsteil und die beiden Empfangsantennen des Funkzünders befanden sich in der Zelle 2b. Im Zuge der Detonation zerlegte sich das Gehäuse des Gefechtsteils in Splitter, deren Form und Gewicht durch die geometrischen Abmessungen der Riffelungen der Innen- und Außenhüllen des Gehäuses festgelegt waren. Die Vernichtung des Luftgegners erfolgte durch den dichten Splitterstrom sowie die Sprengwirkung (Druck, Gasschlag), hervorgerufen durch die Detonation der Sprengladung. Dabei wurden rund 3600 Splitter von 11,6 g erzeugt, die mit einer Geschwindigkeit von 10.440 bis 11.520 km/h in Richtung Ziel flogen.

Die 3. Zelle beherbergte die beiden selbsttragenden Tanks für den Brennstoff TG-02 (115,4 kg) sowie den Oxidator AK-20F (386 kg). Beide Tanks verfügten über einen gemeinsamen doppelwandigen Boden.

Am Oxidatortank erfolgte die Anbindung der 4. Zelle, die eine Unterteilung in die Zellen 4a und 4b aufwies. In der Zelle 4a befanden sich der Kugelbehälter für Druckluft mit mehreren Reduzierventilen, der Autopilot (AP) mit der Rudermaschine, der Block Funklenkung/Funkortung sowie die Ampullenbatterie. Den Arbeitsdruck der Druckluft stellten mehrere Reduzierventile ein. Druckluft war u. a. zum Überprüfen des AP und der Rudermaschine, zum Ausfahren des Staurohrs und zum Initiieren der Ampullenbatterie notwendig. Des Weiteren drückte sie den Startbrennstoff in den Gasgenerator zum Anlassen des FMTW. Die Ampullenbatterie war nach 1 bis 1,5 s betriebsbereit und erzeugte eine Spannung von 26 V / 50 A. Diese Spannung wandelte anschließend ein Umformer in Dreiphasenwechselstrom von 115 V / 400 Hz um. Die Abgabe der Energie war für einen Zeitraum von 60 s gewährleistet, sofern ein Druck von 10 at auf die Batterie einwirkte. Der Block Funklenkung/Funkortung empfing und decodierte die von der RLS gesendeten Kommandos und übermittelte diese an den AP und den Funkzünder. Gleichzeitig formulierte er Antwortsignale zur kontinuierlichen Bestimmung der Koordinaten der Rakete. Er nutzte dafür jeweils eine Sende- und Empfangsantenne. Außen an der Zelle waren die Flügel für die Stabilisierung des Fluges sowie die Ruder und Ruder-Querruder angeordnet, die das Lenken auf der Flugbahn gewährleisteten. In der Zelle 4b waren vornehmlich der Autopilot mit Ruderantrieb, der Tank für den Startbrennstoff sowie der Behälter für den Startbrennstoff untergebracht. Der Autopilot verfügte über drei voneinander unabhängige Kreiselsysteme, die auf Änderungen des Flugregimes reagierten. Vor dem Abwurf des Feststoff-Starttriebwerks steuerte der AP mithilfe einer Rudermaschine die Krängungsruder der Stabilisatoren. Nach dem Abwurf des FSTW sicherte er die Lenkung der Rakete in Übereinstimmung mit den Kommandos der Funksteuerung (von der RLS). Dazu steuerte er die beiden Ruderpaare (jedes Ruderpaar bestand aus zwei, sich gegenüberliegenden Rudern) mithilfe von, als mechanische Systeme ausgeführten, Rudermaschinen.

Die 5. Zelle beherbergte das Flüssigkeits-Marschtriebwerk (FMTW) mit der Austrittsdüse sowie die Sende- und Empfangsantennen des Blocks Funklenkung/Funkortung. Das FMTW verfügte über ein Turbopumpen-Kraftstoffversorgungssystem und erzeugte einen maximalen Schub von bis zu 26,5 +/- 0,13 kN. Die Arbeit des Triebwerks bedingte drei Treibstoffarten: den Brennstoff TG-02, den Oxidator AK-20F und den Startbrennstoff OT-155. Die Laufzeit des FMZW wurde durch den Vorrat an Treibstoffkomponenten bestimmt und betrug etwa 34 bis 40 Sekunden. Das FMTW bestand aus der Brennkammer, dem Turbopumpenaggregat mit dem Anlassventil für Oxidator und Brennstoff, dem Gasgenerator, dem Kompensationsbehälter für Brennstoff und den Rohrleitungen. Erstmals wurden im Brennkammerkopf des Triebwerks Zweikomponenten-Düsen eingesetzt, was eine bessere Verbrennung des Treibstoffs ermöglichte. Die Einspritzdüsen waren kreisförmig in der Brennkammer angeordnet, 55 zentrale und 24 Peripheriedüsen. Durch die Peripheriedüsen wurde der Brennstoff auf die Zylinderwand gespritzt, was eine zusätzliche Kühlung bewirkte. Die Brennstoffzufuhr erfolgte durch die Rohrleitung. Durch den doppelwandigen Mantel der Brennkammer floss Oxidator zur Kühlung der Brennkammer. Der Brennstoff gelangte direkt in die Brennkammer. Die Einspritzdüsen für den Brennstoff befanden sich in den Einspritzdüsen für den Oxidator. Beim Zusammentreffen von Oxidator und Brennstoff kam es zur Selbstentzündung.

Die Verbindung zwischen dem Feststoff-Starttriebwerk und der zweiten Stufe der Rakete wurde durch die 6. Zelle realisiert. An ihrer Außenseite waren die Luftleitung sowie das Elektrokabel zur Rudermaschine der Krängungsruder der Stabilisatoren angeordnet.
Rollenstützen und ein Wulst auf ihrer Unterseite fixierten die Rakete auf den Schienen der Startrampe und gewährleisteten die stabile Bewegung auf den Schienen während des Starts.
Die Raketen wurden aus dem Munitionslager und die Treibstoffkomponenten aus einem Spezialtreibstofflager der Technischen Abteilung (TA) zugeführt. Die Raketen konnten komplett oder als einzelne Transportladungen in der Werksverpackung (Behälter) angeliefert werden, die eine langfristige Lagerung unter feldmäßigen Bedingungen gewährleisteten. Die zweite Stufe der Rakete, die Marschstufe, wurde im Behälter Nr. 1, die Flügel und Stabilisatoren im Behälter Nr. 2, das Feststoff-Starttriebwerk (erste Stufe) in der Verpackung Nr. 3 und das Gefechtsteil in der Verpackung Nr. 4 transportiert.

Die Feststoff-Starttriebwerke wurden in der Regel im geladenen Zustand geliefert. Traf das FSTW ungeladen ein, erfolgte sofort der Einbau der Pulver- und Zündladungen. Die Zuführung der Treibstoffe in die TA erfolgte in Spezialtankwagen.

Der Behälter Nr. 1 für die zweite Stufe der Rakete, die Verpackung Nr. 3 für die erste Stufe (rechtes Bild).

Startrampe

Пусковая установка СМ63 = Startmechanismus SM63

Das Leningrader Zentrale Konstruktionsbüro 34 entwickelte die mobile Startrampe (SR) SM63 mit variablem Startwinkel. Die SR verfügte über elektrische Synchron-Nachführantriebe für das Richten der Startschiene nach Höhe und Seite. Während der Entwicklung der Rakete erprobte man verschiedene Arten von Gasstrahl-Abfangvorrichtungen. Beim Start wirbelte die Rakete große Staubmengen auf, die mehrere Minuten über der Startstellung schwebten. Dies erschwerte das Nachladen und verriet die Lage der Startstellung. Die in Serie produzierte SR SM63 erhielt daher einen Gasabweiser, der durch Umlenken des Gasstrahls nach rechts und links die Bodenerosion deutlich reduzierte. Zusätzlich erhöhte der Gasabweiser, den der Gasstrahl der startenden Rakete an den Boden drückte, deutlich die Standfestigkeit der Startrampe.

Startrampe SM63 in Gefechtsstellung.

Die Startrampe SM63 diente der Lagerung der Rakete, der Vorbereitung und der Durchführung des Starts. Sie richtete die Rakete nach Höhen- und Seitenwinkel auf das Ziel aus und führte auf Kommando der Raketenleitstation den Start aus. Zum Richten der Rakete befanden sich in der Startrampe elektrische Richtantriebe, die von der RLS angesteuert wurden. Dabei wurden alle sechs Startrampen einer Feuerabteilung synchron mit der RLS gerichtet. Jeweils zwei auf den Startrampen SM63 gelagerte Raketen W750 wurden mit einem der drei Lenkkanäle der RLS verbunden.

Die Hauptbestandteile einer SR SM63 bildeten die Raketenwiege, die Oberlafette mit Abdeckblech, die Kreuzlafette mit Gasabweiser und Federausgleicher sowie Richtmaschinen und die elektrische Ausrüstung. Zwei Protzen gewährleisteten das Herstellen der Gefechts- und der Marschlage sowie den Transport der Startrampe.

Die Ausmaße der Startrampe in Marschlage (L x B x H) betrugen 10.000 x 2640 x 3750 mm bei einer Masse von 12.300 kg, in Gefechtslage 8400 kg. Mit elektrischem Antrieb ließ sich die Rampe bis +65°, mit manuellem Antrieb bis +68° vertikal richten.

Die sechs zum Komplex gehörenden Startrampen SM63 wurden von mittleren Kettenzugmitteln ATS oder schweren Lkw KrAZ-214 gezogen. Sie wurden kreisförmig in einer Entfernung von 50 bis 75 m von der Raketenleitstation entfaltet.

Raketenleitstation

PCHA75 – радиолокационная станция наведения = RSNA75 – Radarstation zur Orientierung

Die **Raketenleitstation 75** (RLS) strahlte leistungsstarke Hochfrequenz-Impulse über das Antennensystem in den Raum aus und empfing die vom Ziel reflektierten Impulse. Die empfangenen leistungsschwachen Zielsignale wurden verstärkt und dem Koordinatensystem sowie den Sicht-

geräten der RLS zugeführt. Aus der Differenz zwischen gesendeten und empfangenen Impulsen ließen sich Seiten- und Höhenwinkel sowie die Entfernung zum Ziel bestimmen.
Die kontinuierliche Bestimmung der genauen Raketenkoordinaten mithilfe von reflektierten Hochfrequenz-Impulsen war sehr schwierig. Die Reflexionsfläche der Rakete war während des Fluges sehr klein und damit auch die reflektierten Raketensignale. Um die Raketenkoordinaten über die gesamte Flugbahn sicher zu bestimmen, wurde ein aktives Antwortsystem eingesetzt. Der von der RLS ausgesandte und von der Rakete empfangene Frageimpuls aktivierte den Antwortsender der Rakete. Der Antwortsender formte das Antwortsignal und sendete es an die RLS zurück. Auf diese Weise wurde ein schwaches, von der Rakete reflektiertes Signal durch ein Antwortsignal ersetzt, dessen Signalstärke die eines reflektierten Signals um ein Vielfaches übertraf. Der Impuls der Station, der den Antwortsender einschaltete, wurde als *Frageimpuls* bezeichnet. Die Entfernung zur Rakete wurde also durch die Zeitdifferenz zwischen dem Senden des Frageimpulses und dem Empfangen des Antwortimpulses bestimmt.

Kabine PA der Raketenleitstation 75 in Gefechtslage, die Höhenwinkelantenne P12 war senkrecht neben der Kabine angebracht und die Seitenwinkelantenne P11 quer neben ihr. Ganz links befand sich die tellerförmige Antenne P16 des Funkkommandosenders.

Mithilfe der Höhen- und Seitenwinkelantenne erfolgte die Raumabtastung in zwei aufeinander senkrecht stehenden Ebenen mit dünnen *messerförmigen* Strahlen. Die Antennen waren mit getrennten Sende- und Empfangsgeräten verbunden. Die horizontal angeordnete Seitenwinkelantenne P11 befand sich auf der Kabine, die vertikal angeordnete Höhenwinkelantenne P12 stehend daneben.

Die RLS bestand aus der **Sende- und Empfangskabine PA** mit Antennensystem und sechs Kabinen auf Spezial-Kfz ZIS-151. Das Antennensystem setzte sich aus der Höhenwinkelantenne P12, der Seitenwinkelantenne P11 und der tellerförmigen Antenne P16 des Funkkommandosenders für die Abstrahlung der Raketenkommandos und zum Empfang der Abfragesignale zusammen. Das Senden und Empfangen im Zielkanal (Antenne P11 und P12) und im Raketenkanal (Antenne P16) erfolgte jeweils über die gleichen Antennen, was eine einfache und genaue Bestimmung der relativen Koordinaten Ziel–Rakete ermöglichte. Es ließen sich Ziele mit einer Geschwindigkeit von 1500 km/h (416 m/s) bei Einsatzhöhen von 3 bis 22 km und Handlungsentfernungen von 5 bis 29 km bekämpfen. Die um 360° drehbare Kabine PA baute auf der Kreuzlafette KSU-16 auf. Sie drehte sich dabei mit 2,7 U/min. Auf den drei Spezialanhängern PA11, PA12 und PA16 (Anhänger der Größenklasse 2-PN-2) wurden die Antennen und Teile des EWZ-Satzes während der Verlegung transportiert.

Die Aufnahme stammt aus einer Dienstvorschrift der NVA zur Sechs-Kabinen-Variante des FRS SA75 DWINA. In der Mitte befand sich die Sende- und Empfangskabine PA (1). In der hinteren Reihe von links nach rechts gesehen standen die Kabine K (2), die Kabine I (3) und die Kabine ZA (4), in der vorderen Reihe Apparaturen zur Aufzeichnung und Nachweisführung (5) (abgesetzt, nicht in der NVA eingesetzt), die Kabine S (6) und die Kabine L (7). Am rechten Bildrand das Hilfsaggregat ESB12 auf Spezial-Kfz ZIS-151 (8) mit der Kabine R (9). Am linken Bildrand eine Kontroll- und Prüfstation auf Basis des Spezial-Kfz ZIS-151 (10).

Die Sende- und Empfangskabine PA nutzte ein System zur Kommandoerarbeitung, das die Raketenlenkkommandos K1 und K2 und das einmalige Kommando K3 zur Beseitigung der letzten Sicherheitsstufe des Funkzünders formierte. Da sich drei gleiche Blöcke zur Bildung der Lenkkommandos in der Kabine PA befanden, ließen sich bis zu drei Raketen gleichzeitig auf ein Ziel leiten. Dazu wurden jeweils zwei beladene Startrampen SM63 mit einem Lenkkanal gekoppelt. Da jede Rakete die Kommandos aller drei Raketen empfing, musste das Kommando, das für die entsprechende Rakete bestimmt war, decodiert und ausgewählt werden. Das Zeitintervall zwischen den Starts betrug dabei etwa 6 Sekunden.
Als Zugmittel für die Sende- und Empfangskabine PA diente ein mittleres Kettenzugmittel ATS. Auf der Ladefläche der ATS kamen u. a. der Kabelsatz und die Kabelverlegeausrüstung unter. Die Antennenanhänger PA11, PA12 und PA16 wurden von geeigneten Fahrzeugen des FRS gezogen.
Die Führung des Fla-Raketenkomplexes erfolgte von der **Kabine S** als Gefechtsstand und Führungspunkt aus. Für die Arbeit der RLS standen die **Kabine I** als Sichtgerätekabine, die **Kabine K** für die Koordinatenbestimmung von Ziel und Rakete und die Kommandoverarbeitung sowie die **Kabine L** mit dem Kommandosender zur Verfügung. Die **Kabine ZA** transportierte den zweiteiligen Ersatzteilsatz, den **Ersatzteilsatz Nr. 1** im Koffer des Transportmittels und den **Ersatzteilsatz Nr. 2** in einem Anhänger der Größenklasse 2-PN-2 (siehe Kasten) mit einem Koffer KUNG-2P (siehe Kasten). Beide Ersatzteilsätze stellten die Reparatur-, Wartungs- und Instandsetzungsarbeiten an der Sende- und Empfangskabine PA der Raketenleitstation sicher. Der **Kabine R** kam die Aufgabe zu, den von den Diesel-Elektrostationen erzeugten Drehstrom mit 230 V / 50 Hz in Drehstrom 230 V / 400 Hz umzuwandeln und an die Verbraucher des FRK zu verteilen. Die Ausrüstung der sechs Kabinen war in je einem Koffer KUNG-1 untergebracht; als Transportmittel dienten sechs Spezial-Kfz ZIS-151.

Die Energieversorgung des Fla-Raketenkomplexes stellten zwei mobile **Diesel-Elektrostationen ESD-75N2** auf Sonderanhängern sicher. Die beiden parallel arbeitenden Diesel-Elektrostationen mit einer Leistung von 75 kW versorgten die Verbraucher des FRK mit Drehstrom 230 V / 50 Hz. Jede Station verfügte über eine automatische Spannungsregelung mit einer zulässigen Abweichung von 2 % vom Nennwert sowie über eine Einrichtung zur Energieentnahme aus dem öffentlichen Stromnetz. Ein dritter Anhänger transportierte Treibstoff und spezielles EWZ für die Diesel-Elektrostationen. Alle drei Anhänger der Größenklasse 2-PN-6 nutzten ein Fahrgestell MAZ-50/20 mit Koffer KUNG-P6 und jeweils ein mittleres Kettenzugmittel ATS. Die Ausmaße der Diesel-Elektrostation (L x B x H) betrugen 6740 x 2580 x 3290 mm bei einer Gefechtsmasse von 9200 kg. Der 450 Liter fassende Kraftstoffbehälter erlaubte einen zwölfstündigen Dauerbetrieb.

Fahrgestelle und Kofferaufbauten

Die **Fahrgestelle** der Anhänger wurden in Größenklassen eingeteilt und mit dem Kürzel 2-PN-X bezeichnet. Dabei stand die 2 für die Anzahl der Achsen, das PN für **ПН - Прицеп автомобильный Низкорамный двухосный = Anhänger für Automobile mit niedrigem Rahmen** und das X für die Nutzmasse, z. B. 2, 4, 6 oder 10 t. Die Bezeichnung des Fahrgestells beinhaltete den Hersteller (MAZ – Minsker Automobilwerk oder SMZ – Serdobsker Maschinenbauwerk), eine Werksbezeichnung (z. B. 5224) und eine Modifikation (A oder W).
Bei den **Kofferaufbauten** wurden hauptsächlich die Varianten KUNG **(КУНГ – Кузов универсального нулевого (нормального) габарита** = KUNG – Koffer mit universeller Null- (Normal-) Abmessung) oder speziell umgebaute Lkw-Koffer eingesetzt. Das Eisenbahnsystem der europäischen Länder unterschied sich in der Spurweite und den Lichtraumabmessungen von der sowjetischen Staatsbahn (1435 mm zu 1520 mm). Daher wurde bei der Konstruktion und Fertigung von Lkw-Aufbauten die europäische Norm, die mit einer „0" anfing, also Null- oder Normalabmessung, eingehalten. Die KUNG waren aus Holz gefertigt, mit Metall verkleidet, innen furniert, zum Teil hermetisiert, wärmeisoliert und beheizbar. Fenster und Türen waren abgedichtet, eine Filterventilationsanlage konnte eingebaut werden. Die auf Anhängern aufgesetzten KUNG-Koffer erhielten in der Bezeichnung ein zusätzliches P **(П - Прицеп = P – Anhänger)** und die Nutzmasse, z. B. KUNG-P6.

Die Diesel-Elektrostation ESD-75N2M auf Fahrgestell MAZ-50/20 mit Koffer KUNG-P6.

Während der Entfaltung und beim Herstellen der Marschbereitschaft des Komplexes, aber auch in den Pausen bei abgeschalteten Haupt-Elektrostationen, stellte das auf einem Spezial-Kfz ZIS-151 mit isoliertem Koffer KUNG-1 untergebrachte **Hilfsaggregat ESB12** die Energieversorgung sicher. Die Leistung des Aggregats betrug 12 kW bei einer Spannung von 230 V / 50 Hz. Zur Verlegung der schweren Kabelsätze im FRK und in der Technischen Abteilung kam eine **Kabelverlegeeinrichtung KU-N2** auf einem Spezial-Pkw GAZ-69 zum Einsatz.

Mittel der Gefechtssicherstellung

Радиолокационная станция П10 ВОЛГА-А = Radarlokalisierungsstation P10 WOLGA-A

НР310 – Наземный радиолокационный запросчик 10 = NRZ-10 – bodengestützter Radarabfrager 10

Радиотрансляционная Линия РЛ-30 Фаза = Funkübertragungslinie RL-30 Phase

Für die funkmess-technische Sicherstellung setzte jede Feuerabteilung des FRR eine **Funkmess-Station P10** mit Kennungsgerät NRZ-10 ein. Die FuMS P10 klärte innerhalb ihrer Auffassungszone Luftziele auf, führte Jagdflugzeuge und übernahm deren Nahfunknavigation im Bereich von 50 bis 150 km. Die Gipfelhöhe der Auffassungszone betrug mindestens 16 km, die Entfernung zum Auffassen von Zielen bis 200 km. Die Übertragung der empfangenen Daten erfolgte über die **Funkübertragungslinie RL-30 PHASA**. Die Informationen der FuMS konnten sowohl über Kabelleitungen (bis zu einer Entfernung von 300 m) als auch über eine Funkübertragungsstrecke an bis zu 15 km entfernten Führungsstellen (bei direkter Sicht) übertragen werden.

Mittel der technischen Sicherstellung

Transporttechnik

Полуприцеп ММЗ-815 = Sattelauflieger MMZ-815

Транспортно-заряжающая машина ПР-11А = Transport-Ladefahrzeug PR11A

Die Raketentransportanlage 5T51 bestand aus dem einachsigen Sattelauflieger MMZ-815 (SAL) und dem Zugmittel ZIL-157W. Der SAL wurde im **Мытищинский машиностроительный завод – ММЗ** = Maschinenbauwerk Mytischtschi MMZ in der Nähe von Moskau hergestellt.

Die Raketentransportanlagen 5T51 waren im Zuführungszug der Technischen Abteilung stationiert und dienten dem Transport der Rakete W750 in den entsprechenden Verpackungen auf unbefestigten und befestigten Straßen. Der SAL ließ sich ohne Umbau für den Transport von allgemeinen Lasten bis zu fünf Tonnen einsetzen. Für das Fla-Raketensystem SA75 DWINA standen sechs Raketentransportanlagen 5T51 zur Verfügung.

Da Oxidator und Brennstoff beim Zusammentreffen ein hochexplosives Gemisch bildeten, das sich schnell entzünden konnte, wurde die Rakete beim Transport von der Technischen Abteilung zur Feuerstellung nur mit Brennstoff betankt. Der Oxidator wurde im Tank des TLF PR11A mitgeführt. Nach dem Eintreffen in der Feuerstellung wurde der Oxidator bei der Startvorbereitung der Rakete mittels Druckluft aus dem TLF in die Rakete gepumpt. Mit der Fertigstellung pioniertechnisch ausgebauter Feuerstellungen für die FRA wurden die Raketen in gedeckten Stellungen in der Nähe der Startrampen gelagert und zum Start vorbereitet. Damit entfiel die Notwendigkeit, den Oxidator im Tank des TLF mitzuführen.

Das TLF bestand aus dem Sattelauflieger PR11A und der Zugmaschine ZIL-157W. Die Ausmaße des Transportladefahrzeugs PR11A (L x B x H) betrugen mit/ohne Spriegelgestell 10.400 / 10.200 x 2210 x 3200 / 3150 mm bei einer Masse ohne Rakete von 3400 kg. Der Oxidatorbehälter fasste 310 Liter, die Druckluftflasche 40 Liter bei maximal 160 kp/cm^2. Die zulässige Höchstgeschwindigkeit durfte auf Straßen 30 km/h nicht überschreiten. Zur Versorgung des FRR waren 52 TLF PR11A vorgesehen. In jeder Feuerbatterie kamen vier TLF PR11A, in der Technischen Abteilung 24 TLF zum Einsatz. Vier Fahrzeuge wurden als Reserve vorgehalten.

Ein seltenes Werksfoto des Sattelaufliegers MMZ-815, hier mit Zugmittel ZIL-157W.

Das Transportladefahrzeug verließ nach dem Beladen der Startrampe SM63 die Feuerstellung.

Krantechnik

Für Kranarbeiten wurden zwei Autokräne K51 auf Spezial-Kfz MAZ-200 und zwei Hubstapler Typ 4003 eingesetzt.

Ein Werksfoto des Autokranes K51, aufgenommen im Autokranwerk Iwanowo. Der Hubstapler 4003 mit dem Feststoff-Triebwerk (rechtes Bild aus dem HB-629/1)

Der Autokran K51 mit einer Tragfähigkeit von fünf Tonnen hatte einen mechanischen Antrieb der Arbeitswerkzeuge und ließ sich sowohl mit einem Standardausleger von 7350 mm als auch mit einem verlängerten Ausleger (11.750 mm) verwenden. Der Kran arbeitete sowohl mit als auch ohne Abstützung, wobei die maximale Tragfähigkeit ohne Abstützung auf zwei Tonnen begrenzt war. Ein Nebenantrieb vom Fahrzeugmotor trieb den mechanischen Kran an.

1950 begann das Lwower Gabelstaplerwerk LZA (**Львовский завод автопогрузчиков ЛЗА)** mit der Produktion des Gabelstaplers 4000, Tragfähigkeit maximal drei Tonnen. Ein Jahr später folgte ein 5-Tonnen-Gabelstapler, der **Hubstapler 4003**. Beide Versionen konnten neben einer Gabel auch einen Kranausleger als Arbeitsorgan nutzen. Bei der Konstruktion der beiden Gabelstapler (die NVA verwendete den Begriff *Hubstapler)* wurden eine Reihe von Komponenten der sowjetischen Lkw GAZ-51 und ZIS-150 verwendet; so der Benzinmotor des Lkw GAZ-51 und die Kraftübertragung des Lkw ZIS-150. Das modifizierte Getriebe arbeitete mit drei Vorwärts- und zwei Rückwärtsgängen. Zwei Hydraulikpumpen, eine für das Arbeitsorgan und eine für die Servolenkung, ermöglichten die Arbeit des Staplers. Das Hauptelement des Arbeitsorgans bildete ein Teleskoprahmen, den ein Hydraulikzylinder bewegte. Zur sicheren Aufnahme der Last ließ sich der gesamte Teleskoprahmen um 12° nach hinten und um 4° nach vorn neigen. Zwei seitlich angeordnete Hydraulikzylinder mit Hebelantrieb führten die Bewegungen des Rahmens aus. Die vorderen Antriebsräder des Hubstaplers erhielten aufgrund der hohen Belastung der Vorderachse eine Doppelbereifung. Die Spurweite der gelenkten Räder entsprach der Spurweite der inneren Räder der Vorderachse, was den Gesamtwiderstand beim Fahren auf verschneiten Straßen und weichem Untergrund verringerte. Das Fahrerhaus schützte den Fahrer und die Mechanik vor äußeren Einflüssen. Für den Fall, dass die Ladung verrutschen sollte, war das Kabinendach mit angeformten Rippen verstärkt.

Transport- und Tanktechnik für Brennstoff

Die ersten für den Transport von Brennstoff und Oxidator eingesetzten Tankfahrzeuge und Transportanlagen wurden im Russischen als ЗАК – Заправщик аггрессиввных компонентов = ZAK – Tankfahrzeug für aggressive Komponenten bezeichnet; es folgte eine zweistellige Nummer, z. B. ZAK41. Die Transportanlagen erhielten als Erweiterung der Bezeichnung ein Ц – Цистерны-полуприцепы = Z – Zisterne auf Sattelauflieger, z. B. ZAK21Z. Die Buchstaben A oder M standen für neue Versionen oder Modifikationen. Es verwirrt, da die beiden Buchstaben З und Ц oft jeweils als Z ins Deutsche übersetzt werden, z. B. ЗАК21Ц – ZAK21Z.

Für den Transport und das Betanken der Raketen mit Brennstoff sorgten zwei Tankfahrzeuge für Brennstoff ZAK41 auf Spezial-Kfz ZIS-151 und eine Transportanlage für Brennstoff ZAK21ZT.

Das **Tankfahrzeug für Brennstoff ZAK41** diente in erster Linie dem Transport und dem Betanken der Raketenbehälter mit einer genau abgemessenen Menge. Es bestand aus einem Tank mit 3200 l Fassungsvermögen, einer Antriebspumpe sowie Armaturen und Steuerpulten. Das Befüllen des Behälters der Rakete erfolgte mittels Druckluft. Die vordere Dosierungsvorrichtung war für das Betanken der Rakete mit dem Startbrennstoff bestimmt. Sie bestand aus einem 270 l fassenden Tank, einer Handpumpe, einem Messbehälter und einem Steuerpult. Auch hier erfolgte die Abgabe mittels Druckluft. Der Vorrat an Brennstoff reichte zur Betankung von 18 Raketen. Mit dem Vorrat an Startbrennstoff ließen sich 16 Raketen betanken. Als Basisfahrzeug fungierte das mittlere Spezial-Kfz ZIS-151.

Die **Transportanlage für Brennstoff ZAK21ZT** setzte sich aus dem Einachs-Sattelauflieger ZAK21ZT und dem Zugmittel ZIL-157W zusammen. Sie war wie eine Zisterne konzipiert und besaß keine eigene Pumpanlage. Die maximale Tragfähigkeit des Einachs-Fahrgestells betrug 2950 kg. Das Arbeitsvolumen des Behälters belief sich auf 3300 l. Damit konnten bis zu 14 Kampfauffüllungen vorgenommen werden. Die Ausmaße (L x B x H) der Anlage betrugen 12.730 x 2300 x 2760 mm bei einer Masse (beladen) von 5775 kg.

Transport- und Tanktechnik für Oxidator

Für den Transport und das Betanken der Rakete mit Oxidator kamen zwei Tankfahrzeuge für Oxidator ZAK21 und zwei Transportanlagen für Oxidator ZAK21Z zum Einsatz.

Das **Tankfahrzeug für Oxidator ZAK21** nutzte das mittlere Spezial-Kfz ZIS-151 als Basis. Leider sind bisher keine verlässlichen Daten zu diesem Fahrzeug aufgetaucht.

Die **Transportanlage für Oxidator ZAK21Z** bestand aus dem Einachs-Sattelauflieger ZAK21Z und dem Zugmittel ZIL-157W. Die Anlage war als Zisterne ausgeführt und entsprach in ihrer Konstruktion der Transportanlage für Brennstoff ZAK21ZT. Die maximale Tragfähigkeit des einachsigen Fahrgestells betrug 5000 kg, das Arbeitsvolumen des Behälters 3300 l und die Masse der gefüllten Zisterne 7820 kg. Am vorderen Teil des Rahmens befanden sich zwei abklappbare Stützen (während des Transportes hochgeklappt).

Transportanlage Oxidator ZAK21Z auf Tank-Sattelauflieger.

Wasch- und Neutralisationstechnik

Ein **Neutralisationsfahrzeug 8T311** auf Spezial-Kfz ZIS-151 diente dem Neutralisieren der Oxidatorbehälter und -leitungen der Rakete. Weiterhin ließ sich das Fahrzeug zum Säubern des Oxidatorbehälters des Transportladefahrzeugs von Oxidatorrückständen oder zum Löschen von Bränden einsetzen. Zu diesem Zweck verfügte es über eine Spezialanlage, die aus einem Wasserkessel, einem hydraulischen System sowie einer Vorrichtung zum Erwärmen von Wasser bestand. Das Arbeitsvolumen des Wasserkessels betrug 1950 l, das des Laugenbehälters 150 l und das der Schaumkammer 100 l. Die Förderleistung der zum Hydrauliksystem gehörenden Pumpe betrug 1200 l/min. Für die Erwärmung des Wassers von 0 °C auf 60 °C wurden 17 l Kraftstoff verbraucht.

Erzeuger und Transporttechnik für Druckluft

Автоматический фотоелектронный индикатор влажности воздуха 8Ш31 =
Automatischer elektronischer Feuchtigkeitsindikator 8Sch31

Die Erzeugung der für das FRS benötigten Druckluft erfolgte durch zwei Kompressorstationen SM14, der Transport durch drei Lufttankwagen MS4. Beide Komponenten nutzten den Lkw ZIS-151 als Basis.

Die **Kompressorstation SM14** war für die Gewinnung von trockener und gereinigter Luft mit einem Druck von 150 oder 350 at ausgelegt. Sie wurde zur Betankung der Raketen, der Behälter der Lufttankwagen MS4 und anderer Druckluftbehälter eingesetzt.

Zur Bestimmung der Feuchte der von der Kompressorstation abgegebenen Druckluft diente der **Luftfeuchtigkeitsmesser 8Sch31.**

Drei **Lufttankwagen MS4** dienten der Aufbewahrung, dem Transport und der Abgabe der Druckluft. Mit der im Lufttankwagen gespeicherten Druckluft ließen sich die Kugelbehälter der Raketen, die Behälter der Transportladefahrzeuge PR11A und die fahrbare Kontroll- und Prüfstation KIPS betanken. Auf der Ladefläche des Spezial-Kfz ZIS-151 befanden sich Gestelle, die 14 Behälter mit einem Volumen von jeweils 50 l und einem maximalen Druck von 355 at aufnahmen.

Das Betanken der Raketen in der Technischen Abteilung mit Druckluft erfolgte zweimal. Die erste Betankung der Rakete übernahm der Lufttankwagen MS4. Die zweite Betankung (Nachbetankung) erfolgte mithilfe eines Lufttankwagens MS4 oder der Kompressorstation SM14. Das zweimalige Betanken der Rakete mit Druckluft war notwendig, da bei der ersten Betankung die Lufttemperatur im Kugelbehälter in der Regel von der Außentemperatur abwich und beim Temperaturausgleich der Luftdruck im Kugelbehälter vom geforderten Luftdruck abwich.

Kontroll- und Prüfstation

КИПС – Контрольно-испытательная передвижная станция =
KIPS – bewegliche Kontroll- und Prüfstation

Zwei **Kontroll- und Prüfstationen KIPS** auf dem Spezial-Kfz ZIS-151 mit dem Koffer KUNG1 wurden für die Einzel- und Komplexkontrolle der Rakete eingesetzt. Auf einem Transportwagen 115E wurde die zu prüfende Rakete neben der KIPS aufgestellt. Die Verbindung zur KIPS erfolgte über Kabel und Druckluftschläuche. Die wichtigsten Aufgaben waren die Überprüfung des Autopiloten und des Funkzünders. Mit dem im Fahrzeug eingebauten pneumatischen System wurde das Druckluftsystem der Rakete auf Funktion und Dichtheit geprüft. Ein separates Elektrosystem stellte die Energieversorgung der Kontrollgeräte sowie der Apparaturen der Rakete während der Prüfung sicher.

Werkstätten

КРАС – контрольно-ремонтная автомобильная станция =
KRAS – bewegliche Kontroll- und Reparaturstation

Eine *Funkmess-Werkstatt KRAS-1R* diente der Wartung und Instandsetzung sowie für Reparaturen an den Funkmess-Stationen P10; eine **Funkmess-Werkstatt KRAS-1M** der Instandsetzung und Überprüfung der Funkmessanlage der Raketenleitstation. Als Basis kamen je ein Spezial-Kfz ZIS-151 mit Koffer KUNG zum Einsatz.

Allgemeine Sicherstellungsmittel

Die Mittel der technischen Sicherstellung im Fla-Raketensystem unterstützten u. a. zwei Lufterhitzer 8G27U, ein tragbares chemisches Labor PL4MA sowie Montage- und Transportwagen. Zwölf **Montagewagen 115E** waren zur Montage, zur Wartung und zum Transport der Rakete im technologischen Ablauf bestimmt. Die Tragfähigkeit des Wagens betrug 1650 kg, die Eigenmasse 565 kg. Der Montagewagen mit Rakete ermöglichte die Entkonservierung, das Abdrücken der Triebwerksanlage, das Betanken mit Druckluft und den Einbau des Gefechtsteils. Weiterhin ließen sich die Bordapparaturen mit der Kontroll- und Prüfstation KIPS überprüfen sowie der Transport der unbetankten Rakete innerhalb der Technischen Abteilung bewerkstelligen.

Sechs **Transportwagen 117E** wurden im technologischen Ablauf (Montage und Bestückung der Rakete) für den Transport des Gefechtsteils oder für den Transport der Flügel und der Stabilisatoren der Rakete eingesetzt. Die Tragfähigkeit des Wagens betrug 600 kg.

Montagewagen 115E und beladen mit der Rakete W750 (rechtes Bild).

Transportwagen 117E mit den Flügeln und Stabilisatoren und mit dem Gefechtsteil (rechtes Bild).

Verbleib

1964 rüstete das Fla-Raketenregiment 16 auf das FRS S75 WOLCHOW um. Die dadurch frei gewordene Technik des FRS SA75 DWINA wurde gemäß dem Befehl 53/64 des Stellvertreters des Ministers und Chefs der LSK/LV wie folgt verwendet:

- Ein Fla-Raketenkomplex mit sechs Startrampen und zwölf Raketen W750 wurde dem Reparaturwerk für Spezialbewaffnung (PINNOW) als Austauschreserve übergeben.
- Ein FRK wurde als Lehrgefechtskomplex der Offiziersschule des Kommandos der LSK/LV übergeben.
- Zwei FRK und die Technische Abteilung mit 48 Raketen W750 wurden als Soll-II-Technik dezentral in den Fla-Raketenregimentern 16, 14 und 17 eingelagert.

Der Fla-Raketenkomplex SA75 DWINA der Offiziersschule der LSK/LV befand sich laut dem VdBA bis 1968 in ihrem Bestand und wurde ein Jahr später ausgesondert.

Ab 1973 wurden die Raketen W750, die Lehrraketen, Dieselelektroaggregate, Kontroll- und Prüfstationen sowie weitere Sende- und Empfangskabinen PA nach jahrelanger Nutzung als moralisch und technisch verschlissen eingeordnet und verschrottet. Einen Teil der Technik verwendete die NVA weiter zur Ausstattung von Scheinstellungen und mehrere Raketen W750 (1D) als Paradetechnik.

Rakete W750W des Fla-Raketensystems SA75M DWINA-M

Der Beschreibung der Rakete W750W liegen hauptsächlich der Ausrüstungsnachweis, der Stellenplan für ein Fla-Raketenregiment vom April 1963 und der STAN von der 41. FRBr vom Dezember 1986 zugrunde.

Die Rakete W750 (1D) ermöglichte die Bekämpfung von Zielen in Höhen bis 22.000 m. Die rasante Entwicklung der Luftfahrttechnik in den 1950er-Jahren ließ diesen Wert schnell als unzureichend erscheinen. Die USA stellten 1955 ein neues strategisches Bombenflugzeug, die B-52 STRATOFORTRESS, in Dienst. Obwohl die Gipfelhöhe der ersten B-52 bei 13 bis 14 km lag, stellte dieser Bomber mit einer Kampfbeladung von 34.000 kg, darunter bis zu 16 Atomwaffen, eine ernsthafte Bedrohung für die UdSSR dar. Hinzu kamen ab 1956 eine Reihe von Überflügen amerikanischer U-2-Aufklärungsflugzeuge über sowjetisches Territorium in Gipfelhöhen von bis zu 24,1 km, die sich damit der sowjetischen Luftabwehr entzogen. Neben den strategischen Bombenflugzeugen spielten zunehmend amerikanische Jagdbombenflugzeuge wie die NORTHROP F-84F THUNDERSTREAK (Indienststellung 1954 / Höchstgeschwindigkeit 1119 km/h / max. Flughöhe 14 km), die North American F-100C SUPER SABRE (1955 / 1487 km/h / 15 km) oder die Lockheed F-104G STARFIGHTER (1958 / 2200 km/h / 15,2 km) als taktische Kernwaffenträger eine wichtige Rolle, die weitgehend im Überschallbereich flogen. Auch andere NATO-Staaten wie Großbritannien mit der LIGHTNING P1B (1959 / 2400 km/h / 18,3 km) und Frankreich mit der SUPER MYSTERE B2 (1956 / 1440 km/h / 17 km) verfügten bereits über Überschallflugzeuge oder begannen mit der Umrüstung.

Der Erlass des Ministerrats der UdSSR vom August 1956 ordnete Arbeiten zur Vergößerung der Flughöhe des Fla-Raketensystems SA75 DWINA von 22 auf 25 km an. Gleichzeitig sollten Flugzeuge mit Geschwindigkeiten bis zu 2000 km/h bekämpft werden. Beides sollte hauptsächlich über die Erhöhung des Schubs des Marschtriebwerks erreicht werden. Diese modifizierte Höhenversion der Rakete erhielt die Bezeichnung W750W (11D). Obwohl die Erprobung mit der Rakete W750 bislang nicht abgeschlossen war, fanden bereits erste Versuche mit der modernisierten Rakete W750W statt. 1957 erfolgte die Indienststellung des Fla-Raketensystems SA75 DWINA mit der Rakete W750. Im selben Jahr wurde auch das Fla-Raketensystem SA75M DWINA-M mit der Rakete W750W für die Einheiten der Luftverteidigung freigegeben.

Die bei der Erprobung des FRS SA75 DWINA gesammelten Erfahrungen zeigten, dass die Verkabelung der Raketenleitstation mit sechs Kabinen sowohl beim Auf- als auch beim Abbau sehr viel Zeit erforderte. Beim Fla-Raketensystem SA75M DWINA-M kamen neben der Sende- und Empfangskabine zwei weitere Kabinen (Kabine AA und UA) als Anhänger mit Kofferaufbau hinzu.

Im September 1961 (Vertragsnummer 80/19021) und im Dezember 1961 (Vertragsnummer 80/29021) unterzeichneten die Sowjetunion und die DDR jeweils einen Vertrag, wonach die DDR in den Jahren 1961 und 1962 zwei mal zwei Fla-Raketensysteme SA75M DWINA-M mit insgesamt 96 Startrampen erhalten sollte.

Im Dezember 1961 erhielt das Fla-Raketenregiment 18 das erste modernisierte Fla-Raketensystem SA75M DWINA-M. Es verfügte u. a. über die modernisierte Rakete W750W und eine völlig neu gegliederte RLS. Neben der neuen Rakete konnte auch das Vorläufermodell, die Rakete W750, verschossen werden.

Die Technik der FRS SA75M DWINA-M wurde beginnend 1964 in Mob-Lagern konserviert abgestellt, nachdem die FRR mit dem neuen FRS S75 WOLCHOW ausgerüstet worden waren (1964 FRR-16 und 1965 FRR-18). Sie bildete u. a. 1965 den Grundstock für die Aufstellung des FRR-15 als Mob-Einheit.

Die Truppen der LV nutzten zwei Fla-Raketensysteme SA75M DWINA-M bis 1990 in der 41. und 51. Fla-Raketenbrigade als Mob-Technik.

Fla-Raketensystem

СА-75М ДВИНА-М – Зенитный ракетный комплекс = SA-75M DWINA-M – Flugabwehr-Raketenkomplex

Das Fla-Raketensystem ermöglichte das Erfassen schwerer Bombenflugzeuge ab 110 km, die automatische Begleitung erfolgte ab 90 km. Die Bekämpfung von Luftzielen, die sich aus jeder Richtung mit einer Höchstgeschwindigkeit von bis zu 2000 km/h (560 m/s) nähern konnten, erfolgte in einem Entfernungsbereich von 12 bis 35 km und in Höhen von 1 bis 27 km. Bis zu drei Raketen konnten gleichzeitig auf ein Ziel gelenkt werden. Die Raketen wurden in den Leitmethoden DREIPUNKTMETHODE oder METHODE HALBE BEGRADIGUNG an ein Ziel herangeführt.

In die NVA gelieferte Fla-Raketensysteme SA75 DWINA-M und Raketen W750W / W750WMU:

	System	Komplex	Startrampen	Raketen
1961	1	4	24	192
1962	3	12	72	192
1963				74
1965				96
1967				110
1968				33
1976				96
Gesamt	**4**	**16**	**96**	**793**

Das Fla-Raketensystem SA75M DWINA-M bestand aus der Führung mit Stab, den Einheiten der Gefechtssicherung (Nachrichtenkompanie, Zug der chemischen Abwehr, Pioniergruppe), den Gefechtseinheiten mit vier Fla-Raketenabteilungen und einer Technischen Abteilung sowie den Bedieneinheiten (Transport- und Instandsetzungskompanie, Küche, Regimentslager, Feuerwache, Med-Punkt).

Zum Bestand einer Fla-Raketenabteilung gehörten ein Fla-Raketenkomplex (bestehend aus einer Raketenleitstation RSNA75M, sechs Startrampen SM63P, sechs gefechtsbereiten Raketen W750W) sowie eine Funkmess-Station, die Elemente der Stromversorgung, eine Technische Kompanie und Nachrichtenmittel.

Rakete

11Д – ЗУР В-750В для ЗРК СА-75М =
11D – Rakete W-750W für den Flugabwehr-Raketenkomplex SA-75M

Die Rakete W750W bildete über zehn Jahre das Hauptmittel der LSK/LV der NVA zur Bekämpfung des Luftgegners. Deutlich lässt sich die Teilung in erste und zweite Stufe erkennen.

Die **Rakete W750W** (11D) wurde aus der Rakete W750 (1D) entwickelt. Der Aufbau und die Wirkungsweise der einzelnen Baugruppen waren ähnlich.

Die nach dem aerodynamischen Prinzip NORMAL konstruierte Rakete W750W bestand aus zwei Stufen:
Die **erste Stufe** setzte sich aus dem Feststoff-Starttriebwerk mit vier X-förmig angeordneten Stabilisatoren und der Zelle Nr. 6, die die Verbindung zur zweiten Stufe herstellte, zusammen. Eine wesentliche Änderung gegenüber dem Vorgängermodell stellte die Regulierung des Düsenquerschnitts dar. In Abhängigkeit von der Temperatur der Pulverladung wurde der Düsenquerschnitt mithilfe eines Kegels, der sich auf einem Führungsstab zur Regulierung vor- oder zurückbewegen ließ, in der Düse angepasst.
Die **zweite Stufe** der Rakete unterteilte sich in fünf Zellen. Da diese Unterteilung im Wesentlichen der Rakete 1D entspricht, erübrigt sich hier eine detaillierte Beschreibung.
Wesentliche Veränderungen betrafen das Flüssigkeits-Marschtriebwerk.

Um die Höhe zur Vernichtung eines Ziels auf 25 km zu vergrößern, wurde der Druck in der Brennkammer von 41,5 auf 52 kg/cm^2 erhöht, was zur Vergrößerung des Schubs von 26,5 auf 31,0 kN führte. Außerdem kam der modifizierte Oxidator AK-20K zur Anwendung. Nun ließen sich selbst Ziele mit eine Höchstgeschwindigkeit von 2000 km/h (560 m/s) bekämpfen.

Rakete W750W, Blick auf das Heck mit dem Kegel zur Regulierung des Düsenquerschnitts.

Rakete	
GRAU-Index Rakete	W750W
nicht klassifizierter Produktindex	11D
GRAU-Index Gefechtskopf	DWE750
Bezeichnung in der NVA	11D
Beginn der Einführung in die NVA	1961
NATO-Bezeichnung	SA-2b GUIDELINE
Einsatzebene	Fla-Raketenregiment
Maximale Schussentfernung (km)	35
Minimale Schussentfernung (km)	12, ab 1972 auf 5
Maximale Flughöhe (km)	27, ab 1972 auf 30
Minimale Flughöhe (km)	1, ab 1972 auf 0,3
Maximale Geschwindigkeit des Ziels (km/h)	2000, ab 1972 auf 3600
Länge Rakete (mm)	10.841
Durchmesser mit Flügeln (mm)	1675
Durchmesser mit Stabilisatoren (mm)	2566
Durchmesser erste Stufe (mm)	654
Durchmesser zweite Stufe (mm)	500
Art des Starttriebwerks	Feststoff
Art des Marschtriebwerks	Flüssigkeit
Startbrennstoff	OT-155
Brennstoff	TG-02
Oxidator	AK-20K
Masse aufgetankte Rakete (kg)	2283
Masse Gefechtskopf mit Gefechtsladung (kg)	190
Startrampe	SM63P
Zeit für den Wechsel der Feuerstellung - Abbau (h)	2,5
Zeit für den Wechsel der Feuerstellung - Aufbau (h)	5,5

Der Oxidator AK-20K bestand aus in Salpetersäure gelöstem Stickstoffoxid. Der Brennstoff TG-02 bestand aus einer Mischung von 50 % Xilidin und 50 % Triätilamin und stellte ein hoch konzentriertes Gift dar. Eine Vergiftung konnte durch Einatmen der Brennstoffdämpfe oder beim Berühren offener Hautstellen erfolgen. Gelangte der Oxidator auf die Haut, kam es zu schweren Verbrennungen.

Beschreibung der Arbeitsweise wichtiger Baugruppen

Triebwerksanlage

Beim Drücken des Knopfes START in der Leitkabine UA floss ein Strom (26 V, 4 A) zum Pyrostartventil und öffnete es, die Druckluft (260 bis 350 at) strömte aus dem Druckluftbehälter zu den Reduzierventilen. Ein Teil der Druckluft gelangte zum Zwei-Stufen-Reduzierventil. In der ersten Stufe wurde die Druckluft auf 40 at und in der zweiten Stufe auf 6 at reduziert. Von der zweiten Stufe gelangte die Druckluft in den Oxidator- und den Brennstoffbehälter (O- und B-Behälter). Der andere Teil der Druckluft wurde auf 50 at reduziert und gelangte zum Autopiloten. Hier wurde die Luft von 50 at auf 10 at reduziert. Sie gelangte zur Überprüfung des AP und weiter zur Rudermaschine des Stabilisators mit Krängungsrudern in der ersten Stufe. Der andere Teil der Luft strömte zum Ausfahrmechanismus des Staurohrs und zur Ampullenbatterie. Gelangte die Druckluft in den Ausfahrmechanismus des Staurohrs, wurde dieses in die Arbeitslage gebracht. Die in die Ampullenbatterie einströmende Luft drückte die Säure aus den Ampullen in die Batterieelemente. Nach 1 bis 1,5 s war die Ampullenbatterie betriebsbereit und lieferte Strom ins Bordnetz der Rakete. Dieser Strom gelangte zum Feststoff-Starttriebwerk, aktivierte die Zündladung und entzündete die Pulverstangen. Die in der Brennkammer entstehenden Gase traten mit großer Geschwindigkeit aus der Düse und erzeugten die notwendige Schubkraft, die der Rakete ihre Beschleunigung verlieh. Mit zunehmender Geschwindigkeit der Rakete stieg auch der Druck im Staurohr. Bei einem Druck von 0,7 at schlossen sich die Stromkreise zu den Pyrokerzen des Pyroverzögerungsventils und des Gasgenerators. Zündeten die Pyrokerzen, strömte die Druckluft (50 at) zu den Ventilen der O- und B-Pumpen und zum I-Behälter (Startbrennstoff). Oxidator und Brennstoff gelangten in die Pumpen des Turbopumpenaggregats. Der Hauptteil der Luft strömte in den I-Behälter und drückte den Startbrennstoff in den Gasgenerator. Im Gasgenerator wurde der Startbrennstoff verbrannt, die Zerfallsprodukte strömten durch eine Gasleitung auf die Schaufeln der Rotoren des Turbopumpenaggregats und versetzten diese in Drehung. Auf der Welle des Rotors befanden sich die Schaufelräder der Zentrifugalpumpen für O und B. Drehten sich die Schaufelräder der Pumpen, wurden die Treibstoffkomponenten unter hohem Druck in die Brennkammer des Triebwerks eingespritzt. Gleichzeitig wurde die 2. Sicherheitsstufe des Funkzünders aufgehoben. Der Brennstoff floss durch einen Kompensationsbehälter (er verzögerte den Brennstoffzufluss) in den Kopf des Triebwerks und spritzte durch die Düsen in die Brennkammer. Beim Zusammentreffen von Brennstoff und Oxidator in der Brennkammer entzündeten sie sich. Der Druck in der Brennkammer stieg schnell auf 52 at an. Die Gase traten mit großer Geschwindigkeit aus der Düse, verbrannten die Magnesiumbänder der Spannschlösser und erzeugten die Schubkraft. Das Triebwerk arbeitete. Nach Brennschluss trennte sich das Feststoff-Startriebwerk von der Marschstufe der Rakete. Der Luftumschalter leitete jetzt die Luft von der Rudermaschine des Stabilisators zu den Rudermaschinen der Marschstufe. War der Druck im Druckluftbehälter auf 40 at abgesunken, trennte das Rückschlagventil den Zwei-Stufen-Reduzierblock vom Druckluftbehälter. Dies ermöglichte eine sparsame Nutzung der Luft für das Lenken der Rakete.

Block Funklenkung/Funkortung (FL/FO)

Der Block FL/FO bestand aus der Empfangsantenne, der Sendeantenne des Antwortsenders, dem HF-Kopf, dem Verstärker, dem Selektionsblock der Frageimpulse, dem Antwortsender und dem Dechiffrierblock.

Während des Fluges mit dem Feststoff-Starttriebwerk wurde die Rakete nicht gelenkt, sondern durch den AP im Krängungskanal stabilisiert. Erst nach dem Abtrennen des FSTW von der Marschstufe (7 s nach dem Start) wurde die Rakete mithilfe der Ruder und Ruder-Querruder gelenkt. Größe und Vorzeichen der Kommandos wurden in Abhängigkeit von der Position von Ziel und Rakete im Raum bestimmt. Die in der Raketenleitstation gebildeten Lenkkommandos bestimmten den Ausschlag der Ruder und Ruder-Querruder. Bis zum Auftreffen auf das Ziel wirkte auf die Ruder-Querruder 1 und 3 das Lenkkommando K1, auf die Ruder 2 und 4 das Lenkkommando K2. Bei der Annäherung an das Ziel wurde das Kommando K3 gegeben, das den Funkzünder in Betrieb setzte. Der Funkzünder bestimmte den günstigsten Zeitpunkt für die Aktivierung des Gefechtsteils.

Die Aufgabe des Blocks Funklenkung/Funkortung bestand im Empfang und in der Verstärkung der Lenkkommandos. Es konnten bis zu drei Raketen gleichzeitig mit einem Startintervall von sechs Sekunden auf ein Ziel gelenkt werden. Der Block FL/FO musste die für die jeweilige Rakete bestimmten Kommandos auswählen und decodieren. Da sich der Abstand zwischen Sender und Empfänger während des Fluges der Rakete stark veränderte, änderte sich auch die Größe der Eingangssignale. Das empfangene Signal wurde mit zunehmender Entfernung schwächer. Eine automatische Verstärkungsregelung (AVR) schützte den Empfänger zu Beginn des Fluges vor Überlastung. Die AVR regelte die notwendige Verstärkung des Empfängers.

Die Bestimmung der Raketenkoordinaten mithilfe der von der Rakete reflektierten Impulse war schwierig, da die Reflexionsfläche der Rakete sehr klein war und damit auch die Stärke der reflektierten Signale. Zur sicheren Bestimmung der Koordinaten der Rakete über die gesamte Flugbahn diente ein aktives Antwortsystem. Der von der RLS ausgesendete und von der Rakete empfangene Frageimpuls aktivierte den Antwortsender der Rakete. Der Antwortsender formierte das Antwortsignal und sendete es an die RLS zurück. Anstelle eines schwachen Signals, das die Rakete reflektierte, wurde also ein Antwortsignal verwendet, dessen Größe von der Leistung des Antwortsenders abhing und um ein Vielfaches das reflektierte Signal überstieg. Die Entfernung zur Rakete bestimmte die Zeitdifferenz zwischen dem Senden des Frageimpulses und dem Empfang des Antwortimpulses. Dem Dechiffrierblock kam die Aufgabe zu, die empfangenen Signale zu decodieren, die Kommandos des entsprechenden Kodekanals auszuwählen und die Lenkkommandos K1 und K2 auf die Lenkkanäle und das Kommando K3 auf den Funkzünder zu verteilen. Er erzeugte das einmalige Kommando K3 in Form von +26 V Gleichspannung. Die decodierten Impulse des Kommandos gelangten nach dem Abwurf des FSTW mit einer kurzen Verzögerung zum Autopiloten, um die Rakete nach dem Abwurf des FSTW zu stabilisieren, da sich der Schwerpunkt der Rakete stark veränderte.

Der Block FL/FO besaß zwei austauschbare Elemente, den HF-Kopf und den Kodestecker. Beide mussten auf den Block FL/FO abgestimmt sein. Die Rakete eines bestimmten Kodekanals konnte nur von der Startrampe desselben Kodekanals gestartet werden. Die Rakete mit einem bestimmten HF-Kopf wurde dann von der RLS gelenkt, wenn die Frequenz des Funkkommandosenders mit der Frequenz des HF-Kopfes der Rakete übereinstimmte. Der Austausch des Kodesteckers und des HF-Kopfes erfolgte, wenn das Fla-Raketenregiment Manöver mit den Raketen durchführte.

Autopilot

Der Autopilot lenkte die Rakete in zwei senkrecht zueinander stehenden Ebenen und stabilisierte sie um drei senkrecht zueinander stehenden Achsen. Das Lenken der Rakete erfolgte durch Lenkkommandos. Die Stabilisierung der Rakete war erforderlich, da die RLS nicht die Flugrichtung, sondern nur die Koordinaten der Rakete bestimmte und dementsprechend ihren Flug lenkte. Bei zufälligen Abweichungen der Rakete änderte sich ihre Flugbahn. In diesem Fall korrigierte der AP selbständig die Abweichung, indem er ein entsprechendes Signal an die Ruder gab.

Der Autopilot bestand aus einer Rudermaschine für die Steuerung der Ruder 2 und 4, zwei Rudermaschinen für die Steuerung der Ruder-Querruder 1 und 3, einer Rudermaschine für die Steuerung der Querruder der Stabilisatoren, dem Luftumschalter und dem Druckgeber.

Als Messelemente dienten zwei Dämpfungskreisel, ein freier Kreisel und zwei Geber der linearen Beschleunigung. Die Messelemente wandelten mechanische Bewegungen in elektrische Signale um. Die beiden Dämpfungskreisel maßen die Raketenbewegung relativ zur vorgegebenen Flugrichtung, erarbeiteten Kompensationssignale und leiteten sie an die Ruder und Ruder-Querruder weiter. Die Ruder schlugen in die dem Signal entgegengesetzte Richtung aus und stabilisierten so den Flug der Rakete. Der freie Kreisel bestimmte den Krängungswinkel der Rakete, d. h. die Drehung um die Längsachse, und verhinderte, dass die Rakete die Lenkebenen verließ. Bei Veränderung der Lage der Lenkebenen verschlechterte sich die Raketenlenkung oder riss ab. Der freie Kreisel lieferte ein zum Krängungswinkel proportionales Signal. Der Geber der linearen Beschleunigung maß die Querbelastungen der Rakete und erarbeitete ein Signal, das den auftretenden Belastungen entgegenwirkte.

Die Rudermaschinen wurden mit 10 at Druckluft versorgt. Sie bestanden im Wesentlichen aus einem Zylinder mit einem Kolben. Die Kolbenstange war mechanisch mit den Rudern verbunden. Bei einer Änderung der Luftverteilung bewegte sich der Kolben zur niedrigeren Druckseite und übertrug diese Bewegung auf das Ruder. Im mechanischen System der Kraftübertragung von der Rudermaschine zu den Rudern befand sich der Mechanismus zur Veränderung der Übertragungswerte, der sicherstellte, dass die Wirksamkeit der Ruder bei Änderung der Geschwindigkeit der Rakete und der Luftdichte annähernd konstant blieb.

Funkzünder und Gefechtsteil

Der Funkzünder bewirkte die automatische Zündung des Gefechtsteils bei Annäherung der Rakete an das Ziel, sobald eine sichere Zerstörung gewährleistet war. Beim Verfehlen des Ziels gab er das Kommando zur Selbstzerlegung, die 60 s nach dem Start erfolgte.

Der Funkzünder bestand aus dem Sende- und Empfangsteil, den vier Sende- und vier Empfangsantennen, dem Sicherungs- und Ausführungsmechanismus sowie den Verbindungskabeln.

Um das geforderte Richtdiagramm zu erreichen und die Störanfälligkeit zu verringern, war der Funkzünder als Zweikanalsystem ausgeführt. Am Ausgang des Funkzünders befand sich der Sicherungs- und Ausführungsmechanismus. Er gewährleistete die Abgabe eines elektrischen Impulses zum Zünden des Gefechtsteils, verhinderte das vorzeitige Zünden des Gefechtsteils und stellte die Selbstzerlegung sicher.

Zwei Magnetrone erzeugten die notwendigen HF-Schwingungen, welche die Sendeantennen gerichtet in den Raum abstrahlten. Die Empfangsantennen empfingen die reflektierten HF-Schwingungen vom Ziel und leiteten sie zum Empfangsteil. Aus den Richtdiagrammen der Sende- und Empfangsantennen wurde die Position des Ziels und aus dem reflektierten Signal die Entfernung zum Ziel bestimmt. Die Richtdiagramme der Antennen waren in Form und Lage dem Splitterrichtdiagramm bzw. der Zerstörungszone des Gefechtsteils angepasst. Dies garantierte eine hohe Trefferwahrscheinlichkeit. Drei unabhängige Sicherheitsstufen gewährleisteten den sicheren Betrieb des Funkzünders. Die 1. Sicherheitsstufe wurde durch die Überlastung beim Start aufgehoben, die 2. Sicherheitsstufe durch den elektromechanischen Umschalter, der beim Betrieb des Flüssigkeits-Marschtriebwerks in Aktion trat. Die 3. Sicherheitsstufe wurde durch das einmalige Kommando K3 von der Raketenleitstation aufgehoben.
Das Gefechtsteil diente mit seiner gerichteten Splitterwirkung der Zerstörung des Ziels. Der mit Sprengstoff gefüllte Stahlzylinder verwendete eine Zweipunktzündung. Der Sprengstoff bestand zu 40 % aus Trotyl und zu 60 % aus Hexogen. Die Zündung des Gefechtsteils erfolgte gleichzeitig an zwei Punkten. Daraus und aus der Form des Gehäuses ergab sich das Splitterrichtdiagramm. Um eine bestimmte Menge an Splittern zu erhalten, war die Innenfläche des Gehäuses geriffelt. Die Zündung des Gefechtsteils erfolgte durch den Initialzünder, in dem sich die Zündladung befand.

Elektroausrüstung

Die Elektroausrüstung fasste das Bordnetz zu einem einheitlichen Komplex zusammen und stellte die Versorgung der Bordapparaturen und die Verbindung der Blöcke der Bordapparaturen in einer festgelegten Reihenfolge sicher. Entsprechend den zu lösenden Aufgaben bestand das System aus der Ampullenbatterie, den Steckverbindungen mit Relais und Signalelementen sowie dem Kabelnetz.
Als primäre Spannungsquelle diente eine für den einmaligen Gebrauch ausgelegte Silizium-Fluor-Wasserstoff-Ampullenbatterie. Sie lieferte 26 V / 50 A innerhalb von 60 s unter Einwirkung von 10 at Druckluft. Bei Temperaturen unter –25 °C wärmte sie Heizspiralen im Innern der Batterie vor. Die Gleichspannung wandelte ein Umformer in Dreiphasenwechselspannung 115 V / 400 Hz um.
Die Elektroausrüstung gewährleistete zusammen mit der übrigen Ausrüstung die Durchführung der Startvorbereitung, die Überprüfung der Rakete sowie den Start und den Flug.
Im Zuge der Modernisierung der FRS SA75M DWINA-M von 1974 bis 1976 erhielt die NVA 1976 eine einmalige Lieferung von 96 Raketen der Version **W750WMU**. Diese Raketen verfügten über verbesserte Manövereigenschaften. Verstärkte Bleche für die Außenhülle der Rakete erhöhten das Lastvielfache um das 6- bis 8-fache. Es wurden die Leistung des Antwortsenders um den Faktor 3 und die Sprengwirkung des Gefechtsteils erhöht.
Die *Meldung über die Sicherstellung der NVA mit Raketen und Munition* vom 1. Januar 1990 gab den Gesamtbestand an Startrampen SM63P mit 48 Stück an. Die Höhe des Kampfsatzes pro Waffe betrug zwei Raketen, der Bedarf an Kampfsätzen drei. Der tatsächliche Munitionsbestand für das Fla-Raketensystem SA75M DWINA-M in der NVA betrug vier Kampfsätze pro Startrampe. Damit verfügten die LSK/LV über 384 Raketen, was einem Grad der Sicherstellung von 133 % entsprach.

Startrampe

Пусковая установка СМ63П = Startmechanismus SM63P

Die **Startrampe SM63P** entsprach in Aufbau und Funktion der Startrampe SM63 des Fla-Raketensystems SA75 DWINA. Im FRR kamen 24 Startrampen SM63P zum Einsatz.

Startrampe SM63P in Gefechtslage mit der Rakete W750W.

In Marschlage schleppte ein Spezialzugmittel, in der Regel das mittlere **Kettenzugmittel ATS**, die Startrampe. Die Überführung der Startrampe in die Gefechtslage erfolgte mithilfe der Winden an den Protzen. Dabei diente die Kreuzlafette zur Auflage für die Startrampe. Die Protzen wurden aus der Feuerstellung gezogen und an einem festgelegten Platz zentral aufgestellt, die Kreuzlafette mit Erdspornen auf dem Untergrund befestigt. Zur elektrischen Ausrüstung zählten das Startleitsystem und die elektrischen Folgeantriebe. Die Steuerung der Folgeantriebe erfolgte über die Geber der Leitkabine UA oder über die Geber der Startrampe. Die Elemente des Startleitsystems (SLS) gewährleisteten die Kontrolle der Stromkreise der Rakete, die automatische Vorbereitung zum Start, den Start sowie das Abschalten der Startvorbereitung und das Zurückführen der Startrampe auf den Ladewinkel bei einem Fehlstart. Befand sich die Raketenwiege der Startrampe in der Verbotszone (in Richtung der RLS +/–20°, Erhöhungswinkel kleiner 10°), war ein Start der Rakete nicht möglich.

Mithilfe des SLS erfolgte die automatische Startvorbereitung und der Start der Rakete. Die dafür notwendige Ausrüstung war in der Leitkabine UA, insbesondere in der Startrampe, installiert. Um den Betrieb des SLS zu gewährleisten, wurden 3 x 220 V / 50 Hz von der Kabine RMA zur Startrampe und zur Leitkabine UA geschaltet. Diese wurde für die Versorgung der elektrischen Antriebe benötigt. Ein Teil der 220 V / 50 Hz wurde auf +26 V Gleichstrom transformiert und gleichgerichtet. Diese +26 V wurden während der Startvorbereitung über das SLS an die Rakete geleitet und kontrollierten die Pyropatronen.

Je nach vorhandener Luftlage wurden entweder drei Raketen (VORBEREITET 3) oder drei und nach 30 s weitere drei Raketen (VORBEREITET 6) für den Start vorbereitet. Bei der dritten Methode (PAUSENLOS VORBEREITET) erfolgte die Vorbereitung der ersten drei Raketen. Nach 22 Minuten wurden die übrigen drei Raketen nacheinander vorbereitet. Da die ersten drei vorbereiteten Raketen nach 25 Minuten durch ein Zeitrelais automatisch aus der Vorbereitung genommen wurden, war sichergestellt, dass zu diesem Zeitpunkt die nach 22 Minuten vorbereiteten Raketen startbereit waren. Danach wiederholte sich dieser Zyklus. Die Ruhezeit der aus der Vorbereitung genommenen Raketen hing von der Außentemperatur ab. Auf das Kommando SYNCHRONISATION begann die Startrampe, den von der Leitkabine UA befohlenen Erhöhungs- und Seitenwinkel einzunehmen. Ab diesem Zeitpunkt war die Rakete für 25 Min. startbereit. Nach 25 Min. wurden die +26 V Gleichstrom abgeschaltet und die Startrampe kehrte auf den Ladewinkel zurück.

Die sechs Startrampen im Bestand des Raketenkomplexes gruppierten sich in einem Abstand von 50 bis 75 m um die Raketenleitstation. Bei

Startrampe SM63P in Marschlage.

der Entfaltung der Startrampen in der Startstellung durfte die zulässige Neigung des Platzes bis zu 2,5° betragen. Die geografische Ausrichtung der Startrampen und der RLS erfolgte mit einem Richtkreis. Somit zeigten alle Geräte in eine Richtung. In Marschlage wog die Startrampe 12.300 kg, in Gefechtslage 8400 kg. Die Ausmaße der Startrampe in Marschlage (L x B x H) betrugen 10.000 x 2640 x 3750 mm.

Das Steuerkabel KU-A übertrug die einzelnen Kommandos von der RLS zu den Startrampen. Das Kabelnetz TD-N2 diente der Energieversorgung innerhalb der Fla-Raketenabteilung.

Raketenleitstation

PCHA75M – радиолокационная станция наведения = RSNA75M – Radarstation zur Orientierung (Leitradar)

Die Ausrüstung der Raketenleitstation 75M kam in den drei Kabinen PAA, UA und AA unter.

Die Sende- und Empfangskabine PAA enthielt die Sendesysteme für den Höhen- und den Seitenwinkel sowie den HF-Teil des Empfängers. Die Antennen der RLS waren auf dem Dach der Kabine PAA montiert. In der Leitkabine UA befanden sich u. a. die Hauptverstärker der Zielempfänger, die Sichtgeräteeinrichtung, das System zur Steuerung der Antennen und der Startrampen und des Entfernungszeichens sowie die Kontrollapparate. Die Apparatekabine AA war mit den Hauptverstärkern der Raketenempfänger, dem Koordinatensystem, dem System zur Kommandoerarbeitung und dem Funkkommandosender ausgerüstet. Gleichzeitig transportierte sie die EWZ-Sätze Nr. 1 und Nr. 2. Die Außenansichten der Kabinen UA und AA waren identisch.

Das Versuchsbauamt des Werks N304 entwickelte und produzierte 1957 eine Dreikabinenversion für den Fla-Raketenkomplex SA75M DWINA-M. Die Sende- und Empfangskabine PAA wurde unverändert vom Vorgängersystem übernommen. Die weitere Ausrüstung der RLS kam in zwei Kabinen unter. Auf den im Werk N304 erstellten Unterlagen modifizierte das Uljanowsker Automobilwerk den bereits für die Geschützrichtstation 4 entwickelten Anhänger für die Unterbringung der Ausrüstung. Die beiden Zweiachsanhänger verwendeten das Fahrgestell MAZ-5206W und erhielten jeweils eine abgedichtete und wärmeisolierte Kabine als Aufbauten. Wesentliche Vorteile der neuen Ausrüstungsvariante waren die erhöhte Betriebssicherheit und die schnellere Verlegungsbereitschaft.

Die modernisierte Raketenleitstation RSNA75M verfügte über die gleichen Handlungsentfernungen wie die Vorgängerversion RSNA75. Allerdings konnten nun Ziele mit einer Geschwindigkeit von 2000 km/h (560 m/s) in Einsatzhöhen von 1 bis 27 km bekämpft werden.

Die **Sende- und Empfangskabine PAA** enthielt die Sendesysteme und den HF-Teil des Empfängers. Die RLS ermöglichte die Begleitung eines Ziels und den Start von drei Raketen auf dieses Ziel. Die Impulsleistung jedes Senders im Zielkanal betrug 600 kW, die Impulsleistung des Kommandosenders mindestens 40 kW. Die Kabine gewährleistete einen Beobachtungssektor im Seitenwinkel von 360° und im Höhenwinkel von 0 bis 90°. Dabei fanden zwei Entfernungsmaßstäbe, 120 und 60 km, Verwendung.

Von 1970 bis 1972 wurde die Kabine PAA zur Verbesserung der Störfestigkeit der Ortungskanäle modernisiert. Dazu wurde auf die horizontale Seitenwinkelantenne ein kastenförmiger Aufbau montiert, in dem zwei Funkorter die Ziele bei starken aktiven Rauschstörungen optisch begleiteten. Die Funkorter steuerten die Antennenanlage mithilfe der Antriebsmotoren der Station, einer für Seite und der andere für Höhe, auf das Ziel.

Die modernisierte Sende- und Empfangskabine PAA der Raketenleitstation 75M mit dem Aufbau auf der Seitenwinkelantenne in Gefechtslage (linkes Bild). Der Soldatenjargon bezeichnete den Aufbau auf der Seitenwinkelantenne als Starkasten, hier ein Blick auf die Arbeitsplätze der beiden Funkorter.

Bei der Verlegung der Kabine PAA wurden die Antennen auf den drei **Antennenanhängern PA1, PA2 und PA3** transportiert. Der Anhänger PA1 transportierte das Antennenträgergestell, die Anhänger PA2 und PA3 die Höhen- und Seitenwinkelantenne. Die Parabolantenne des Kommandosenders und die Hohlleiter befanden sich jeweils unter den Auflageböcken der beiden Antennen. Die Ausmaße der Anhänger (B x H) betrugen 2360 x 3340 mm bei einer durchschnittlichen Masse von 4000 kg. Als Zugmittel dienten mittlere Lkw G-5.

Antennenanhänger PA3.

Für die Führung des Fla-Raketenkomplexes wurde die **Leitkabine UA** eingesetzt. Sie enthielt im Wesentlichen das Synchronisationssystem, das Sichtgerätesystem, das System zur Steuerung der Antennen und der Startrampen und die Imitationsapparatur.
Das Synchronisationssystem hatte die Aufgabe, alle in den Systemen der RLS benötigten Synchronisationsimpulse zu erzeugen. Das System bestand aus einem Entfernungs- und einem Winkelsynchronisator.
Zu den Sichtgeräten gehörten das Leitsichtgerät und drei identische Sichtgeräte für die Handbegleitung. Das Leitsichtgerät diente u. a. der visuellen Beobachtung der Luftlage im Schwenkbereich der Sende- und Empfangskabine PAA, der Zielsuche, dem Bestimmen des Startmoments der Rakete, der visuellen Beobachtung des Fluges der Rakete und des Ziels sowie der Beobachtung der Schießergebnisse. Es verfügte über zwei Bildschirme; der linke zeigte die Luftlage nach den Koordinaten, der Entfernung und des Höhenwinkels an; der rechte nach der Entfernung und dem Seitenwinkel. Die Sichtgeräte zur Handbegleitung ermöglichten die genaue Bestimmung der Koordinaten des Ziels nach Richtung und Entfernung durch die ständige Übereinstimmung der vertikalen und horizontalen Zeichen mit dem Zielsignal.
Das System zur Steuerung der Antennen, der Startrampen und des Entfernungszeichens diente dem Richten der Antennen und Startrampen nach dem Seiten- und dem Höhenwinkel sowie dem Leiten der Entfernungsbegleitimpulse des Koordinatensystems auf das ausgewählte Ziel. Das System bestand aus dem Leitblock und den Blöcken für die Handbegleitung nach dem Seiten- und dem Höhenwinkel sowie nach der Entfernung. Mit den elektrischen Antennenantrieben war die Rundumsuche mit einer Geschwindigkeit von 2,7 U/min, die Sektorensuche und Handsteuerung der Antennen und Startrampen nach dem Seiten- und Höhenwinkel möglich. Es gab zwei Formen der Antennensteuerung: Steuerung im Arbeitsregime LEITEN, bei dem der Schwenksektor der RLS grob auf das Ziel geführt und die Steuerung im Arbeitsregime HANDBEGLEITUNG, wenn das Ziel genau auf dem vertikalen Zeichen gehalten wurde. Beim Fehlen einer Zielanweisung konnte in der RLS die Rundum- oder Sektorensuche angewandt werden.
Im Rahmen der Modernisierungsmaßnahmen 1970 bis 1972 wurden im FRR-14, in den Fla-Raketensystemen der Zentralen Reserve und der Austauschreserven, das aus dem Fla-Raketensystem S75 WOLCHOW stammende, automatisierte Startgerät APP-75 zum schnelleren Bestimmen der Anfangsangaben zum Schießen eingeführt.
Die Ausmaße der Kabine (B x H) betrugen in Gefechtslage 2500 x 3490 mm bei einer Masse von 11.100 kg; als Zugmittel diente ein mittleres Kettenzugmittel ATS.

Die **Apparatekabine AA** war mit den Hauptverstärkern der Raketenempfänger, dem System zur Kommandoerarbeitung und dem Funkkommandosender ausgerüstet. Die Ausmaße der Kabine AA (B x H) in Gefechtslage betrugen 2500 x 3490 mm bei einer Masse von 14.000 kg; als Zugmittel fungierte ein mittleres Kettenzugmittel ATS.
Das System zur Kommandoerarbeitung diente der Formierung der Lenkkommandos K1 und K2 und des einmaligen Kommandos K3 zur Beseitigung der letzten Sicherheitsstufe des Funkzünders. Von dort gelangten die Lenkkommandos in das System des Funkkommandosenders, wurden chiffriert und an Bord der Rakete übertragen. Das Vorhandensein von drei gleichen Systemen ermöglichte die gleichzeitige Erarbeitung des Lenkkommandos zur Leitung von drei Raketen auf ein Luftziel.

Leitkabine UA in Marschlage

Der **transportable EWZ-Satz P** diente der Auffüllung der Havarie-EWZ-Sätze und der planmäßigen Instandsetzung der Raketenleitstation RSNA75M. Er enthielt u. a. Elektronenröhren und Halbleiterbauelemente, Quarze, Relais, Sicherungen, Kondensatoren, Fest- und Regelwiderstände, Armaturen und anderes. Der EWZ-Satz P war in zwei Anhängern der Größenklasse 2-PN-2 mit Fahrgestell SMZ-710W und Koffer KUNG-P2 untergebracht. Als Zugmittel diente je ein schwerer Lkw KrAZ-214.

Die Werkstattkabine PRM mit Fahrgestell SMZ-710W und Koffer KUNG-P2 (linkes Bild) und die Umformer- und Verteilerkabine RMA.

Die **Werkstattkabine PRM**, die ab 1976 zum *Zug Feuerleitung* gehörte, transportierte den EWZ-Satz 1, bestimmt zur Auffüllung der Havarie-EWZ-Sätze und für planmäßige Instandsetzungen. Sie ersetzte den transportablen EWZ-Satz P und enthielt u. a. Elektronenröhren und Halbleiterbauelemente, Quarze, Relais, Sicherungen, Kondensatoren, Fest- und Regelwiderstände, Armaturen und anderes. Die Werkstattkabine PRM war in einem Anhänger der Größenklasse 2-PN-2 mit Fahrgestell SMZ-710W und Koffer KUNG-P2 untergebracht. Als Zugmittel dienten die mittleren Lkw G-5 oder URAL-375D.

Die Werkstattkabine unterteilte sich in zwei Räume. In einem Raum befanden sich die Schränke mit dem EWZ-Satz, im anderen eine Werkbank mit einem Satz Schlosserwerkzeug sowie ein Tisch für Montagearbeiten. Die Werkstattkabine PRM verfügte über eine Spannung von 220 V zur Versorgung der elektrischen Heizöfen, der Beleuchtungsanlage und der Lötkolben. In ihr ließen sich einfache mechanische Arbeiten ausführen, Teile und Baugruppen in den Blöcken auswechseln, kleine Mechanismen demontieren und montieren oder Schaltungen instand setzen.

Die Energieversorgung des FRK SA75M bestand aus drei Diesel-Elektrostationen ESD75N2MA, einer Umformer- und Verteilerkabine RMA, einem Starkstrom-Kabelsatz KS-A, einem Steuer-Kabelsatz KU-A und einer Kabelverlegemaschine KU-N2MA.

Der Fla-Raketenkomplex nahm eine Leistung von ungefähr 100 kW auf. Um diesen Bedarf zu decken, war es notwendig, zwei **Diesel-Elektrostationen ESD75N2MA** parallel zu schalten. Die dritte Elektrostation diente als Reserve. Die 450 l Diesel, die in den beiden Kraftstoffbehältern mitgeführt wurden, ermöglichten eine Laufzeit von mindestens 12 h, ohne Nachtanken. Jede Diesel-Elektrostation war auf einem Anhänger der Größenklasse 2-PN-6 mit dem Fahrgestell MAZ-5207W und einem Koffer KUNG-P6 untergebracht.

Die **Umformer- und Verteilerkabine RMA** war auf einem Anhänger der Größenklasse 2-PN-6 mit Fahrgestell MAZ-5207WSch und Koffer KUNG-P6 aufgebaut. Sie hatte die Aufgabe, den Drehstrom mit einer Frequenz von 50 Hz in 400 Hz umzuwandeln und die elektrische Energie 220 V mit 50 Hz und 208 V mit 400 Hz an die Verbraucher des Komplexes, die RLS und die Startrampen, zu verteilen. Die von der Kabine RMA an die Verbraucher abgegebene Leistung betrug 50 kW; sie konnte 12 h, in besonderen Fällen bis zu 24 h, betrieben werden. Die Abmessungen in Marschlage (L x B x H) betrugen 6740 x 2580 x 3290 mm bei einer Masse von 9200 kg. Während der Entfaltung und beim Herstellen der Marschbereitschaft des Fla-Raketenkomplexes, aber auch in den Pausen, wenn die Hauptelektrostationen abgeschaltet waren, arbeitete das in der Kabine RMA befindliche **Hilfsaggregat AD-30-T/230**.

Die Diesel-Elektrostationen ESD75N2MA und die Umformer- und Verteilerkabine RMA wurden durch mittlere Kettenzugmittel ATS gezogen, die gleichzeitig als Transportmittel für die Bedienung und die Kabelsätze dienten.

Für die Verlegung der Kabelsätze in den FRK wurde der **Kabelverleger KU-N2MA** auf Spezial-Pkw GAZ-69 verwendet, eingesetzt im Zug Feuerleitung. Die Versorgung mit elektrischer Energie erfolgte über den **Kraftstrom-Kabelsatz KS-A,** die Übertragung der Steuersignale zu den Startrampen über den **Steuer-Kabelsatz KU-A.** Die Ausrüstung eines FRK bestand aus einem Kabelverleger und je zwei Kraftstrom- und Steuer-Kabelsätzen.

Die drei Elektrostationen ESD75N2MA wurden ab 1981 durch drei **Diesel-Elektrostationen 5E93** (ESD100) ersetzt. Die Umformer- und Verteilerkabine RMA blieb weiterhin im Bestand. Als Zugmittel für die Stromversorgungsanlage fanden die schweren Lkw TATRA-813 oder KrAZ-255 Verwendung.

Kennungskabine

Кабина ЗЭФ = Kabine ZEF

НР312Н – Наземный радиолокационный запросчик 12Н = NRZ-12N – bodengestützter Radarabfrager 12N

Die Kennungskabine ZEF wurde ab 1974 in den Fla-Raketensysteme SA75M DWINA-M eingesetzt.

Die Kennungskabine ZEF wurde ab 1972 zur Freund-Feind-Kennung auf den Sichtgeräten der RLS verwendet. Das Kennungsgerät NRZ-12N ermöglichte die Kennungsabfrage im gesamten Auffassbereich der RLS. Die Abfrage erfolgte nach dem Prinzip der aktiven Antwort. Auf das Kommando ABFRAGE strahlte der Sender des Kennungsgerätes über die Kennungsantennen eine Folge codierter Impulse aus, die im Flugzeug empfangen und decodiert wurden. Daraufhin sendete die Bordapparatur ihrerseits eine Impulsfolge zurück. Die empfangene Antwort zeigte an, ob es sich um FREUND oder FEIND handelte. Die Kennungsantenne wurde ca. 30 m neben der RLS so aufgestellt, dass sich beide Antennen nicht gegenseitig beeinflussen konnten. Anschließend wurde die Antenne horizontiert und mit den Bewegungen der Antenne der RSL synchronisiert. Als Zugmittel für die Kennungskabine diente der mittlere Lkw URAL-375.

Modernisierungsarbeiten

Die sowjetischen Hersteller modernisierten periodisch das Fla-Raketensystem, hauptsächlich die Raketen, die Raketenleitstation, die Startrampen und die Kontroll- und Prüffahrzeuge. Dabei wurden die Erfahrungen aus dem Einsatz der Fla-Raketensysteme in der DR Vietnam, in der Vereinigten Arabischen Republik und im Diensthabenden System der Luftverteidigung sowie die Entwicklungstendenzen der gegnerischen Luftangriffsmittel berücksichtigt. Die Modernisierungsarbeiten führten das Instandsetzungswerk PINNOW und in einigen Fällen die Truppeninstandsetzungsorgane der Fla-Raketentruppen nach Einweisung durch sowjetische Spezialisten durch. Im Einzelnen wurden folgende Gefechtsmöglichkeiten modifiziert:

1965
Erhöhung der Effektivität beim Schießen auf Ziele in geringen Höhen und auf Ballons, Verringerung der unteren Vernichtungszone auf 500 m, Einführung der Möglichkeit des Schießens auf Erdziele.

1970/1972 – 1. Modernisierungsetappe
Von August 1970 bis Juni 1972 wurden laut Befehl 102/70 des Chefs des LSK/LV die Raketenleitstationen, die Startrampen und die Stromversorgungsanlagen von 14 Fla-Raketenkomplexe der FRS SA75M DWINA-M, 16 Kontroll- und Prüfstationen KPS-M157 sowie 610 Raketen W755 im Instandsetzungswerk PINNOW modernisiert.
Ziel der Modernisierung waren: Erhöhung der Vernichtungswahrscheinlichkeit beim Schießen auf Ziele, die Manöver in vertikaler Ebene ausführten und in sehr geringen Höhen flogen; Verringerung der unteren Grenze der Vernichtungszone auf kleiner als 300 m; Erhöhung der oberen Grenze der Vernichtungszone auf 30 km; Verringerung der nahen Grenze der Vernichtungszone auf 5 km durch frühere Verarbeitung der Lenkkommandos; Verbesserung des Störschutzes der Ortungskanäle der RLS durch optisches Orten und Begleiten von Zielen; schnellere Bestimmung der Anfangsangaben zum Schießen durch das automatisierte Startgerät APP-75; Erhöhung der Höchstgeschwindigkeit der zu bekämpfenden Ziele auf 3600 km/h (1000 m/s); Erhöhung der Betriebszulässigkeit und Verhinderung unbeabsichtigter Raketenstarts bei Kurzschlüssen im Kabelsystem.

1974/1976 – 2. Modernisierungsetappe
Bereits im August 1973 erarbeitete das Kdo LSK/LV eine Konzeption für eine 2. Modernisierungsetappe der FRS SA75M DWINA-M, basierend auf einer 1972 aus Moskau übergebenen Information.
Die 2. Modernisierungsetappe erhöhte die Möglichkeiten der Fla-Raketensysteme SA75M DWINA-M beim Einsatz aktiver Rauschstörträger durch eindeutige Bestimmung der Koordinaten der Störträger, die sich im Auffassungssektor der Raketenleitstationen befanden, unabhängig von der Anzahl der Störträger (Einführung einer Identifizierungsanlage). Den Störschutz der Zielkanäle verbesserte die Einführung einer automatischen Impulsverstärkungsregulierung der Wanderfeldröhre, wodurch der dynamische Empfangsbereich erweitert, Störträger hoher Intensität begleitet und die Erhöhung der Begleitgenauigkeit der Störträger gewährleistet werden konnten. Die Kopplung der RLS mit dem Automatisierten Führungssystem ASURK-1MA zur Gewährleistung der Feuerleitung der Stationen wurde ermöglicht. Die Ausbildungsqualität der Funkorter für die Handbegleitung und -leitung unter den komplizierten Bedingungen des modernen Gefechts (Einführung der Störimitationsanlage in die Station RSNA75M und Modernisierung des Programmgebers der Bewegung imitierter Ziele) sollte verbessert werden. Die Wirksamkeit der FRS unter den Bedingungen intensiver Anflüge sollte erhöht und der Verbrauch der Sollbetriebszeit der Bordapparatur der Raketen durch den Wegfall der Notwendigkeit, die Raketen in ständiger Startbereitschaft zu halten, verringert werden (Verringerung des Vorbereitungszyklus der Raketen von 2 Min. auf 30 s). Die technischen Möglichkeiten der RLS konnten durch die Imitation der Raketenleitkommandos vor dem Start mithilfe des Kom-

mandosenders erweitert werden, wodurch die gegnerischen Flugzeugbesatzungen über den Startmoment der Rakete desinformiert werden sollten (Scheinstart). Die Kopplung der RLS mit der Kennungskabine ZEF ermöglichte eine autonome Feststellung der Nationalität der Flugzeuge und eine Kontrollabfrage der Flugzeuge.
Der Zustand der zu modernisierenden Fla-Raketensysteme, die bereits zwischen 11 und 13 Jahren im Einsatz standen, rechtfertigte die Durchführung einer solchen Maßnahme, da die Modernisierung der vorhandenen FRS einen großen Einfluss auf die Verbesserung ihrer Gefechtseigenschaften ausübte. Dies bedeutete, dass diese FRS in den nächsten Jahren noch voll genutzt werden konnten, da insbesondere durch die laufende und die angebotene Modernisierung kein moralischer Verschleiß eintrat.
Um die durch die 1. und 2. Modernisierungsetappe erreichten höheren Gefechtseigenschaften der FRS SA75M DWINA-M voll wirksam werden zu lassen, wurde vom Hersteller die Rakete W750WMU mit beträchtlich höheren Gefechtseigenschaften gegenüber der Rakete W750W angeboten.
Mit diesen Modernisierungen waren die mit den Fla-Raketensystemen SA75M DWINA-M ausgerüsteten Einheiten in der Lage, gegen die derzeit modernsten Luftangriffsmittel des Gegners wirksam zu handeln.

1985
Den Befehl 136/84 erließ der Stellvertreter des Ministers und Chefs der LSK/LV, um die Führung der Fla-Raketenabteilungen der 41. FRBr durch das Automatisierte Führungssystem SENESH-Ä zu gewährleisten. Er beinhaltete die Modernisierung der Leitkabine UA als Bestandteil der RLS. Spezialisten der Fla-Raketenwerkstatt und -lager 14 und der *Fla-Raketenwerkstatt 31* stellten eine Verbindung zwischen der Kopplungskabine 5F20Ä und der Leitkabine UA her und erprobten sie. Nach erfolgreichem Abschluss der Mustererprobung erfolgte die Modernisierung aller FRK der 41. FRBr bis November 1986.

1989
Die Modernisierungsarbeiten in den Fla-Raketenabteilungen der 51. FRBr ermöglichten nach Abschluss der Arbeiten die automatisierte Führung durch die Kopplung an das AFS VEKTOR-2WÄ.

Automatisierte Führungssysteme

Die NVA setzte zwei Fla-Raketensysteme SA75M DWINA-M im Mobilmachungsfall in der 41. und der 51. Fla-Raketenbrigade ein. Die Gefechtsstände der beiden FRBr verfügten über automatisierte Führungssysteme (AFS), die mithilfe von Kopplungskabinen und Richtfunk-GS die beiden FRS führten.

Zeitpunkt	Einheit	AFS	Kopplungskabine	Richtfunk-GS
1984	41. FRBr	SENESH-Ä	4 x 5F20Ä	4 x 5Ja62
1989	51. FRBr	VEKTOR 2WÄ	4 x 5F24Ä	4 x 5Ja62

Kopplungskabinen

5Ф20 кабина сопряжения и связи =
5F20 Kabine der Kopplung und Kommunikation
5Ф24 кабина сопряжения и связи =
5F24 Kabine der Kopplung und Kommunikation

Die Kopplungskabine 5F20Ä (linkes Bild) und die Kopplungskabine 5F24Ä. Unter der verkleideten Klimaanlage befanden sich der Werkzeugkasten und das Reserverad.

Zur Kopplung des FRS SA75M DWINA-M mit dem AFS 5S99Ä SENESH-Ä diente die in unmittelbarer Nähe der Leitkabine UA aufgestellte **Kopplungskabine 5F20Ä**.
Die **Kopplungskabine 5F24Ä** ermöglichte über die eingebauten Nachrichten- und Datenübertragungsapparaturen die Führung des FRS SA75M DWINA-M durch das AFS 5N35Ä VEKTOR-2WÄ.

Richtfunk-Gerätesätze

5Я62 аппаратура радиорелейной связи Циклоида =
5Ja62 Funkrelais-Kommunikationsausrüstung ZYKLOIDE
Der Richtfunk-GS 5Ja62 war für die Sicherstellung von Richtfunkverbindungen zwischen den mit Automatisierten Führungssystemen 5N35Ä VEKTOR-2WÄ und 5S99Ä SENESH-Ä ausgerüsteten Gefechtsständen der FRBr und den Fla-Raketenabteilungen vorgesehen.
Der Richtfunk-GS 5Ja62 stellte Richtfunkverbindungen in zwei Richtungen sicher, die Stromversorgung erfolgte über das öffentliche Stromnetz oder über die zum Gerätesatz gehörenden Diesel-Elektrostationen. In jeder Richtung konnten 24 Fernsprechkanäle, ein Dienstkanal und zwei Ringkanäle aufgebaut werden. Zur Sicherstellung der Verbindung zwischen den Richtfunk-GS 5Ja62 waren diese mit zwei Halbkomplexen des Richtfunkgerätes R-405 ausgerüstet.

Mittel der Gefechtssicherstellung

Радиолокационная станция П12 Енисей =
Radarlokalisierungsstation P12 JENISSEI
Die Chronik des FRR-17 von 1962 erwähnte den Einsatz von vier **Funkmess-Stationen P10**[1] **für die funkmess-technische Sicherstellung des modernisierten** Fla-Raketensystems SA75M DWINA-M. Mit der Einführung der Funkmess-Station P12 ab Herbst 1961 kam diese in den Feuerabteilungen der FRR zum Einsatz. Die Übertragung der empfangenen Daten erfolgte mithilfe der **Funkübertragungslinie RL-30 PHASA**[1].
Die **Funkmess-Station P12** diente ab 1962 in den Feuerabteilungen der FRR der Ortung von Flugzeugen, der Bestimmung ihrer laufenden Koordinaten, der Beobachtung der Luftlage in der Auffassungszone der Station, der Zielzuweisung für Raketenleitstationen sowie der Jägerleitung bei unkomplizierter Luftlage. Die im m-Wellenbereich arbeitende RLS bestimmte die Schrägentfernung, die Richtung und die Höhe des Luftziels. Zum Schutz vor aktiven Funkstörungen bestand die Möglichkeit, die FuMS in eine vor dem Einsatz befohlene Frequenz umzuschalten. In der Station befand sich das Kennungsgerät NRZ-12. Die FuMS konnte Ziele bei einer maximalen Flughöhe von 25 km aufklären. Die Flughöhe bestimmte ein Nomogramm unter Berücksichtigung der Erdkrümmung nach dem abgelesenen Höhenwinkel und der Schrägentfernung. Die Auffassungsentfernung hing von der Flughöhe, vom Typ und der Anzahl der Flugzeuge und dem Standort der FuMS ab, sie lag bei maximal 260 km.

Mittel der technischen Sicherstellung

Transporttechnik

Транспортно-заряжающая машина ПР-11Б =
Transport-Ladefahrzeug PR11B
5Т52 – автопоезд для транспортировки 2 ст. ЗУР, крыльев и стабилизаторов ЗРК С-75 = 5T52 – Lastzug zum Transport von 2 Stück Raketen, Flügeln und Stabilisatoren des FRS S-75
Die **Raketentransportanlage 5T52** mit dem einachsigen Sattelauflieger MMZ-778 und der Sattelzugmaschine ZIL-157KW erfüllte die gleichen Aufgaben wie die Raketentransportanlage 5T51. Die Länge / die Masse des Sattelaufliegers betrug 8900 mm / 3450 kg, die Raketentransportanlage 5T52 erreichte eine Länge von 13.040 mm, die maximale Tragfähigkeit der RTA 5T52 lag bei 5000 kg.

Raketentransportanlage 5T52 mit abgeplantem Sattelauflieger MMZ-778.

Für ein FRR standen vier, ab 1965 sechs Raketentransportanlagen 5T52 zur Verfügung, die im Transportzug der Technischen Abteilung eingesetzt wurden. Im FRR-17 standen Anfang der 1970er-Jahre 18 Transportanlagen 5T52 für die Versorgung der Technischen Abteilung zur Verfügung.
Das **Transportladefahrzeug PR11B** (TLF) transportierte die Rakete über unbefestigte Wege und befestigte Straßen zur Feuerstellung. Es konnte die Rakete mit einer Kampffüllung Oxidator betanken und die Startrampe beladen. Zusätzlich konnte die Startrampe entladen und der Oxidator aus der Rakete in den Behälter der Tankvorrichtung des SAL umgefüllt werden. Der Behälter des Sattelaufliegers wurde aus dem Tankwagen für Oxidator ZAK32M betankt.
Für jede FRA kamen 9 und in der Technischen Abteilung 48 TLF PR11B zum Einsatz, zwei weitere Fahrzeuge wurden als Reserve eingelagert (insgesamt 104 TLF).
Das TLF PR11B bestand aus einem einachsigen Sattelauflieger (SAL) und der Sattelzugmaschine ZIL-157KW.

Das Transportladefahrzeug PR11B war ab Mitte der 1960er-Jahre auf den Paraden der NVA immer vertreten. Die Rakete W750 des FRS SA75M DWINA-M, die in den 1980er-Jahren für den Einsatz bei Paraden genutzt wurde, war ebenfalls mit dem Transportladefahrzeug PR11BM (Sattelzugmaschine ZIL-131W) zu sehen.

Die Ausmaße des SAL mit Spriegelgestell (L x B x H) betrugen 10.400 x 2210 x 3200 mm bei einer Nutzlast von 2391 kg und einer Leermasse von 3535 kg. Die Gesamtmasse des beladenen TLF mit betanktem Oxidatorbehälter und der Bedienung betrug ca. 12.016 kg bei einer Gesamtlänge von 14.620 mm.
Anfang der 1970er-Jahre stellten 64 TLF die Versorgung der Startrampen in den FRA mit gefechtsbereiten Raketen sicher.

Krantechnik

Für Kranarbeiten setzte die Technische Abteilung zwei Autokräne K61 auf Spezial-Kfz MAZ-200 (6 t Nutzlast) in der Arbeitsgruppe Montage und vier im Instandsetzungszug für Raketen und Funkmesstechnik ein. Der Autokran K61 nutzte für Be- und Entladearbeiten spezielle Hebevorrichtungen wie den Hebebalken 123E oder den Hebelbalken 118E. Der Kran verfügte über einen verlängerten Ausleger, Kabinenheizung, einen Vorwärmer und Geländebereifung. Zur Unterstützung der Mittel der technischen Sicherstellung standen weitere drei Autokräne K61 zur Verfügung.

Der Autokran K61 mit Hebebalken 118E für die Marschstufe.

Ab 1966 übernahm teilweise der **Autodrehkran K162A** auf dem schweren Lkw KrAZ-219 die Aufgabe des Autokrans K61. Die Tragkraft des K162A lag bei 16.000 kp, die Hubgeschwindigkeit bei Verwendung des 10 m Auslegers variierte zwischen 1,33 bis 8,04 m/min. Mit einer Last von 2000 kg konnte das Fahrzeug ca. 5 km/h, auf der Straße maximal 50 km/h fahren. Der mit dem Fahrmotor gekoppelte Generator versorgte die Krananlage mit 400 V bei einer Leistung von 37,5 kW. Die Ausmaße des Autodrehkrans K162A (L x B x H) in Marschlage betrugen 14.000 x 2750 x 3910 mm bei einer Masse von 21.770 kg.
Die in den FRR der LSK/LV eingesetzten Autokräne wurden sukzessiv von Autodrehkränen aus DDR-Produktion, so von den Typenreihen **ADK125** und **W-50LA/A ADK70**, abgelöst.

Ab der zweiten Hälfte des Jahres 1960 begann das Lwower Gabelstaplerwerk LZA (**Львовский завод автопогрузчиков ЛЗА**) mit der Produktion neuer Gabelstaplermodelle, u. a. mit dem Modell 4045. Der Radstand wurde verlängert, die Antriebsachse vom leichten Lkw ZIL-164 und die Motoranlage vom GAZ-51A übernommen. Der Gabelstapler konnte Lasten von maximal 5 t heben. Zwei Gabelstapler, in der NVA auch als **Hubstapler 4045** bezeichnet, versahen in der *Arbeitsgruppe Montage*, Bestandteil der Technischen Abteilung, ihren Dienst.

Der Autokran K162A auf Lkw KrAZ-219 (linkes Bild) und ein Werksfoto des Hubstaplers 4045 von 1961

Transport- und Tanktechnik für Brennstoff

Für das Be- und Enttanken der Raketen mit Brennstoff TG-02 wurden zwei **Tankanlagen Brennstoff ZAK41A** auf Spezial-Kfz ZIL-157 eingesetzt. Die Tankanlage Brennstoff ZAK41A hatte den gleichen Aufbau, die gleiche Funktionsweise und die gleichen taktisch-technischen Parameter wie die Tankanlage Brennstoff ZAK41. Es wurde lediglich das Basisfahrzeug ausgetauscht. Die Ausmaße (L x B x H) betrugen 7110 x 2240 x 2650 mm und die Masse der gefüllten Tankanlage 9945 kg.

Tankanlage Brennstoff ZAK41A auf Spezial-Kfz ZIL-157.

Den Transport des Brennstoffs übernahm ein **Tankbehälter Brennstoff ZAK21ZTM**[1] (Zisterne), der aus einem Tank-Sattelauflieger und einer Sattelzugmaschine ZIL-157W, bestand. Beide Tankfahrzeuge wurden mit der Einführung neuer Tanktechnik durch zwei **Auftankanlagen Brennstoff 5L22A** auf Spezial-Kfz GAZ-66 und zwei **Transportfahrzeuge Brennstoff AZG 5-375** auf Spezial-Kfz URAL-375 ersetzt.

Transport- und Tanktechnik für Oxidator

Für das Be- und Enttanken der Rakete mit Oxidator AK-20K dienten zwei **Tankanlagen Oxidator ZAK32M**. Die maximale Leistung beim Betanken lag bei 250 l/min. Die Leermasse der Tankanlage betrug 5 720 kg. Die Abmessungen (L x B x H) beliefen sich auf 6075 x 2200 x 2500 mm. Für den Transport des Oxidators wurden zwei **Transportanlagen Oxidator ZAK21ZM** (Zisterne) mit Tank-Sattelauflieger und Sattelzugmaschine ZIL-157W eingesetzt. Aufbau, Wirkungsweise und taktisch-technische Daten entsprachen denen der Transportanlage für Oxidator ZAK21Z[1].
Ab Anfang der 1970er-Jahre standen in den FRR neun **Auftankanlagen Oxidator 5L62A** auf Spezial-Kfz GAZ-66 und acht **Transportfahrzeuge Oxidator AKZ 4-214M** zur Verfügung.

Die Tankanlage Oxidator ZAK32M nutzte das Spezial-Kfz GAZ-63 als Basis

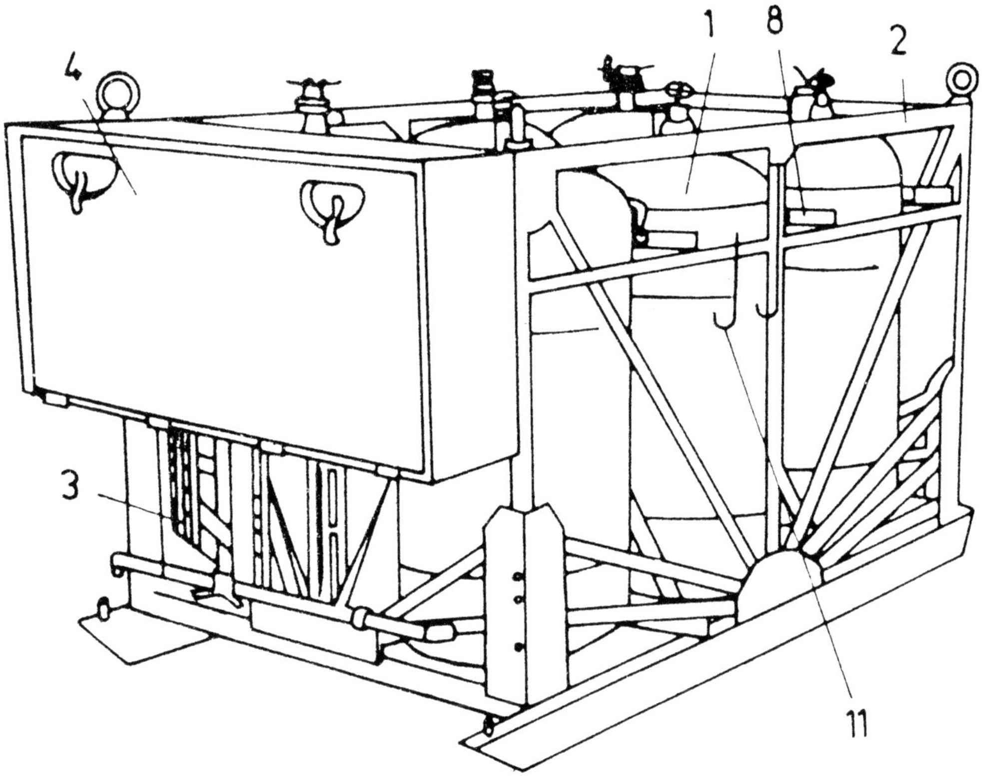

Die Feldtankanlage 5L15 mit den Behältern O: 1 - Behälter, 2 - Rahmen, 3 - Leiter, 4 - Kasten mit der Tankvorrichtung, 8 - Halterung, 11 - Haken für die Tankvorrichtung.

Feldtankanlagen

Die **Feldtankanlage 5L15** war zur feldmäßigen Betankung von sechs Raketen W750W mit den Raketentreibstoffkomponenten Oxidator (O), Brennstoff (B) und Startbrennstoff (A) bestimmt. In den Behältern der Anlage ließ sich Raketentreibstoff fünf Jahre ununterbrochen lagern.

Die Abgabe der Raketentreibstoffkomponenten aus den Behältern O und B erfolgte durch Herausdrücken mit Druckluft, die mitgeführte Druckluftbehälter (je sechs Stück in extra Kästen) zuführten.

Die Einführung von 44 Feldtankanlagen 5L15 aus der UdSSR erfolgte in den Jahren 1965 bis 1967. Vier Feldtankanlagen 5L15 waren für die beiden Fla-Raketensysteme SA75M DWINA-M vorgesehen, die restlichen Anlagen wurden für die Betankung der Raketen W755 der Fla-Raketensysteme S75 WOLCHOW benötigt.

Wasch- und Neutralisationstechnik

Eine **Neutralisationsanlage 8T311**(1) auf Spezial-Kfz ZIL-157KE diente im FRS der Neutralisation der Oxidatorbehälter und -rohrleitungen der Rakete.

Neutralisationsanlage 8T311 auf Spezial-Kfz ZIL-157.

Anfang der 1970er-Jahre waren im FRR sieben 8T311 vorgesehen. Mit Eingliederung des FRS SA75M DWINA-M in die 41. Fla-Raketenbrigade ab 1981 war der Einsatz von vier **Wasch- und Neutralisationsfahrzeugen 8T311M** auf Spezial-Kfz ZIL-131 vorgesehen.

Erzeuger und Transporttechnik für Druckluft

УКС400 – Унифицированные Компрессорные Станции = UKS400 – einheitliche Kompressorstation

СМЗ-810 – Сердобский Машиностроительный Завод модель 810 = SMZ-810 – Serdobsker Maschinenbauwerk Modell 810

Die für das Fla-Raketensystem benötigte Druckluft erzeugten zwei **Kompressorstationen SM14K**(1). Der Transport erfolgte mit drei **Lufttankwagen MS4M**(1) der Technischen Abteilung. Als Basisfahrzeug diente das Spezial-Kfz ZIL-157. Die Kompressorstation SM14K und der Lufttankwagen MS4M wiesen den gleichen Aufbau, die gleiche Funktionsweise und die gleichen taktisch-technischen Parameter wie die Vorgängermodelle SM14 und MS4 auf, es wurden lediglich die Basisfahrzeuge gewechselt. Das Gesamtgewicht der Kompressorstation SM14K / des Lufttankwagens MS4M betrug 9250 / 8760 kg.

Zur Bestimmung der Feuchte der von der Kompressorstation abgegebenen Druckluft dienten zwei **Luftfeuchtigkeitsmesser 8Sch31**.

Die Kompressorstation SM14K (oberes Bild) und der Lufttankwagen MS4M, beide auf Basis des mittleren Lkw ZIL-157.

Bereits Ende 1962 wurden drei **Lufttankwagen MS10** auf Spezialanhängern in Dienst gestellt. Der Lufttankwagen MS10 erfüllte die gleichen Aufgaben wie der Lufttankwagen MS4. Als Zugmittel kamen die mittleren Lkw MAZ-502, G-5 oder URAL-375 zum Einsatz.

Lufttankwagen MS10 mit Fahrgestell SMZ-810A.

Der Lufttankwagen MS10 nutzte einen Anhänger der Größenklasse 2-PN-4 mit Fahrgestell SMZ-810A als Basisfahrzeug. Der Kofferaufbau nahm zwölf Druckgefäße mit einem Volumen von je 80 l auf, was einem Gesamtvolumen von 960 l entsprach.

Ab 1972 wurden die **Kompressorstationen UKS400W** auf Spezial-Kfz ZIL-157 und UKS400-P4 auf Spezialanhänger für das Befüllen der Druckluftbehälter der Raketen, den Druckflaschen von Tankwagen und anderen Druckluftbehältern mit trockener Luft verwendet.

Die Kompressorstation UKS400W erreichte eine Abgabeleistung von 140 m^3/h, der dabei erzeugte Druck konnte zwischen 150, 230, 350 und 400 kg/cm^2 variieren. Die Abmessungen der Kompressorstation UKS400W (L x B x H) betrugen 6700 x 2300 x 2400 mm bei einer Masse von 8950 kg.

Die Kompressorstation UKS400W, links neben dem Fahrzeug der Luftfeuchtigkeitsmesser 8Sch31 mit der dazugehörigen Transportkiste (linkes Bild) und der Druckluftwagen 5L91 in Marschlage.

Vier **Druckluftwagen 5L91** lösten mit der Einführung der Kompressorstation UKS400W die Lufttankwagen MS10 ab. Der Druckluftwagen 5L91, später als **Lufttankanlage 5L91** bezeichnet, diente der Speicherung, dem Transport und der Abgabe von Druckluft unterschiedlicher Drücke an verschiedene Verbraucher. Mit ihm konnten u. a. Druckgefäße von einer oder zwei Verdichterstationen befüllt oder Druckluft von einer Verdichterstation direkt an die Verbraucher abgegeben werden. Als Zugmittel diente der mittlere Lkw URAL-375D. Die Ausmaße des Anhängers (Lx B x H) betrugen 4750 x 2350 x 2170 mm bei einer Masse ohne/mit Druckluft von 5920/6250 kg. Der Kofferaufbau nahm zwölf Druckgefäße mit einem Volumen von je 80 l auf, was einem Gesamtvolumen von 960 l entsprach. Die Lufttankanlage 5L91 gab Druckluft mit einem Druck von 330 und 150 kg/cm^2 ab.

Die Kompressorstation UKS400W-P4 (linkes Bild) und die Kontroll- und Prüfstation KPS-157M in Marschlage.

Einige FRR (z. B. FRR-21) verwendeten die Kompressorstation **UKS400-P4**. Die Kompressorstation UKS400W-P4 (**П – Прицел** = P – Anhänger), ein Anhänger der Größenklasse 2-PN-4, nutzte das Fahrgestell SMZ-810A mit Spezialaufbau zur Unterbringung der technischen Ausrüstung. Die taktisch-technischen Daten entsprachen der Kompressorstation UKS400W auf Spezial-Kfz ZIL-157. Je nach Ansaugbedingungen ließen sich Leistungen von 115 bis 140 m³/h erreichen. Die Abmessungen (L x B x H) betrugen 6770 x 2350 x 2450 mm bei einer Masse von 6200 kg. Zur Erzeugung der benötigten Druckluft wurden sechs Kompressorstationen UKS400-P4 eingesetzt.

Zur Bestimmung der Luftfeuchtigkeit der Druckluft, die von der Verdichterstation abgegeben wurde, diente der **Luftfeuchtigkeitsmesser 8Sch31**[1].

Ab 1981 wurden mit der Eingliederung des FRS SA75M DWINA-M in die 41. Fla-Raketenbrigade zwei **Kompressorstationen UKS400W-131** auf Spezial-Kfz ZIL-131 und vier **Lufttankanlagen 5L94** eingesetzt.

Kontroll- und Prüfstation

Zwei mobile **Kontroll- und Prüfstationen KPS-157M** auf Spezial-Kfz ZIL-157 mit Koffer KUNG1M waren für die Einzel- und Komplexkontrolle der Raketen in der TA vorgesehen. Die Ausrüstung einer KPS-157M bestand aus Kontrollapparaturen und Hilfsausrüstungen. Die Kontrollapparaturen dienten zur Überprüfung der Arbeit der Raketenblöcke und zur Messung ihrer Parameter. Die Hilfsausrüstung stellte u. a. die Stromversorgung der KPS-157M sowie die Zufuhr von Druckluft zur Kontrolle des Autopiloten der Rakete sicher. Jedes FRS SA75M DWINA-M setzte drei Kontroll- und Teststationen KPS-157M ein.

Werkstätten

Eine **Funkmess-Werkstatt KRAS-1R** diente der Wartung und Instandsetzung sowie für Reparaturen an den Funkmess-Stationen P10 und P12; eine weitere **Funkmess-Werkstatt KRAS-1M** der Instandsetzung und Überprüfung der Funkmessanlage der Raketenleitstation. Als Basis diente je ein Spezial-Kfz ZIL-157 mit Koffer KUNG.

Allgemeine Sicherstellungsmittel

Die wesentlichsten Elemente der Montageausrüstung für Raketen und zur Sicherung der Arbeiten in der Technischen Abteilung bildeten verschiedene Hebebalken und Hebevorrichtungen, der **Montagewagen 115E**[1] und der **Transportwagen 117E**[1], die transportablen Pumpen PNO1 und PNG1 sowie zwei **Luftvorwärmer 8G27U**[1]. Mit der **transportablen Pumpe PNO1** wurde Oxidator aus Eisenbahnkesselwagen in den Tankbehälter Oxidator ZAK21ZM und in andere Behälter gepumpt. Die Kreiselpumpe förderte bis zu 300 l/min. Die **transportable Pumpe PNG1** diente dem Umpumpen von Brennstoff (150 l/min) aus Eisenbahnkesselwagen in die dafür vorgesehenen Transportbehälter. Beide Pumpen arbeiteten nach dem gleichen Funktionsprinzip. Für ein Fla-Raketensystem SA75M DWINA-M waren je eine Pumpe PNG1 und PNO1 auf Handkarren vorgesehen. Für die Qualitätskontrolle bis hin zur vollständigen Analyse von Raketentreibstoffen unter feldmäßigen Bedingungen sorgte ein transportables **chemisches Labor PL4MA**.

Insgesamt wurden 62 mittlere Kettenzugmittel ATS und 40 mittlere Radzugmittel G-5 benötigt, um alle Anhängegeräte im Fla-Raketensystem SA75M DWINA-M zu bewegen.

Verbleib

Bereits Ende März 1963 wurde in einer Beratung des Oberkommandos der Vereinten Streitkräfte vorgeschlagen, ab 1964 die alte Fla-Raketentechnik der NVA durch das Fla-Raketensystem S75 WOLCHOW zu ersetzen. Der Minister für Nationale Verteidigung unterbreitete dem Nationalen Verteidigungsrat Ende März 1963 einen entsprechenden Vorschlag: *Ausgehend vom Lebensalter und den Gefechtsmöglichkeiten der in der Nationalen Volksarmee vorhandenen Mittel erscheint es notwendig, mit der vorgeschlagenen Umrüstung zu beginnen.* Auf Grundlage der vom Vereinten Oberkommando im März vorgeschlagenen Umrüstung der Luftverteidigung der NVA auf das Fla-Raketensystem S75 WOLCHOW war vorgesehen, 1964 ein und 1966 zwei Fla-Raketenregimenter umzurüsten.

Für die weitere Verwendung der durch die Umrüstung frei werdenden Fla-Raketensysteme SA75M DWINA-M zog die Führung folgende Möglichkeiten in Betracht:

- Verkauf der Fla-Raketentechnik über sowjetische Handelsorgane.
- Nutzung der frei werdenden Technik zur Ersatzteilgewinnung oder Einlagerung als Reservetechnik.
- Herauslösung dieser Technik aus der Bewaffnung der NVA ohne weitere Verwendung.

Am 24. Dezember 1963 übermittelte der sowjetische Verteidigungsminister A. Gretschko folgende Ansichten in Bezug auf die Umrüstung der FRR auf das neue Fla-Raketensystem S75 WOLCHOW:

Es ist zweckmäßig, die Komplexausrüstungen „Dwina" zusammen mit den Komplexausrüstungen „Wolchow" in der Bewaffnung der NVA der DDR zur Nutzung bis zum vollständigen Verschleiß zu behalten. Es ist erwünscht, die Komplexausrüstungen „Wolchow" zur Verstärkung der Gruppierungen der Fla-Raketentruppen zu planen und die frei werdenden Komplexausrüstungen „Dwina" für den Schutz neuer Objekte zu benutzen oder in die mobilisierte Reserve zu nehmen.

Die Technik der Komplexausrüstungen „Dwina" kann ebenfalls für die Ausbildung der Gefechtsbedienungen der Komplexausrüstungen „Wolchow" benutzt werden. Es ist nicht zweckmäßig, die Komplexausrüstungen „Dwina" zu verkaufen oder sie für Ersatzteile zu verwenden.

Es ist erwünscht, Raketen W-750W 4-5 Kampfsätze in Reserve zu besitzen. Die ökonomischen Schwierigkeiten der DDR berücksichtigend, kann man sich auf drei Kampfsätze beschränken. Es wird nicht beabsichtigt, bis zum Jahre 1970 das System „Wolchow" durch ein anderes System auszuwechseln, da vor diesem Zeitpunkt keine neuen Raketenwaffen in die Produktion aufgenommen werden.

Die offizielle Auftragserteilung auf Regierungsebene zum Kauf der drei FRS S75 WOLCHOW erfolgte im Oktober 1963, doch fehlendes Personal und erhebliche finanzielle Schwierigkeiten ließen eine derart umfangreiche Umrüstung der Luftverteidigung nicht zu. Nach Abschluss der Umrüstung des FRR-17 auf das FRS S75 WOLCHOW im Jahr 1973 wurden die vier FRS SA75M DWINA-M (16 FRK) wie folgt eingesetzt:

- 4 Fla-Raketenkomplexe als Gefechtstechnik im FRR-11;
- 4 Fla-Raketenkomplexe als Technik der Zentralen Reserve des Kommandos LSK/LV;
- 4 Fla-Raketenkomplexe als Austauschreserve des Kommandos der LSK/LV zur Sicherstellung des Diensthabenden Systems (je ein FRK in den FRR-11, -13, -16 und -17);
- 2 Fla-Raketenkomplexe als Ausbildungstechnik (OHS, US VIII);
- 2 Fla-Raketenkomplexe zur Aussonderung (vom FRR-17).

Somit verblieben 1976 noch 12 Fla-Raketenkomplexe SA75M DWINA-M im Bestand der Fla-Raketentruppen (ohne Ausbildungstechnik und Aussonderung), deren Modernisierung entsprechend der 2. Modernisierungsetappe der Fla-Raketentechnik DWINA-M für zweckmäßig erachtet und durchgeführt wurde.

Die als Zentrale Reserve und als Austauschreserve des Kommandos LSK/LV deklarierten acht Fla-Raketenkomplexe wurden ab 1984 der 41. Fla-Raketenbrigade und ab 1988 der 51. Fla-Raketenbrigade als Mob-Technik zugewiesen. Die restlichen vier FRK sonderte man ab 1976 sukzessive aus.

Die Analyse der Altersstruktur ausgewählter Hauptarten der Kampftechnik, Bewaffnung und Ausrüstung vom November 1989 stellte zu den als Mob-Reserve eingelagerten FRS SA75M DWINA-M fest: *„Die Gefechtsmöglichkeiten des Fla-Raketensystems DWINA-M sind nicht ausreichend, um gegnerische Luftangriffsmittel vom Typ TORNADO, F-16 und F-15 mit der erforderlichen Effektivität zu vernichten. Das System DWINA-M besitzt keine Einrichtungen, die einen ausreichenden Schutz vor aktiven und passiven Störungen gewährleisteten. Auch den Anforderungen, die auf hohe Manövrier- und Tiefflugeigenschaften moderner Luftangriffsmittel zurückzuführen sind, wird das Fla-Raketensystem nicht gerecht. Unter Berücksichtigung der Gefechtsmöglichkeiten, des Ablaufens der Nutzungsdauer der Raketen W750 im Jahre 1991 und der Einstellung der Ersatzteillieferungen ab 1990 wird es erforderlich, einen abgestimmten Vorschlag zur Aussonderung des Fla-Raketensystems DWINA-M zu unterbreiten."*

Die Bundeswehr übernahm beide FRS SA75M DWINA-M und stufte sie in die Kategorie III (Abgabe zur Verwertung) ein.

Auf dem Freigelände des Militärhistorischen Museums Flugplatz Berlin-Gatow war eine Startrampe SM63P mit der Rakete W750W zu bewundern.

Rakete W755 und W759 des Fla-Raketensystems S75 WOLCHOW

Der Beschreibung der Raketen W755 und W759 liegen hauptsächlich der Stellenplan und der Ausrüstungsnachweis des Fla-Raketenregiment 16 vom November 1963, der STAN vom Fla-Raketenregiment 13 vom Oktober 1971 und der STAN von der 43. Fla-Raketenbrigade vom März 1986 zugrunde.

Im März 1963 unterbreitete die Sowjetunion der DDR den Vorschlag, die Nationale Volksarmee mit neuer Fla-Raketentechnik auszurüsten. Ein Jahr später, 1964, sollten die vorhandenen Fla-Raketensysteme SA75M DWINA-M durch neue Fla-Raketensysteme S75 WOLCHOW ersetzt werden. Die Planung sah vor, 1964 ein und 1966 zwei Fla-Raketenregimenter auszurüsten. Anfang 1964 schlug der Minister für Nationale Verteidigung dem Nationalen Verteidigungsrat vor, bis 1967 fünf Fla-Raketenregimenter aufzustellen. Für die Umrüstung von fünf kompletten Fla-Raketenregimentern und die Beschaffung von zehn Kampfsätzen wurden 466,40 Millionen Valuta-DM (99,9 Millionen Rubel) veranschlagt. Da die personelle und wirtschaftliche Situation der DDR dies nicht zuließ, beschloss der Nationale Verteidigungsrat, bis 1969 nur das FRR-16 (1964) und das FRR-18 (1965) mit je einem Fla-Raketensystem S75 WOLCHOW auszurüsten. Bis 1975 erhielten die FRR-14, -13 und -17 jeweils ein Fla-Raketensystem S75 WOLCHOW. 1976 wurde das FRR-19 aufgestellt und ebenfalls mit einem FRS S75 WOLCHOW ausgerüstet.

Die Modernisierung des Fla-Raketensystems SA75M DWINA-M wurde im Juni 1958 beschlossen. Als Verbesserung des Fla-Raketenkomplexes und der Rakete W750W (11D) sah man die Erweiterung der Vernichtungszone sowie die Optimierung des Störschutzes und des Lenksystems vor. Dabei sollten tieffliegende Ziele in Höhen bis 1 km im Unterschallbereich genauso bekämpft werden können wie schnellfliegende Ziele bis auf eine Höhe von 30 km im Überschallbereich.

Für das neue Fla-Raketensystem war die Entwicklung von zwei Raketen vorgesehen. Im dritten Quartal 1959 sollte die Erprobung der Rakete W755 (20DP) mit einem Feststoff-Starttriebwerk und einem Flüssigkeits-Marschtriebwerk beginnen. Im zweiten Quartal 1960 sollte die Erprobung der zweistufigen Feststoffrakete W757 (17D) folgen. Weiterhin war eine Modifikation der Raketenleitstation erforderlich. Zur Vergrößerung der Reichweite der Zielerfassung ohne Erhöhung der Sendeleistung setzte man zwei zusätzliche Parabolantennen für den SCHMALEN STRAHL ein, die das Ziel sondierten. Gleichzeitig nahm man weitere Verbesserungen zur Schaffung eines störungsresistenten Funksteuerungssystems vor.

Die Entwicklung der Rakete W755 war als umfassende Modernisierung der Rakete W750W konzipiert, bei der praktisch alle wichtigen Systeme und Einheiten überarbeitet wurden. So wurde der Störungsschutz des Funkzünders verbessert und ein neuer Autopilot entwickelt. Es kamen verbesserte Flüssigkeits-Treibstoffe und ein leistungsfähigeres Feststoff-Starttriebwerk zur Verwendung, was die Entwicklung einer neuen Startrampe erforderlich machte. Gleichzeitig musste man die Betankungstechnik für die neuen Flüssigkeitstreibstoffe modernisieren.

Bei der Entwicklung der Rakete W757 handelte es sich im Wesentlichen um die Schaffung eines grundlegend neuen Produkts mit dem Ziel, auf die gefährlichen Flüssigkeitstreibstoffe zu verzichten. Der Entwicklungsstand der Feststoff-Treibstofftechnologie Ende der 1950er-Jahre schloss die Möglichkeit aus, eine Rakete mit den geforderten Eigenschaften auf Grundlage der bisherigen traditionellen Konstruktionslösungen zu schaffen. Deshalb musste ein völlig neues Feststoff-Marschtriebwerk entwickelt werden, dessen Entwicklung gegenüber der Rakete W755 aber hoffnungslos zurückblieb und schließlich erst in späteren Raketen zum Einbau gelangte.

Durch Erlass des ZK der KPdSU und des Ministerrats der UdSSR vom April 1961 und auf Befehl des Verteidigungsministeriums der UdSSR übernahmen die sowjetischen Luftverteidigungskräfte das Fla-Raketensystem S75 WOLCHOW mit Rakete W755. Es konnte Ziele mit Geschwindigkeiten von bis zu 2000 km/h im Höhenbereich von 1 bis 30 km bei einer Reichweite von 7 bis 40 km bekämpfen. Die Feuerreichweite gegen driftende Ballone erhöhte sich auf 43 km.

Fla-Raketensystem

С-75 ВОЛХОВ – Зенитный ракетный комплекс =
S-75 WOLCHOW – Flugabwehr-Raketenkomplex

Das **Fla-Raketensystem S75 WOLCHOW-64** (zur Unterscheidung vom ab 1970 eingeführten modernisierten Fla-Raketensystem wird im Buch der Zusatz -64 verwendet) mit Rakete W775 (20DP) stellte die Weiterentwicklung des Fla-Raketensystems SA75M DWINA-M dar. Es zeichnete sich durch eine größere Ortungsentfernung, einen Störschutz in den Ortungs- und Lenkkanälen, eine Vergrößerung der Vernichtungszone sowie eine größere Betriebszuverlässigkeit und verbesserte Möglichkeiten der Zielbegleitung aus. Durch Verwendung des automatisierten Startgeräts APP75W ab 1965 ließen sich die Anfangsangaben für das Schießen erheblich schneller bestimmen.

Die ab 1970 vom Hersteller ausgelieferten **Fla-Raketensysteme S75M WOLCHOW-70** (das FRR-13 erhielt das erste neue FRS) setzten die modernisierte Rakete W755DSU (20DSU) ein. Das neue FRS wies Verbesserungen bei der Bekämpfung von Zielen auf, die Manöver in vertikaler Ebene ausführten und in sehr geringen Höhen flogen, die Vernichtungszone wurde auf 100 m gesenkt. Die Vorbereitungszeit der Rakete zum Start ließ sich von 2 Min. auf 20 s senken. Außerdem wurde die Möglichkeit geschaffen, Ziele mithilfe der Apparatur des teleoptischen Kanals bei optischer Sicht zu orten und zu verfolgen sowie die Trainings- und Kontrollapparatur 5G98 AKKORD anzuschließen.

Ab 1971 wurden die Kennungskabine ZEF und die Werkstattkabine PRM in das FRS eingeführt.

Mit der Einführung automatisierter Führungssysteme bei den LSK/LV wurden Kopplungskabinen und Richtfunk-Gerätesätze für die Führung der Fla-Raketenregimenter erforderlich.

Der Einsatz des ab 1976 gelieferten **Fla-Raketensystems S75M3 WOLCHOW-M3** konnte unter den Bedingungen des Einsatzes von Antifunk-

Messraketen erfolgen. Zum Einsatz kam die Rakete W759 (5Ja23), die Kampfbedingungen beim Einsatz aktiver und passiver Störungen wurden verbessert. Zur Desinformation des Gegners über den tatsächlichen Moment des Raketenstarts und um ihn zu vorzeitigen Manövern zu zwingen, wurden imitierte Lenkkommandos erzeugt (SCHEINSTART). Die abgestrahlten Lenkkommandos des SCHEINSTARTES stellten die Etappen des ungelenkten Fluges, das Einschwenken auf die Flugbahn sowie das Lenken der Rakete dar. Mithilfe der Apparatur GSchW ließen sich winkelwegführende Störungen unterdrücken. Dank der Funkmess-Station P18 und des Höhenmessers PRW13 ließen sich die Aufklärungsergebnisse direkt an die Raketenleitstation übertragen und sofort nutzen.

Der NVA gelieferte Fla-Raketensysteme S75 WOLCHOW und Raketen W755 / W755SU / W759:

	Systeme	Komplexe	Start-rampen	Raketen
1964	1	4	24	102
1965	1	4	24	106
1966				216
1967				108
1968				58
1969				12
1970	1	4	24	248
1971	0,25	1	6	65
1972	1	4	24	64
1973				93
1974	0,5	2	12	120
1975	0,5	2	12	123
1976	1,5	6	36	240
1977	0,5	2	12	144
1978				48
1979				57
1980				159
1981				48
1983	0,5	1		104
1985				40
1986				48
Gesamt	**7,75**	**30**	**180**	**2203**

Mit Einführung des FRS S75 WOLCHOW-70 wurden die beiden FRS S75 WOLCHOW-64 in Ausbildungseinrichtungen umgesetzt und als Austausch-Reserve eingelagert. Die 51. FRBr setzte ab 1988 ein FRS S75 WOLCHOW-64 in verkürztem Bestand (ein FRK mit sechs Startrampen) ein.

Fla-Rakete

20ДП – ЗУР В-755 для ЗРК С-75М =
20DP – FlaR W-755 für den FRK S-75M
20ДСУ – ЗУР В-755СУ для ЗРК С-75М =
20DSU – FlaR W-755SU für den FRK S-75MRK
5Я23 – ЗУР В-759 для ЗРК С-75М2 =
5Ja23 – FlaR W-759 für den FRK S-75M2

Die Rakete W755 (20D) stellte eine Weiterentwicklung der Raketen W750 (1D) und W750W (11D) dar. Aufgrund der Ähnlichkeit des Aufbaus und der Funktionsweise der einzelnen Baugruppen genügt hier ein allgemeiner Überblick über den Aufbau der Rakete W755. Im Folgenden werden wesentliche Änderungen näher erläutert.

Die Rakete W755 bestand aus zwei Stufen. Die erste Stufe umfasste das Feststoff-Starttriebwerk mit den Stabilisatoren und die 7. Zelle. Das FSTW diente als Startbeschleuniger und ermöglichte ein schnelles Verlassen der Startrampe mit einer Beschleunigung von 20 m/s^2. Um den Schub des Feststoff-Starttriebwerks bei temperaturabhängigen Schwankungen der Verbrennungsgeschwindigkeit des Pulvers in den vorgegebenen Grenzen zu halten, wurde der Durchmesser des kritischen Düsenquerschnitts durch zwei austauschbare Einsätze verändert. Der Sommereinsatz mit einem kritischen Düsenquerschnitt von 265 mm wurde bei Temperaturen des Treibsatzes von +50 °C bis –20 °C eingebaut, der Wintereinsatz mit einem kritischen Düsenquerschnitt von 245 mm bei Temperaturen des Treibsatzes von +10 °C bis –50 °C.

Eine 2 kg schwere Zusatzladung aus grobkörnigem Schwarzpulver entwickelte die nötige Entzündungstemperatur und den Druck beim Startvorgang in der Brennkammer, die das Zünden der Pulverladung des FSTW ermöglichten. Die Pulverladung (607 kg) bestand aus zwölf Stangen Nitroglyzerinpulver, die durch Abbrennen der äußeren und der inneren Oberfläche eine annähernd konstante Gasentwicklung erreichten.

Bei der Konstruktion der Stabilisatoren konnte auf den Einbau von Krängungsrudern verzichtet werden.

Gesamtansicht einer Rakete W755 (20DP).

Die zweite Stufe (Marschstufe) bestand aus dem Raketenkörper und der darin untergebrachten Bordapparatur, Ausrüstung und der Triebwerksanlage. Am Raketenkörper der zweiten Stufe waren die Destabilisatoren, die Flügel und die Ruder befestigt.

Die Marschstufe mit dem Flüssigkeits-Marschtriebwerk und dem Gefechtskopf bildete den Hauptteil der Rakete, der den gelenkten Flug realisierte. Der Start erfolgte von der Startrampe SM90 in Schräglage; im Verlaufe der ersten fünf bis sechs Sekunden flog die Rakete ohne Bodensteuerung. Die Flugbahn in diesem nicht gesteuerten Abschnitt bestimmte der von der Raketenleitstation vorgegebene Startwinkel. 1,5 Sekunden nach dem Abheben der Rakete, wenn der Luftdruck im Staudrucksystem 0,4 kp/cm^2 erreichte, begann das FMTW zu arbeiten. Nach dem Start des FMTW brannten dessen Abgase die im Gasstrahl befindlichen Magnesiumbänder durch und lösten die Verschlüsse, die die erste Stufe mit der zweiten verbanden. 2,5 Sekunden nach dem Abwurf der ersten Stufe begann die Steuerung der zweiten Raketenstufe durch die von der Raketenleitstation erarbeiteten Kommandos. Die Bordapparatur wandelte die empfangenen Kommandos um und leitete sie an die ausführenden Lenkorgane – die Ruder – weiter. Die Lenkung der Marschstufe erfolgte in zwei senkrecht zueinander liegenden Ebenen mithilfe der Ruder, die paarweise nach einer Seite ausschlugen. Die Zerstörung des Ziels erfolgte durch den Gefechtsteil, der im Bereich der Begegnung mit dem Ziel über einen kontaktlosen Funkzünder zündete. Im Falle einer Abweichung, die die Reichweite des Funkzünders überschritt, wurde das Gefechtsteil 76 bis 85 Sekunden nach dem Start durch einen Selbstzerlegemechanismus gezündet.

Die zweite Stufe unterteilte sich in sechs Zellen, wobei die 5. Zelle zweigeteilt war.

In der 1. Zelle waren das Staurohr mit vier Staudruckgebern, die Druckluftleitungen sowie die Sendeantenne mit Reflexionsscheibe und der Sende-Empfangsblock des Funkzünders untergebracht. Zwei Staudruckgeber bedienten den Autopiloten, einer die Triebwerksanlage und einer die Initialzünder. Das Staurohr schützte eine Staurohrhülse, die ein einfacher Mechanismus mittels Druckluft beim Start einfuhr.

In der 2. Zelle befanden sich das Gefechtsteil mit zwei Initialzündern.

Die 3. Zelle nahm als Kraftelement der Rakete die beiden Treibstoffkomponenten Oxidator und Brennstoff (O- und B-Behälter) auf. Auf der 3. Zelle befanden sich die vier Empfangsantennen des Funkzünders. Im unteren Teil schützte eine Verkleidung die Kabelverbindungen zur 1. und 2. Zelle, die Luftleitungen für die Luftzufuhr zu den Treibstoffbehältern und zum Staurohrmechanismus sowie die Rohrleitung für die Gaszufuhr vom FSTW zu den Membrangruppen der Treibstoffbehälter.

In der 4. Zelle befanden sich der Druckluftbehälter mit dem Druckluftarmaturenblock, der Autopilot, der Block der Funkortung und -lenkung sowie die Bordbatterie mit dem Bordstromumformer und einige Elemente der Elektroausrüstung. An der 4. Zelle waren die vier Flügel der Rakete befestigt.

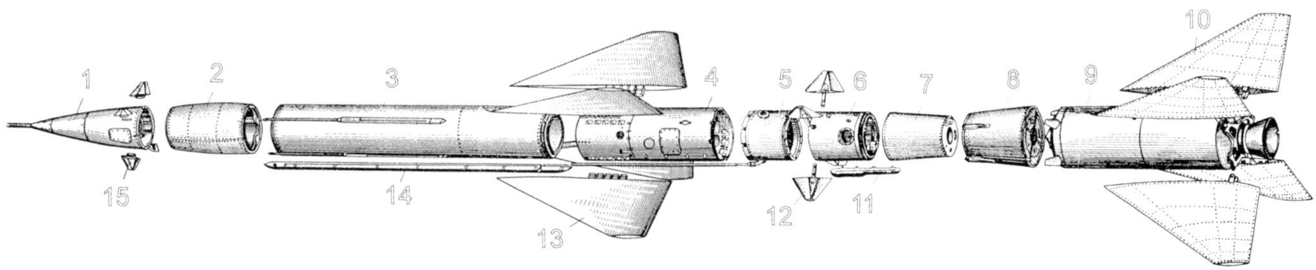

Aufbau der Rakete W755 (Zeichnung aus der A 102/1/219 Rakete W755 von 1976).

1 - 1. Zelle
2 - 2. Zelle
3 - 3. Zelle mit Empfangsantennen
4 - 4. Zelle
5 - Zelle 5a
6 - Zelle 5b
7 - 6. Zelle
8 - 7. Zelle
9 - Gehäuse des Feststoff-Starttriebwerks
10 - Stabilisatoren
11 - Verkleidung
12 - Ruder
13 - Flügel
14 - Verkleidung
15 - Destabilisator

Die 5. Zelle unterteilte sich in die Abschnitte 5a und 5b. Obwohl die Rakete W755 keinen Startbrennstoff benötigte, befand sich im Abschnitt 5a der kleine Treibstoffbehälter für den Startbrennstoff, der bei den Raketen der W750-Familie verwendet wurde. Er diente der Aufnahme eines Teils des Brennstoffs und wurde beibehalten, um die erforderliche Stabilität der Marschstufe zu gewährleisten und unnötige Konstruktionsarbeiten zu vermeiden. An der Unterseite der Zelle 5a befand sich eine Verkleidung. Unter dieser verliefen aus der 4. Zelle die Rohrleitungen für die Luftzufuhr zu den Ruderblöcken des AP und zum Schubkraftregler, die Rohrleitung für die Gaszufuhr vom Feststoff-Starttriebwerk zur 3. Zelle sowie die Hochfrequenzkabel zu den Antennen des Blocks Funklenkung/Funkortung.

Der Abschnitt 5b beherbergte hauptsächlich den Ruderantrieb und das Flüssigkeits-Marschtriebwerk.

Die 6. Zelle verkleidete den hinteren Teil der zweiten Stufe in Form eines Kegelstumpfs. In ihr befand sich eine Öffnung für den Druckausgleich der zweiten Stufe mit der Außenatmosphäre. An der Stirnseite waren die Antennen der Funklenkung und Funkortung sowie der Flansch des Abgasrohres des Turbopumpenaggregates befestigt. In der Mitte der Stirnseite der 6. Zelle befand sich die Öffnung für die Düse des FMTW. Sie war mit vier Spannschlössern an der 7. Zelle befestigt, die in geschlossener Stellung durch Magnesiumbänder gehalten wurden.

Beschreibung wesentlicher Veränderungen:

Triebwerksanlage

Das Flüssigkeits-Marschtriebwerk arbeitete mit selbstentzündlichen Treibstoffen (Hypergol), die aus dem Oxidator AK-20K und dem Brennstoff TG-02 bestanden.

Der Oxidator AK-20K setzte sich aus konzentrierter Salpetersäure mit ca. 20 % Distickstofftetraoxid und einem geringen Anteil an Fluorwasserstoffsäure und Phosphorsäure als Korrosionsinhibitor (Mittel zum Hemmen von Korrosion im O-Behälter) zusammen. Der Oxidator AK-20K war dünnflüssig und von rotbrauner Farbe, der O-Behälter wurde mit 545 kg Oxidator betankt.

Der Brennstoff stellte ein Gemisch aus aromatischen und aliphatischen Aminen dar; eine ölige Flüssigkeit von gelber bis dunkelbrauner Farbe. Der B-Behälter wurde mit 169,5 kg Brennstoff betankt. Beide Flüssigkeiten waren giftig und führten selbst bei kurzzeitigem Hautkontakt zu Verbrennungen.

Um die ballistischen Eigenschaften der Rakete zu gewährleisten, arbeitete das FMTW in zwei Programmen. Das I. Programm mit konstanter Schubkraft beim Start wurde verwendet, wenn der Neigungswinkel zum Horizont kleiner als 24° war. Dabei leistete das Triebwerk einen Schub von 34,3 kN und arbeitete 45 bis 46 s. War der Neigungswinkel zum Horizont größer/gleich 24°, arbeitete das Triebwerk 24 s konstant. Danach verringerte sich der Schub von 24,3 kN bis auf 19,6 kN. In diesem Fall arbeitete das FMTW im II. Programm 56 s. Diese Unterscheidung wurde notwendig, da die maximale Reichweite / Flughöhe auf 43 / 30 km vergrößert wurde.

Erreichte der Druck im Druckbehälter 85 kp/cm^2, schloss sich das automatische Trennventil und sperrte den Zugang der Druckluft zu den Treibstoffbehältern. Die restliche Druckluft gelangte in die Rudermaschinen des Autopiloten, während der Druck der Treibstoffkomponenten am Eingang der Pumpen des Turbopumpenaggregats durch die Ausdehnung der Druckluft in den Treibstoffbehältern aufrecht erhalten wurde.

Rakete W755 (20DP) in Startposition.

Funkzünder, Funklenkung/Funkortung

Der Funkzünder erfüllte die Funktion einer Zielvorrichtung und bestand aus der Sendeantenne zum Ausstrahlen der elektromagnetischen Energie, zwei Empfangsantennenpaaren für den Empfang der vom Ziel reflektierten Signale mit einem kreisförmigen Empfangsbereich sowie dem Sender und dem Empfänger. Er ermöglichte es, den Ansprechbereich des Funkzünders auf den Vernichtungsbereich abzustimmen und so eine maximale Wirkung durch die Splitter des Gefechtsteils zu erzielen. Erreicht wurde dies zum einen durch unterschiedliche Neigungswinkel der Richtdiagramme der Empfangsantennenpaare und durch zwei Initiierungspunkte am Gefechtsteil, die eine Detonation am vorderen oder hinteren Ende des Gefechtsteils sicherstellten. Aber auch ein entsprechender Wechsel zwischen dem vorderen / hinteren Initiierungspunkt sowie zwischen den beiden Empfangsantennenpaaren (in Abhängigkeit von der relativen Geschwindigkeit der Rakete und des Ziels) erhöhte die Vernichtungswahrscheinlichkeit.

Der Block Funklenkung/Funkortung empfing die Funksignale von der Raketenleitstation und wandelte sie in Steuersignale für den Autopiloten um. Er empfing die Signale für das Ferneinschalten des Funkzünders, für das Umschalten der Empfangsantennenpaare und der Initiierungspunkte des Funkzünders und gab die Antwortsignale über den Ortungskanal der Rakete an die RLS ab.

An jede Rakete wurden vier chiffrierte Kommandos gesendet. Nach dem Dechiffrieren wurden die beiden Lenkkommandos K1 und K2 an den AP übermittelt. Das Kommando K3 diente dem Einschalten des Funkzünders und das Kommando K4 dem Umschalten der Empfangsantennenpaare und der Initiierungspunkte.

Mit der Lieferung 1965 erhielt die NVA 96 *Erzeugnisse W755 (20D) in Spezialverpackung im Komplekt mit Raketenfeststofftriebwerk PRD-58, bestückt mit Pulverladung 290-Sch-3 und Zündladung WG-2000A und Gefechtskopf W88M für 56.000 Rubel je Mengeneinheit.* Weitere zehn Raketen W755 verblieben für Schießübungen in der UdSSR.

Zusätzlich empfing die NVA sechs *Übungsgefechtserzeugnisse W755 und ein Übungserzeugnis im Schnitt in Spezialverpackung mit einem Satz neutraler Ladung.*

Rakete			
GRAU-Index Rakete	W755	W755SU	W759
nicht klassifizierter Produktindex	20D	20DSU	5Ja23
GRAU-Index Gefechtskopf	W88M	W88M	5Sh98
Bezeichnung in der NVA	20DP	20DSU	5Ja23
Beginn der Einführung in die NVA	1962	1970	1986
NATO-Bezeichnung des FRS	SA-2b GUIDELINE		
Einsatzebene	Fla-Raketenregiment		
Maximale Reichweite (km)	43	43	56
Minimale Reichweite (km)	7	7	6
Maximale Flughöhe (km)	30	30	30
Minimale Flughöhe (km)	1	0,1	0,1
Maximale Fluggeschwindigkeit des Ziels km/h	2000	3600	3700
Länge Rakete (mm)	10.778	10.778	10.806
Durchmesser mit Stabilisatoren (mm)	2566		
Durchmesser erste Stufe (mm)	654		
Durchmesser mit Flügel (mm)	1691		
Durchmesser zweite Stufe (mm)	500		
Art des Starttriebwerks	Feststoff		
Art des Marschtriebwerks	Flüssigkeit		
Startbrennstoff	OT-155		
Brennstoff	TG-02		
Oxidator	AK-20K		
Masse Rakete betankt (kg)	2389	2395	2406
Masse Rakete unbetankt (kg)	1674	1680	1691
Masse Gefechtsteil (kg)	198	198	201
Startrampe	SM90		

Mit Einführung des Fla-Raketensystems S75 WOLCHOW-70 erhielten die Fla-Raketenregimenter der LSK/LV die Rakete **W755SU** (20DSU). Erstmals war es möglich, auf extrem niedrig fliegende Ziele (bis 100 m), auf Erd- und Überwasserziele sowie auf Ziele im Einholeverfahren zu schießen. Die Rakete W755SU zeichnete sich gegenüber der Rakete W755 durch eine beschleunigte Startvorbereitung (20 s) und eine höhere Treffergenauigkeit bei geringen Annäherungsgeschwindigkeiten Rakete – Ziel aus (z. B. im Einholeverfahren).

Die beschleunigte Startvorbereitung erreichte man durch Änderungen an der Bordapparatur, der elektrischen Ausrüstung und der Startautomatik der Startrampe, wodurch sich die Zeit der Startvorbereitung von 2 Minuten auf 20 Sekunden verkürzte. In der Rakete W755SU befanden sich modernisierte Varianten des Autopiloten, des Blocks Funklenkung/Funkortung, des Funkzünders sowie neue Blöcke zum Umschalten der Betriebsarten der Speisung des AP und des Universalselektors. Der AP war innerhalb von 20 s durch das Anlegen von erhöhten Spannungen an die Kreiselmotore und die Heizkreise der Verstärkerröhren des Ruderkanals betriebsbereit.

Der Funkzünder war durch die Weiterentwicklung der Generatorröhren innerhalb von 40 Sekunden einsatzbereit.

Die Einsatzmöglichkeiten der Rakete erweiterte der Einbau eines Universalselektors, der mit dem Funkzünder zusammenwirkte. So ließen sich Erd- und Überwasserziele im Entfernungsbereich von 12 bis 45 km mit einer Genauigkeit von 30 bis 40 m durch Splitterwirkung (ca. 0,5 ha) bekämpfen.

Beim Schießen auf tieffliegende Ziele (NLZ), auf Erdziele und Ziele auf der Wasseroberfläche (NZ) begrenzte der Einfluss des von der Erde reflektierten Funksignals die Möglichkeiten des Funkzünders. Für das Schießen auf diese Ziele war eine Begrenzung der Impulsdauer des Funkzünders erforderlich, was zu einer Verkürzung der maximalen Reichweite des Funkzünders führte. Diese mittelbare Begrenzung der Impulsdauer wurde durch den Universalselektor realisiert. Die Effektivität des Funkzünders im Bereich der Annäherung Rakete – Ziel wurde durch laufendes Umschalten der zwei Empfangsantennenpaare erreicht, die verschiedene Neigungswinkel der Richtdiagramme aufwiesen, sowie durch Anwendung eines der beiden Initiierungspunkte des Gefechtsteils der Rakete (vorderer oder hinterer Initialzünder).

Der Universalselektor stellte die Funktion des Funkzünders auch bei passiven Störungen (PP) sicher. Die erforderliche Betriebsart des Funkzünders (NZ, NLZ, PP) wurde vor dem Start durch die RLS mittels kodierter Kommandos, die in den Universalselektor gelangten, eingeschaltet. Entsprechend dieser Kommandos, die für jede Betriebsart unterschiedlich waren, schaltete der Universalselektor die erforderliche Betriebsart des Funkzünders ein.

Das Schießen im Einholeverfahren erfolgte auf Ziele, die im Anflug nicht vernichtet werden konnten. Dieses Verfahren war bei Zielen möglich, die mit maximal 1512 km/h (420 m/s) und in Höhen bis 25 km flogen. Dabei erhielt die Rakete während des Fluges von der RLS das Kommando K4 (strukturmäßiges Kommando zur Umschaltung der Initiierungspunkte). Bei diesem Kommando führte der Universalselektor die erforderliche Umschaltung der Empfangsantennenpaare des Funkzünders durch.

Mit der **Rakete W759** (5Ja23) gelangte eine modernisierte Abart der Rakete W755SU in die Ausrüstung des FRS S75 WOLCHOW. Die Rakete W759 gewährleistete im Vergleich zu den Vorgängermustern eine höhere Wirksamkeit der Vernichtung von manövrierenden, schnell fliegenden und kleinen Zielen sowie von Zielen beim Schießen im Einholeverfahren. Die Leistungssteigerung ergab sich durch die Verwendung modernster Bordfunkgeräte (z. B. Einbau eines neuen Funkzünders), durch verbesserte Kampfausrüstung und durch ein modernisiertes Feststoff-Start- und Flüssigkeits-Marschtriebwerk. Die Reichweite konnte erhöht, die minimale Abschusshöhe verringert und die Wirksamkeit gegen kleine, niedrig fliegende und manövrierende Ziele verbessert werden. Dazu war das Gefechtsteil mit ca. 29.000 vorgefertigten, pyramidenförmigen Splittern ausgestattet, die einen breiter gefächerten Explosionssektor bewirkten. Dank eines stärkeren Raketenkörpers ließ sich das Manövrieren, vorrangig in niedrigen und mittleren Höhen (es wurden höhere G-Kräfte aufgenommen), verbessern.

1986 erhielt die NVA die ersten 48 Raketen W759. *Die Meldung über die Lieferung von Kampftechnik, Bewaffnung und Ausrüstung zur Ausstattung der NVA in den Jahren 1989 und 1990* vom 1. Januar 1990 führte unter dem Punkt Bewaffnung und Technik der LSK/LV auch 48

Eine demilitarisierte Rakete W759 (5Ja23) im ehemaligen Cold War Museum in Berlin.

Raketen W759 für das FRS S75 WOLCHOW auf; 1990 sollten weitere 50 zugeführt werden. Diese 50 Raketen W759 spielten bei den Verhandlungen zur wesentlichen Reduzierung des Imports von militärischer Technik aus der UdSSR im Sommer 1990 eine Rolle. Der *Bericht über die Verhandlungen zum Abschluss des Jahresprotokolls zwischen der DDR und der UdSSR über die gegenseitigen Lieferungen militärischer Technik und Ausrüstung im Jahre 1990* hielt fest, dass die Hauptaufgabe der Verhandlungen zur weiteren wesentlichen Reduzierung des Imports von Militärtechnik aus der UdSSR erfüllt wurde. Speziell für das FRS S75 WOLCHOW wurde die Annullierung von 50 Raketen W759 mit einem Wert von 42,2 Mio. Mark vertraglich vereinbart.

LEHRGEFECHTSRAKETEN dienten in den Einheiten der LV zur Ausbildung der Bedienungen. Bei den Lehrgefechtsraketen für das Fla-Raketensystem S75 WOLCHOW unterschied man zwischen *Lehrgefechtsraketen für die Beladung* und *Lehrgefechtsraketen für die Betankung*. Grundsätzlich waren bei den Lehrgefechtsraketen die Gefechtsteile ausgebaut und die Treibstoffbehälter leer.

Die Aufschrift Lehrgefechtsrakete verwies auf die Verwendung (linkes Bild). In der Stellung zur Lagerung und Vorbereitung der Fla-Raketen: Die hinteren Raketenelemente stellen Teile von Lehrgefechtsraketen dar, sie waren dunkel gekennzeichnet.

Zur realistischen Darstellung der Masseverhältnisse wurden bei den *Lehrgefechtsraketen für die Beladung* die Treibstoffbehälter teilweise mit Sand gefüllt. Die ersten Lehrgefechtsraketen erhielten keine besondere Farbgebung, sondern nur die Aufschrift LEHRGEFECHTSRAKETE. Später trugen sie breite, dunkle Ringe zur Kennzeichnung.

Startrampe

Пусковая установка СМ90 = Startmechanismus SM90

Die Startrampe SM90 stellte eine Weiterentwicklung der im FRS SA75M DWINA-M genutzten SR SM63P dar. Die Weiterentwicklung war notwendig, da das Starttriebwerk der Rakete W755 die Nutzung der SR SM63P nicht zuließ.

Zu einem Fla-Raketenkomplex gehörten sechs SR, die 75 bis 150 m um die RLS herum entfaltet wurden. Die Startrampe war zur Aufnahme von einer Rakete, deren Vorbereitung zum Start und zum Start bestimmt.

Die SR SM90 mit variablem Abschusswinkel wurde im Zentralen Konstruktionsbüro 34 entwickelt und war mit einem elektrischen Folgeantrieb ausgerüstet. Beim Start der Rakete kam ein Gasabweiser zum Einsatz, den der Gasstrahl des Starttriebwerks auf den Boden drückte und somit die SR nach dem Seitenwinkel fixierte. Gleichzeitig verminderte der Gasabweiser die Zerstörung der Erdoberfläche um die Startrampe herum und damit die Demaskierung der Startstellung. Die mithilfe zweier abnehmbarer Protzen transportierte SR nutzte zur Beförderung das mittlere Kettenzugmittel ATS, oder die schweren Lkw KrAZ-214, KrAZ-255 oder TATRA-148. Sie ließ sich mit Geschwindigkeiten von bis zu 40 km/h auf Autobahnen und bis zu 10 km/h auf unbefestigten Straßen ziehen.

Startrampe SM90 in Marsch- (linkes Bild) und in Gefechtslage. Die beiden Protzen wurden nach dem Herstellen der Gefechtsbereitschaft aus der Startstellung entfernt.

Jede Protze verfügte über eine Bremse, die mit dem Bremssystem des Zugmittels verbunden war. Die hintere Protze erhielt zusätzlich eine Handbremse. Die Zeit für die Überführung der SR von der Marsch- in die Gefechtslage betrug 50 Minuten. Beim Herstellen der Gefechtslage senkte die Bedienung die SR nach dem Trennen von den Protzen auf den Boden ab, sicherte sie mit Erdankern und horizontierte sie mittels Stützwinden. Das Ankoppeln an die Sende- und Empfangskabine PW erfolgte über das Steuerkabel, die Ausrichtung der SR über den Synchronfolgeantrieb, was das Einschießen der Rakete in den sich bewegenden Schwenksektor der RLS gewährleistete. Jede SR verfügte über eine Telefonverbindung mit der Leitkabine UW, die Oberlafette wies zum Schutz der eingebauten Ausrüstung eine leichte Panzerung auf.

Die elektrische Anlage diente u. a. dem Bewegen der Elemente der SR in horizontaler und vertikaler Ebene. Weiterhin wurden die Heizelemente der in der Rakete verbauten Ampullenbatterien mit elektrischer Energie gespeist. Die Versorgung mit elektrischer Energie erfolgte durch das öffentliche Netz oder über drei Diesel-Elektrostationen ESD100N2MA mit einer Leistung von je 100 kW und der Umformer- und Verteilerkabine RW.

Startrampe SM90 in Gefechtslage mit Rakete W755SU (linkes Bild). Das Transportladefahrzeug wurde durch die am Boden verankerten Ladebleche so in der Startstellung platziert, dass die Übergabe der Rakete an die Startrampe problemlos erfolgen konnte.

Das Beladen der Startrampe SM90 erfolgte durch das Verriegeln der Raketenwiege der SR mit dem Beladebalken des Transportladefahrzeuges. Durch den Antrieb der Raketenzurrung wurde die Rakete beim Be- und Entladen auf dem Beladebalken des Transportladefahrzeuges bewegt. Um das Transportladefahrzeug in die erforderliche Position zur Startrampe aufzustellen, verlegte die Bedienung Ladebleche, die die genaue Position des TLF definierten. Die Ladebleche waren im EWZ-Satz der SR enthalten und wurden zusammen mit diesem auf dem Zugmittel transportiert. Nach dem Abschuss der Rakete bewegte sich die Raketenwiege automatisch in den vertikalen Ladewinkel. Der vordere Teil der Raketenwiege klappte mit der Vorwärtsbewegung der Rakete beim Start automatisch nach unten ab (Abklappmechanismus), um ein Aufschlagen des Raketenkörpers wegen der noch zu geringen Geschwindigkeit zu vermeiden.
Das Gewicht der SR in Marsch-/Gefechtslage betrug 14.200/11.100 kg. Der Abschusswinkel betrug horizontal 360°, vertikal 16° bis 75°. Die Ausmaße in Marschlage (L x B x H) betrugen 10.200 x 2675 x 3800 mm bei einer Bodenfreiheit von 430 mm und einem Achsabstand von 5435 mm. Der kleinste Wenderadius mit dem Zugmittel lag bei 8300 mm, die Höhe der 0-Feuerlinie in der Gefechtslage 2300 mm.
Zu einem Fla-Raketenkomplex gehörten sechs SR, die in einem Abstand von 75 bis 150 m um die RLS herum entfaltet wurden. Die Steuerung der Startrampen erfolgte von der RLS aus, synchron mit der Drehung der Sende- und Empfangskabine PW und dem Schwenken der Antennensysteme.
Zum Kampfsatz einer Startrampe gehörten zwei Raketen.

Raketenleitstation

PCH75B – Радиолокационная Станция Наведения 75B = RSN75W – Leitradarstation 75W

Die **Raketenleitstation 75W** diente dazu, Ziele in ihrer Wirkungszone aufzufassen, das zur Vernichtung zugewiesene Ziel zu begleiten und die Raketen auf dieses Ziel zu lenken. Die RLS ermöglichte es, bei Einhaltung eines bestimmten Startintervalls gleichzeitig drei Raketen auf das begleitete Ziel zu lenken. Die Arbeit der Raketenleitstation 75W erfolgte bei automatisierter und nicht automatisierter Zielzuweisung durch den Gefechtsstand (GS) des FRR oder anhand von Angaben der eigenen Aufklärungs- und Zielzuweisungsmittel (AZM). Bei fehlender Zielzuweisung, insbesondere bei Zielen in geringer Höhe, ließ sich die RLS autonom einsetzen.

Sende- und Empfangskabine PW in Arbeitslage: links die runde Antenne P16W des Funkkommandosenders, die beiden oberen runden Antennen P13W und P14W wurden für den SCHMALEN STRAHL eingesetzt, darunter (P11W) und rechts die kastenförmigen Antennen (P12W) des BREITEN STRAHLES

Die RLS W75 formierte neben den Lenkkommandos auch die einmaligen Kommandos K3 und K4. Das Kommando K3 diente dem Ferneinschalten des Funkzünders in der Rakete. Es wurde gegeben, wenn die Rakete einen Abstand von 465 m zum Ziel erreicht hatte. Das Kommando K4 diente der Anpassung des Ansprechbereiches des Funkzünders an den Streuungsbereich der Splitter des Gefechtsteils. Die Abgabe dieses Kommandos hing von der Annäherungsgeschwindigkeit zwischen Rakete und Ziel ab und erfolgte bei etwa 2400 m. Diese Kommandos empfing die Bordapparatur der Fla-Rakete, decodierte, demodulierte, verstärkte und verteilte sie auf den Autopiloten, auf den Funkzünder und auf den Antwortsender der Rakete. Der AP arbeitete die Lenksignale ab und änderte mithilfe der Ruder die Flugrichtung der Rakete. Bei einem Abstand von weniger als 60 m zwischen Rakete und Ziel sprach der Funkzünder an und das Gefechtsteil der Rakete detonierte. Die entstandenen Splitter trafen das Ziel. Bei einem Fehlschuss setzte die Rakete ihren Flug fort und zerlegte sich nach 81 +/– 5 s Flugzeit selbst.

Die Apparatur der Raketenleitstation 75W kam in den Kabinen PW, AW und UW unter. Zur RLS gehörten weiterhin die Werkstattkabine PRM, in der sich die Instandsetzungswerkstatt und der EWZ-Satz Nr.1 befanden. In der Feuerstellung verbanden Starkstrom- und Verbindungskabel die Kabinen miteinander. Die Sprechverbindung erfolgte über Mikrofone und Lautsprecher. Die Anhänger P1W, P2W und P3W transportierten das Antennensystem in Marschlage.

In der Kabine PW befanden sich die Sendeanlage Ziel, der Hochfrequenzteil der Empfangsanlage Ziel und Rakete, der Schleifringübertrager und die Seiten- und Höhenwinkel-Synchronfolgeantriebe. Auf der Kabine PW waren Teile des Wellenleitersystems und das Antennensystem angebracht. Die Kabine AW nahm das Koordinatensystem Ziel und Raketen, das System der Kommandoerarbeitung (SKE), das System Kommandosender (SKS), das System zur Selektion beweglicher Ziele (SBZ) sowie die ZF-Hauptverstärker der Empfangsanlage Rakete auf. In der Kabine UW waren u. a. das Sichtgerätesystem, das Synchronisationssystem, das System zur Steuerung der Antennen und der Startrampen, die ZF-Hauptverstärker der Empfangsanlage Ziel, die Kontroll- und Imitationsapparatur, das automatisierte Startgerät APP-75W sowie das Tochtersichtgerät der AZM und andere Ausrüstung des GS untergebracht.

Die Auffassentfernung und die Entfernung der stabilen Zielbegleitung unterschieden sich je nach Zieltyp, Zielhöhe und Betriebsart der RLS. Die maximale Auffassungsentfernung in mittlerer Höhe (10 bis 12 km) betrug für Bombenflugzeuge 115 bis 120 km, für Jagdflugzeuge 90 bis 130 km. Das Begleiten und Lenken der Raketen erfolgten bis zu einer Entfernung von 56 km. Der Messfehler der Koordinatendifferenz zwischen Ziel und Rakete betrug bei der automatischen Begleitung nach der Entfernung 5 km und nach den Winkelkoordinaten etwa 2 Grad. Unter den Bedingungen passiver Störungen durch den Gegner erhöhten sich diese Fehler auf etwa das Doppelte. Die Impulsleistung der Sendeanlage ZIEL betrug 1 MW, die des Kommandosenders über 60 kW.

Die RLS arbeitete in zwei gleichen, voneinander unabhängigen Ebenen, der Seiten- und der Höhenwinkelebene. Sie bestimmten die Seitenwinkel- und die Höhenwinkelkoordinaten des Ziels und der Rakete. Die Entfernungskoordinaten des Ziels wurden anhand der Signale bestimmt, die über die Antennen einer beliebigen Ebene empfangen wurden. Die Entfernungskoordinaten der Rakete wurden nur anhand des Signals der Höhenwinkelebene bestimmt. Die Systeme und Anlagen der RLS, die die Lenkung einer Rakete gewährleisteten, bezeichnete man als Raketenkanal. Zur Erfassung und Begleitung eines Ziels nutzte die RLS einen Zielkanal.

Wirkungsweise der Raketenleitstation 75W

Zur Erfassung zugewiesener Ziele tastete die RLS mithilfe der Antennen einen vorgegebenen Raum ab. Dabei mussten die Antennen widersprüchlichen Anforderungen gerecht werden. Um die maximale Auffassungsentfernung der RLS zu gewährleisten, war ein großer Antennengewinn (Maß für die Bündelung der in den Raum abgestrahlten HF-Energie) der Antennen notwendig. Das wurde durch schmale, nadelförmige Richtdiagramme erreicht. Beim Schwenken derartiger Diagramme entstand ein äußerst schmaler Auffassungssektor, was das Suchen und Auffassen von Zielen erheblich erschwerte. Das Einschießen der Raketen in den Schwenksektor sowie ihre Begleitung wurden fast unmöglich, da die Raketenflugbahn von der Linie RLS – Ziel abweichen konnte. Breite, messerförmige Richtdiagramme ermöglichten die erforderliche Größe des Schwenksektors, ein hohes Auflösungsvermögen und eine hohe Messgenauigkeit der Winkelkoordinaten. Die RLS setzte hierfür zwei Antennenpaare ein. Die Antennen P13W und P14W formierten ein nadelförmiges Richtdiagramm (SCHMALER STRAHL), die Antennen P11W und P12W ein messerförmiges Richtdiagramm (BREITER STRAHL).

Alle vier Antennen sowie die Antenne des Kommandosenders waren mechanisch starr miteinander verbunden, justiert und auf der Kabine PW montiert. Das Antennensystem konnte im Seitenwinkel um 360° und im Höhenwinkel von 0° bis 80° bewegt werden.

Zur Lösung der verschiedenen taktischen Aufgaben wurden unterschiedliche Antennen und verschiedene Arten der Raumabtastung zum Auffassen von Zielen verwendet.

Die Feuerstellung des FRK wurde pioniertechnisch ausgebaut. Unterhalb der Sende- und Empfangskabine PW befanden sich die Kabinen AW und UW sowie die Elemente der Stromversorgung.

Da die Raumabtastung durch die RLS in zwei Ebenen erfolgte, war es zweckmäßig, das Ergebnis auf zwei Sichtgeräten darzustellen. Ein Sichtgerät zeigte die Seitenwinkelebene und das andere Sichtgerät die Höhenwinkelebene. Beide Sichtgeräte waren konstruktiv zu einem Block, dem Leitsichtgerät, zusammengefasst.
Das Ziel konnte entsprechend der Luftlage und dem Zielcharakter automatisch oder von Hand begleitet werden.
Bei passiven Störungen kam das System zur Selektierung beweglicher Ziele (SBZ) zum Einsatz. Es half, die schützende Wirkung der passiven Störung zu beseitigen. In diesem Fall gelangten die Signale des Ziels von der Empfangsanlage ZIEL in das System SBZ. Zur Unterdrückung aktiver Störungen konnte die sprunghafte Umstimmung der Arbeitsfrequenzen der Sendeanlage ZIEL angewendet werden. Das automatische Umschalten der Arbeitsfrequenzen erfolgte durch das Einschalten des Störschutzautomaten. Führte die Frequenzumstellung bei der Bekämpfung eines Trägers mit aktiver Rauschstörung nicht zum gewünschten Ergebnis, schalteten die Funkorter die Glättungsschaltung ein. Aus den aktiven Rauschstörungen wurde ein fiktives Zielzeichen gebildet, das sowohl eine Hand- als auch eine automatische Begleitung anhand der Winkelkoordinaten ermöglichte.
Zur RLS gehörte das automatisierte Startgerät APP-75W, das die Schrägentfernung zum Treffpunkt der Rakete mit dem Ziel, die Entfernung zur nahen und zur fernen Grenze der Vernichtungszone sowie die Kursparameter, die Geschwindigkeit und die Höhe des Ziels bestimmte. Mit seiner Hilfe ließ sich der Startmoment der Rakete in kürzester Zeit bestimmen.
Die sechs Startrampen waren in einem Abstand von 75 bis 200 m um die Kabine PW angeordnet und mit der RLS über ihre Synchronfolgeantriebe verbunden. Dadurch konnte das sichere Einschießen der Rakete in den sich bewegenden Schwenksektor der RLS erfolgen. Infolge der hohen Fluggeschwindigkeit der Rakete (etwa 3240 km/h) war eine Handbegleitung des Zeichens der Rakete auf dem Sichtgerät nicht möglich. Daher erfolgte das Erfassen der Rakete automatisch.
Beim Einfliegen der Rakete in den Schwenksektor erfolgte die Aktivierung des Antwortsenders an Bord der Rakete. Das geschah durch die Abfrageimpulse, die das System Kommandosender formierte und die über die Antenne des Kommandosenders P16W zur Rakete absendet wurden. Die Antwortimpulse wurden durch die Antennen der Rakete abgestrahlt, von den Antennen BRETTER STRAHL empfangen und an den Eingang der Empfangsanlage RAKETE gegeben. Flog die Rakete durch den Schwenksektor der RLS, erfolgte das automatische Erfassen der Antwortimpulse der Rakete ungefähr in der 6. Flugsekunde und es begann ihre automatische Begleitung. Das Koordinatensystem der RLS ermittelte alle drei Ziel- und Raketenkoordinaten im Koordinatensystem ZIEL/RAKETE. Von hier gelangten die Ziel- und die Raketenkoordinaten an das System der Kommandoerarbeitung SKE. Das SKE formierte die Lenkkommandos K1 und K2, um die Rakete zu lenken. Die Formierung der Lenkkommandos erfolgte auf Grundlage der Fehlersignale, die der Abweichung der Rakete von der berechneten Flugbahn entsprachen.
In Abhängigkeit von den Schießbedingungen arbeitete die RLS nach verschiedenen Leitmethoden:

- Die METHODE HALBE BEGRADIGUNG wurde angewendet, wenn die Begleitung des Ziels nach der Entfernung möglich war. Sie gewährleistete die volle Nutzung der Gefechtsmöglichkeiten des FRK.
- Die DREIPUNKTMETHODE kam beim Schießen auf Ziele mit Geschwindigkeiten bis 1500 km/h (416 m/s) zur Anwendung.
- Die METHODE K fand beim Schießen auf Ziele in Höhen unter 5 km Verwendung. Diese Methode wurde in Auswertung der Gefechtshandlungen in der VR Vietnam entwickelt. Um der Bekämpfung durch das Fla-Raketensystem zu entgehen, senkten die angreifenden Flugzeuge ihre Flughöhe ab und führten nach dem Erkennen des Starts einer Rakete Ausweichmanöver durch. So versuchten z. B. die Piloten, den Raketen durch einen steilen Sturzflug zu entkommen. Dies hätte bei Anwendung der beiden herkömmlichen Leitmethoden dazu führen können, dass die Rakete beim Flug zum Ziel den Erdboden berührte. Demzufolge fand bei der Berechnung der Flugbahn der Koeffizient K Verwendung, der dazu führte, dass die Flugbahn beim Start angehoben wurde. Im übertriebenen Sinne näherte sich jetzt die Rakete dem Ziel schräg von oben.
- Die METHODE DPM/I-87W wurde beim Beschuss von Trägern mit aktiver Rauschstörung angewendet. Bei allen drei bisher vorgestellten Leitmethoden mussten drei Zielkoordinaten für einen erfolgreichen Schuss bekannt sein: Seitenwinkel, Höhenwinkel und Entfernung. Fehlte ein Element, war das Schießen nicht möglich. Ließ sich die Entfernungsangabe durch den Einsatz aktiver Störungen nicht ermitteln, berechnete der Block I-87W in der Leitkabine UW den fehlenden Wert. Voraussetzung war die Eingabe einer Zielhöhe, die aus anderen Informationsquellen entnommen werden musste. Das Kommando K3 wurde dann 7 km vor dem angenommenen Treffpunkt abgegeben, das Kommando K4 bereits 9 km vorher. Ließ sich der Höhenwinkel nicht ermitteln, gab ein Zeitmechanismus das Kommando K3 in der 22. Sekunde und das Kommando K4 in der 18. Sekunde des Fluges ab. Die Rakete befand sich dabei im Bereich der nahen Grenze der Vernichtungszone; sie durchflog die weitere Tiefe der Vernichtungszone mit aktivem Funkzünder.

Beim Schießen unter komplizierten Luftlagebedingungen (Störungen, Zielmanöver usw.) konnten nacheinander unterschiedliche Leitmethoden für die Lenkkanäle festgelegt werden, die der Leitoffizier vor dem Start der Rakete von Hand einstellte.
Die Gefechtsarbeit der RLS wies Besonderheiten beim Schießen auf Erd- und Seeziele sowie auf automatische driftende Ballone auf. Die Verzerrung der Antennenrichtdiagramme infolge des Einflusses der Erdoberfläche und vorhandener Festpunkte erschwerte die Begleitung und Bekämpfung von Erd- und Seezielen. Daher erfolgte ihre Begleitung nur in der Betriebsart BREITER STRAHL. Für das Schießen auf diese Ziele war die Leitmethode METHODE K und die Betriebsart ERDE vorgesehen. Zur Erhöhung der Wirksamkeit des Schießens auf diese Ziele erfolgte die Zündung des Gefechtsteils durch den Funkzünder, der in einem Entfernungsbereich von 35 m ansprach. Die Flugbahn der Rakete wurde so berechnet, dass das Gefechtsteil in einer Höhe von etwa 15 m über der Erd- oder Wasseroberfläche detonierte. Bei der Bekämpfung automatisch driftender Ballone erfolgte die Zündung des Gefechtsteils auf das Kom-

mando K3 schon 120 m vor dem Ziel, da infolge der geringen Reflexionsfläche der Ballone der Funkzünder unzuverlässig ansprechen würde. Beim Schießen auf Ziele in geringen Höhen musste bei einem Fehlschuss die Selbstzerlegung der Rakete in großer Höhe erfolgen, um eine Detonation des Gefechtsteils in unmittelbarer Nähe der Erdoberfläche zu vermeiden. Zu diesem Zweck wurden bei einem Vorbeiflug innerhalb von 7 s die maximalen Lenkkommandos zur Rakete übertragen. Im Ergebnis ging die Rakete zum Steigflug über und die Selbstzerlegung erfolgte in großer Höhe.

Zielsuche und -auffassung durch die RLS hing von der Art der Zielzuweisung ab. Sie konnte nach Angaben der Aufklärungs- und Zielzuweisungsmittel (AZM), durch das automatisierte Führungssystem (AFS) oder aufgrund von Informationen der nächstgelegenen Einheiten der Funktechnischen Truppen (FuTT) erfolgen.
Erfolgte die Zielzuweisung durch die Mittel der AZM, erfolgte die Ausrichtung der Kabine PW anhand der von den Tochtersichtgeräten der FuMS gelieferten Daten.
Bei der Zielzuweisung durch das AFS wurde das Antennensystem der RLS automatisch auf den zugewiesenen Höhen- und Seitenwinkel und das horizontale Zeichen auf die zugewiesene Zielentfernung eingestellt.
Bei der nichtautomatisierten Führung konnten die Zielangaben von den FuTT verwendet werden. Die über Draht oder über Funk übermittelten Angaben zur Luftlage wurden auf die Luftkarte oder die Feuerplanchette übertragen. Anschließend wurden Seitenwinkel, Geschwindigkeit und Entfernung des zur Vernichtung ausgewählten Ziels bestimmt. Nach diesen Angaben wurde die Zielsuche in der Betriebsart BREITER STRAHL durchgeführt. Das Einstellen des Höhenwinkels erfolgte mithilfe der Informationen über die Zielhöhe.
In den Fällen, in denen keine Luftlageinformationen auf dem Gefechtsstand der FRA vorlagen, erfolgte die selbständige Rundumsuche. Die RLS arbeitete in der Betriebsart BREITER STRAHL. Wurde ein Ziel auf den Sichtgeräten geortet, wurde die Rundumsuche beendet und das Ziel abgedeckt.
Die **Sende- und Empfangskabine PW** war Träger der Antennensysteme. Die Kabine mit dem Antennensystem lagerte drehbar auf der Artillerielafette KZU16K mit aufgesetztem Koffer PP-635A. Auf der Kabine PW befand sich der Umschalter ANTENNEN – ÄQUIVALENT mit angeschlossenem Äquivalent. In der Stellung ANTENNE floss die HF-Energie ungehindert zu den Antennen. In der Stellung ÄQUIVALENT war dieser Weg versperrt. Die HF-Energie wurde im ÄQUIVALENT, vergleichbar mit einer Heizspirale, in ungenutzte Wärmeenergie umgewandelt. So konnte z. B. schnell auf den Einsatz von Antifunk-Messraketen reagiert werden. Als Zugmittel diente der schwere Lkw KrAZ-214, der vom schweren Lkw KrAZ-255B1 abgelöst wurde.

Kabine PW in Marschlage.

Für den Transport der einzelnen Antennenelemente wurden die Antennenanhänger P1W, P2W und P3W der Größenklasse 2-PN-4 eingesetzt. Als Zugmittel dienten drei mittlere Radzugmittel G-5, später der mittlere Lkw URAL-375D. Der Antennenanhänger P1W beförderte zusätzlich den EWZ-Satz des Anhängers, das Zubehör und die Materialien der Kabine PW. Auf dem Antennenanhänger P2W waren zusätzlich das Werkzeug des Anhängers und der EWZ-Satz der Lafette KZU16K untergebracht. Der Antennenanhänger P3W transportierte das Werkzeug des Anhängers und die Ersatzteile der in der Kabine PW befindlichen Apparaturen.

Der Antennenanhänger P3W mit den Antennen P13 und P14 für den SCHMALEN STRAHL.

Der Antennenanhänger P2W mit der Antenne P11 für den BREITEN STRAHL und der Antennenanhänger P1W mit der Antenne P12.

Die **Kabine UW**, die Leitkabine, bildete den Gefechtsstand des FRK. Sie nahm u. a. das Tochtersichtgerät der FuMS P12, das Sichtgerätesystem, die Einrichtungen zur Steuerung des Antennensystems und der Startrampen, das automatisierte Startgerät APP-75W, das Startleitsystem sowie die Imitationseinrichtungen für die Funktionskontrollen und das Training der Bedienung auf.

Das zur RLS gehörende Sichtgerätesystem bestand aus zwei Leit- und drei Begleitsichtgeräten für die Entfernung, den Seiten- und den Höhenwinkel. Es ermöglichte die visuelle Beobachtung des Luftraums im Auffassbereich der RLS sowie das Auffassen und die Auswahl des zu begleitenden Ziels. Ferner erfolgte die Kennungsabfrage der Ziele, das Schwenken der Kabine PW auf das ausgewählte Ziel und die Kontrolle seiner automatischen Begleitung sowie die Festlegung des Startmoments der Rakete. Jedes Sichtgerät stellte die horizontalen Zeichen der Entfernung GM und die vertikalen Zeichen des entsprechenden Seiten- oder Höhenwinkels dar. Alle Sichtgeräte stellten die Ziele im Schwenkbereich als aufgehellte Zeichen dar. Nur auf den Leitsichtgeräten erfolgte u. a. die Darstellung der Zeichen der Raketensignale und der Zeichen der Kennungsabfrage.

Die Ausrüstung der Kabine UW nahm ein Anhänger APL-362 auf, als Zugmittel diente der schwere Lkw KrAZ-214, der vom schweren Lkw KrAZ-255B1 abgelöst wurde.

Die **Kabine AW** beherbergte als Rechnerkabine u. a. das Koordinatensystem ZIEL und RAKETE, das System zur Kommandoerarbeitung, das System zur Selektion beweglicher Ziele sowie das System zur Identifikation von Störträgern. Die Kabine AW ermöglichte die automatische Bestimmung der laufenden Koordinaten des Ziels und der drei auf das Ziel zu lenkenden Raketen anhand der vom Ziel / von den Raketen reflektierten Signale / Antwortsignale. Als Basis der Kabine AW diente der Anhänger APL-361, als Zugmittel der schwere Lkw KrAZ-214, der durch den schweren Lkw KrAZ-255B1 ersetzt wurde.

Die Leitkabine UW (linkes Bild) und die Rechnerkabine AW in Marschlage.

Eine **Werkstattkabine PRM**[1], ein Anhänger der Größenklasse 2-PN-2 mit Kofferaufbau KUNG-P2, gezogen von einem mittleren Radzugmittel G-5, setzte die Funktechnische Kompanie der Fla-Raketenabteilung für planmäßige Instandsetzungen ein.
Die Stromversorgung des Fla-Raketenkomplexes konnte über das örtliche Stromnetz oder über drei **Diesel-Elektrostationen ESD-100N2MA** auf Anhänger der Größenklasse 2-PN-2 mit Koffer KUNG-P6M (eine Station als Reserve) erfolgen. Benötigt wurde eine Spannung von 3 x 230 V / 50 Hz und eine intern erzeugte Spannung von 3 x 208 V / 400 Hz. Diese Aufgabe übernahm eine **Kabine RW** als Umformer- und Verteilerkabine auf einem Spezialanhänger mit Kofferaufbau; die Spannung und die Frequenz erzeugte der eingebaute Umformer WPL50. Für Kontroll- und eigene Abstimmarbeiten sowie für die Versorgung der Kabine mit Elektroenergie (Beleuchtung, Heizung, Ventilation) verfügte die Kabine über ein eigenes Aggregat vom Typ AD-30-T/230. Die Ausrüstung und Apparatur der Kabine waren in einem Anhänger der Größenklasse 2-PN-6 mit Fahrgestell MAZ-5207WSch und Koffer KUNG-P6M untergebracht. Als Zugmittel für die Diesel-Elektrostationen und die Kabine RW dienten vier schwere Lkw KrAZ-214.

Die Kabine RW, der Auspuff und die darunter angeordnete Lüfterluke an der Stirnseite des Kofferaufbaus waren für den Betrieb des Aggregates AD-30-T/230 notwendig (linkes Bild). Die Diesel-Elektrostation 5E93, auf der Aufnahme sind die beiden Kästen zur Aufnahme des Kabelsatzes und des EWZ unter der Tür zu erkennen.

Für die Verlegung der Stromkabel KS-A und der Steuerkabel KU-A setzte jede Feuerabteilung eine **Kabelverlegemaschine KU-OZT** auf Spezial-Kfz UAZ-450D ein.
Die Stromversorgung wurde im Laufe der Jahre den technischen Möglichkeiten angepasst. Ab Mitte der 1970er-Jahre stellten vier Diesel-Elektrostationen ESD-100 (5E93), ab 1981 zwei Diesel-Elektrostationen ESD-200 (5E96A) die Energieversorgung sicher.
Die **Diesel-Elektrostation ESD-100 (5E93)** erzeugte eine Spannung von 230 V / 50 Hz bei einer Nennleistung von 100 kW und einer maximalen Stromstärke von 314 A. Als Basis diente ein Anhänger der Größenklasse 2-PN-6 mit Fahrwerk MAZ-5207WSch und Koffer KUNG-P6M. Die Energieerzeugung übernahm ein mit einem Synchrongenerator gekoppelter Dieselmotor. Für den Motor befand sich im Bedienraum ein Kraftstofftank mit 450 l Diesel-Kraftstoff, was einen Dauerbetrieb ohne Nachtanken von rund neun Stunden ermöglichte. Als Zugmittel kamen drei schwere Lkw KrAZ-214 bzw. KrAZ-255B1 zum Einsatz.
Die **Diesel-Elektrostation ESD-200 (5E96A)** diente der Stromversorgung von Verbrauchern mit Drehstrom von 230 V / 50 Hz. Die Station war auf einem Anhänger der Größenklasse 2-PN-10 mit Fahrgestell MAZ-5224W und Koffer KUNG-P10 untergebracht. Der hölzerne Aufbau unterteilte sich in zwei Räume, in denen sich jeweils ein Diesel-Elektroaggregat mit einer Leistung von 100 kW befand. Beide Diesel-Elektroaggregate gleichen Typs DG-100-TCP waren in Längsrichtung um 180° zueinander versetzt (Kühler zur Stirn- bzw. Rückwand). Die Abgase der Dieselmotoren stießen spezielle Rohre und Schalldämpfer durch die Vorder- und Rückwand des Aufbaus aus. Bei Aufstellung der Stationen in einer Deckung leiteten an die Schalldämpfer angeschlossene Verlängerungsrohre (flexible Metallschläuche) die Abgase ab. Die Kraftstoffanlage bestand aus zwei Kraftstoffbehältern mit einem Fassungsvermögen von je 300 l. Sie ermöglichten einen Dauerbetrieb von bis zu 8,5 Stunden. Jeder Dieselmotor verfügte über einen Vorwärmer; für die Fernbedienung der Station aus der Umformer- und Verteilerkabine heraus befanden sich eigens zwei Fernbedienblöcke in der Kabine. Als Zugmittel dienten die schweren Lkw KrAZ-214 oder KrAZ-255B1.

Die Diesel-Elektrostation 5E96 in Marschlage (linkes Bild). Die Elemente der Stromversorgung im Gefechtsstand eines FRK, vorn rechts die Diesel-Elektrostation 5E96, links die Diesel-Elektrostation 5E93, in der Bildmitte die Rechnerkabine AW und die Leitkabine UW. Über der Diesel-Elektrostation 5E93 befindet sich die Kabine PW ohne Antennenanlage.

Mit der Einführung neuer Diesel-Elektrostationen erschien die **Umformer- und Verteilerkabine RKU.** Sie stellte die Energieversorgung von bis zu drei Diesel-Elektrostationen 5E96A oder 5E93 zu den Verbrauchern sicher. Mithilfe der Transformatorstation 5E74-230 ließ sich Elektroenergie aus dem öffentlichen Stromnetz nutzen. Mit dem eigenen Diesel-Elektroaggregat AD-30K-T/230-M2 und einem Hilfsumformer konnte eine begrenzte Energieversorgung mit bis zu 30 kW sichergestellt werden. Ein Teil der von den Diesel-Elektrostationen aufgenommenen Elektroenergie von 230 V / 50 Hz wurde mithilfe des Umformers PSTsch-50 in Elektroenergie 230 V / 400 Hz umgewandelt und an die Verbraucher weitergeleitet. Die Bedienung der Aggregate der angeschlossenen Diesel-Elektrostationen erfolgte ferngesteuert von den Kabinen RKU aus. Für die Reparatur defekter Kabel verfügte die Kabine über ein Vulkanisiergerät, bestehend aus einer Handpresse mit elektrischer Heizung und einem Satz Passformen.

Umformer- und Verteilerkabine RKU.

Die Ausrüstung transportierte ein Anhänger der Größenklasse 2-PN-6 mit Fahrgestell MAZ5207WSch und Koffer KUNG-P6M. Als Zugmittel diente der schwere Lkw KrAZ-214 oder sein Nachfolger, der KrAZ-255B1.

Kennungskabine

Eine **Kennungskabine ZEF**(1) der Funktechnischen Kompanie in jedem Fla-Raketenkomplex diente ab 1972 zur Freund-Feind-Kennung auf den Sichtgeräten der RLS.

Modernisierungsarbeiten

9Ш33А – телевизионно-оптический визир Карат-2 ЗРК С-75М1 =
9Sh33A – Television und optisches Visier KARAT-2 FRK S-75M1

1965
Beginnend beim FRR-16, wurde zum schnelleren Bestimmen der Anfangsangaben beim Schießen das automatisierte Startgerät APP-75W eingeführt.

1969/1971
Die beiden Fla-Raketensysteme S75 WOLCHOW-64 der FRR-16 und -18 modernisierte der Hersteller 1969 auf das Niveau der Gefechtsmöglichkeiten des FRS S75 WOLCHOW-70. Dies ermöglichte den Anschluss des Kennungsgeräts ZEF an die Raketenleitstation. Es wurden Anschlussmöglichkeiten an das Automatisierte Führungssystem 5N74MÄ ASURK-1MÄ geschaffen, die Fluggeschwindigkeit der zu bekämpfenden Ziele auf 3600 km/h erhöht und gleichzeitig die nahe Grenze der Vernichtungszone auf 7 km verringert. Überdies schuf man technische Voraussetzungen zur Verhinderung unbeabsichtigter Raketenstarts durch Kurzschlüsse im Kabelsystem. Die Trainings- und Kontrollapparatur 5G98 AKKORD wurde in die FRR-16 und -18 eingeführt und die Anbindung an das jeweilige FRS realisiert.

1978/1981

Die Modernisierung der FRS WOLCHOW der Lieferjahre 1964, 1965, 1970, 1971 und 1972 erfolgte im Instandsetzungswerk PINNOW, die der Lieferjahre 1974 und 1975 durch Modernisierungsbrigaden des IWP in den Stellungen der Fla-Raketenabteilungen. Alle Fla-Raketensysteme S75 WOLCHOW bis einschließlich Lieferjahr 1975 wurden dabei modernisiert.
Im Zuge der Modernisierung wurde die Betriebsart START IM SCHMALEN STRAHL eingeführt und die Zielsuche verbessert, um kleinere, schnell fliegende Ziele besser vernichten zu können. Die Vernichtungswahrscheinlichkeit von Zielen beim Zünden des Gefechtsteils auf das Kommando K3 von der RLS konnte erhöht werden. Auch der Störschutz des Raketenlenkkanals (vor aktiven Rausch- und Impulsstörungen) und die Wirksamkeit des Schießens auf Ziele, die in unmittelbarer Nähe des Treffpunktes ein Raketenausweichmanöver durchführten, wurden verbessert. Die Lebensdauer sowie die Zuverlässigkeit der Stationsapparaturen und Antennensysteme wurden verlängert. Gleichzeitig konnte die Zielzuweisung vom Automatisierten Führungssystem ASURK -1MÄ verbessert und der Gegner über den Startmoment und den Lenkprozess der Rakete getäuscht werden. Die neue Rakete W755SU konnte jetzt in allen FRR eingesetzt werden.

1985

Laut Befehl 106/83 des Stellvertreters des Ministers und Chef der LSK/LV wurden 1985 die Fla-Raketensysteme der FRR-13 und FRR-51 sowie der 41. FRBr im Instandsetzungswerk PINNOW einer weiteren Modernisierung unterzogen. Ziel der Arbeiten war die Schaffung der Möglichkeit, die Rakete W759 (5Ja23) einzusetzen. Dazu mussten ausgebildete Modernisierungsbrigaden die RLS, die EWZ-Sätze Nr.1, die TLF PR11B sowie die Kontroll- und Prüfstationen W157M der neuen Rakete anpassen. Eine der wichtigsten Neuerungen an der Sende- und Empfangskabine PW stellte die Ausrüstung mit der fernseh-optischen Visier- und Zielverfolgungsausrüstung KARAT-2 dar. Damit konnte die Bedienung bei optischer Sicht auf das Ziel die Raketen starten und ohne das demaskierende Abstrahlen von elektromagnetischer Energie auf das Ziel lenken. Die Fernsehkamera wurde auf der Sende- und Empfangskabine PW montiert und justiert. Um beim Schießen mit KARAT-2 die Beeinträchtigung der optischen Sicht durch Staubwolken beim Start der Raketen auszuschließen, hatte der Start von den Startrampen zu erfolgen, die auf der dem Wind abgewandten Seite der Sende-Empfangskabine PW standen. Zur Verhinderung des Zielverlusts durch Sonnenblenden musste weiterhin die Richtung zur Sonne berücksichtigt werden. Schließlich bestand die Möglichkeit, die FuMS P18 in Verbindung mit dem HM PRW13 direkt an die RLS anzuschließen.

Sende- und Empfangskabine PW mit fernseh-optischer Visier- und Zielverfolgungsausrüstung KARAT-2.

Automatisierte Führungssysteme

(Hier nur die für das Führen des FRS S75 WOLCHOW benötigte Technik.)

5X56 кабина сопряжения и связи =
5Ch56 Kabine der Kopplung und Kommunikation

Zeitpunkt	Einheit	AFS	Kopplungs-kabine	Richtfunk-GS
1972	43. FRBr	ASURK-1MÄ	4 x 5Ch56	4 x RT-415
1979	43. FRBr	VEKTOR-2WÄ	4 x 5F24Ä	4 x 5Ja62
1980	FRR-13	ASURK-1MÄ	4 x 5Ch56	4 x 5Ja61
1984	41. FRBr	SENESH-Ä	4 x 5F20Ä	4 x 6Ja62
1987	43. FRBr	SENESH-MÄ	4 x 5F20Ä	4 x 5Ja62

Die in den FRBr der LSK/LV eingesetzten FRS S75 WOLCHOW wurden ab 1972 mithilfe automatisierter Führungssysteme geführt. Im Einzelnen handelte es sich um das Automatisierte Führungssystem 5N74MÄ ASURK-1MÄ, das AFS 5N35Ä VEKTOR-2WÄ, das AFS 5S99Ä SENESH-Ä und das AFS 5S99MÄ SENESH-MÄ. Der Datenaustausch zwischen dem FRS und dem AFS erfolgte mithilfe der Kopplungskabinen 5Ch56, 5F20Ä oder 5F24Ä sowie den Richtfunk-GS UKW RT-415, 5Ja61, 5Ja62 und 5Ja63, die in der Nähe der Leitkabine UW aufgestellt wurden.

Richtfunk-Gerätesätze

5Я63 аппаратура радиорелейной связи Циклоида =
5Ja63 Funkrelais-Kommunikationsausrüstung ZYKLOIDE

Der **Richtfunk-GS UKW RT-415** wurde als Richtfunkstelle kleiner Kanalzahl zur Sicherstellung der Nachrichtenverbindungen mit hoher Übertragungsqualität im Kommando der LSK/LV eingesetzt. Der Gerätesatz ließ sich als Endstelle oder als Relaisstelle im Frequenzbereich von 280 bis 328 MHz verwenden. Die Sendeleistung betrug bis zu 8 W. Die Reichweite von 50 km ließ sich über Relaisstellen auf bis zu 500 km erweitern. Die beiden Dipolantennen waren auf zwei Antennenmasten montiert. Als Transportmittel dienten ein leichter Lkw LO-1800A mit Koffer und ein Einachs-Anhänger.

Der **Richtfunk-GS 5Ja63** war für die Sicherstellung von Richtfunkverbindungen zu den Automatisierten Führungssystemen 5N35Ä VEKTOR-2WÄ, 5S99Ä SENESH-Ä und 5S99MÄ SENESH-MÄ vorgesehen. Er gewährleistete Richtfunkverbindungen in drei Richtungen. Die Stromversorgung erfolgte im Wesentlichen über das öffentliche Stromnetz oder über die zum Gerätesatz gehörende Diesel-Elektrostation. In jeder Richtung konnten 24 Fernsprechkanäle, ein Dienstkanal und zwei Ringkanäle aufgebaut werden. Zur Sicherstellung der Verbindung zwischen den Richtfunk-GS 5Ja63 verfügten diese über drei Halbkomplexe der Richtfunkgeräte R-405M, untergebracht in einem Sattelauflieger OdAZ-828 und zwei Anhängern der Größenklasse 2-PN-6 mit Koffer Typ KUNG-P6M.

Mittel der Gefechtssicherstellung

Радиолокационная станция П12МА СУРА =
Radarlokalisierungsstation P12MA SURA
Радиолокационная станция П-8 ТЕРЕК =
Radarlokalisierungsstation P18 TEREK
Подвижный радиовысотомер – ПРВ13 НАДЕЖНОСТЬ =
Beweglicher Funkhöhenmesser – PRW13 ZUVERLÄSSIGKEIT

Im Fla-Raketensystem S75 WOLCHOW wurden 1963 FuMS P12 als AZM eingesetzt. Anfang der 1970er-Jahre kamen FuMS P12MA, HM PRW11 sowie FuMS P15 mit der Antennenanlage AMU15 zum Einsatz. Im Jahr 1986 stellten FuMS P18 und HM PRW13 die Luftraumaufklärung sicher.

Mittel der technischen Sicherstellung

Transporttechnik

Die **Transportanlage 5T52**[1] mit dem einachsigen Sattelauflieger MMZ778 und der Sattelzugmaschine ZIL-157W war für den Transport von zwei Containern mit jeweils der zweiten Stufe der Rakete W755 sowie den dazugehörigen Flügeln und Stabilisatoren bestimmt. Die Transportaufgaben bewerkstelligten sechs Lastzüge.

Ab 1969 wurde die nun als **Lastzug 5T52K1** bezeichnete Transportanlage eingesetzt. Der Lastzug 5T52K1 bestand aus der Sattelzugmaschine ZIL-157KW und dem einachsigen Sattelauflieger MMZ778G1 und war in der Lage, zwei in Containern verpackte zweite Stufen der Raketen W750 und W755 zu transportieren. Die Sattelzugmaschine verfügte über eine Seilwinde, einen Satteldämpfer und zusätzliche Begrenzungsleuchten. Der Lastzug ließ sich ohne weitere Umrüstung als Stückguttransporter für Lasten bis 4000 kg einsetzen. Die Länge / die Masse des Sattelaufliegers betrug 9435 mm / 3000 kg, der Lastzug 5T52K1 erreichte eine Länge von 13.040 mm. Bei einer Nutzlast von 4000 kg erreichte er Straßengeschwindigkeiten von bis zu 55 km/h.

Die Produktion des Sattelaufliegers MMZ778 wurde 1972 vom Maschinenbauwerk Mytischtschi in das Automobilmontagewerk Odessa (Одесский Автосборочный завод) verlegt, der Sattelauflieger wurde unter der Bezeichnung OdAZ778M (ОдА3778М) als Element des Lastzuges 5T52K1 für das Fla-Raketensystems S75M2 WOLCHOW gefertigt. Als Sattelzugmaschine kam das Spezial-Kfz ZIL-131W zum Einsatz.

Der Lastzug 5T52K1 mit in zwei Containern verpackten zweiten Stufen der Rakete W755 (linkes Bild) und der Lastzug 5T52MK1 mit dem Sattelaufliegers OdAZ-778M und Sattelzugmaschine ZIL-131W.

In den schriftlichen Unterlagen der NVA wurde nur noch die Bezeichnung Lastzug 5T52 oder Transportanlage 5T52 (SA) verwendet.

Der ab 1977 eingesetzte **Lastzug 5T52MK1** bestand aus der Sattelzugmaschine ZIL131W und dem Sattelauflieger OdAZ-778MÄ1. Im Unterschied zum SAL MMZ-778G1 war der Kuppelbolzen um 180 mm nach vorn versetzt und damit der Radstand um 180 mm auf 5780 mm verlängert. Zudem wurde der Rahmen des Sattelaufliegers OdAZ-778MÄ1 verstärkt. Die Anzahl der Lastzüge wurde bis 1986 auf 18 pro FRR erhöht, wobei jede FRA über vier Transportanlagen 5T52 verfügte und zwei als Reserve abgestellt wurden.

Das **Transportladefahrzeug PR11B**(1) transportierte die Raketen zur Feuerstellung und belud die Startrampe.

Das Transportladefahrzeug PR11BM mit der Sattelzugmaschine ZIL-131W und die Vorgängerversion, das Transportladefahrzeug PR11B mit der Sattelzugmaschine ZIL-157W.

Das Transportladefahrzeug bezog in der Startstellung die vorher mit Ladeblechen markierte Position, die Raketenwiege der Startrampe wurde mit dem Beladebalken des Transportladefahrzeuges verriegelt und die Rakete umgeladen. Auch mit angelegter Schutzbekleidung musste jeder Handgriff sitzen.

Ab 1986 wurden für das **Transportladefahrzeug PR11BM** die Sattelzugmaschinen ZIL-131W verwendet. In jedem FRR waren laut Strukturdokumenten 52 Transportladefahrzeuge PR11B (7 TLF je FRA und 24 TLF in der TA für die Versorgung des FRR) vorgesehen.

Krantechnik

Für die Kranarbeiten wurden fünf **Autokräne K61**[1] auf Spezial-Kfz MAZ-200 und drei **Hubstapler 4045**[1] eingesetzt.

Ein Autokran K61 auf Spezial-Kfz MAZ-200, eingesetzt für Verladearbeiten im FRS S75 WOLCHOW.

Den Autokran K61 löste sukzessive der **Autodrehkran 125** ab. Der allradgetriebene Autodrehkran 125 (ADK-125) war für den Materialumschlag sowie für Hilfeleistungen bei Bau- und Montagearbeiten vorgesehen.

Transport- und Tanktechnik für Brennstoff

АЦГ 5-375 – Автоцистерна горючего вместимостью 5,0 м³ на шасси автомобиля Урал-375 =

AZG 5-375 – Tankwagen für Brennstoff mit einem Fassungsvermögen von 5,0 m³ auf Fahrgestell URAL-375

5Л22А – самоходная насосно-дозирующая установка горючего =

5L22A – Selbstfahrende Pumpdosiereinheit für Kraftstoff

Das Be- und Enttanken der Raketen mit Brennstoff übernahmen zwei, ab 1971 fünf **Tankanlagen Brennstoff ZAK41A**[1] auf Spezial-Kfz ZIL-157, später abgelöst vom **Tankfahrzeug Brennstoff ZAK41W** auf Spezial-Kfz ZIL-131. Für den Transport des Brennstoffs wurde ein **Tankbehälter Brennstoff ZAK21ZTM**[1], bestehend aus einem Tank-Sattelauflieger und einer Sattelzugmaschine ZIL-157W, genutzt. Das Tankfahrzeug Brennstoff ZAK41W entsprach in seinem Aufbau, in der Wirkungsweise, in den taktisch-technischen Parametern und in der Verwendung dem Tankfahrzeug Brennstoff ZAK41A.

Das Tankfahrzeug Brennstoff ZAK41W (linkes Bild) und die Auftankanlage Brennstoff 5L22A.

Mit dem modernisierten FRS S75M WOLCHOW-70 führte die NVA sukzessiv neue Tanktechnik ein. Für die Betankungsvorgänge mit Brennstoff dienten fünf Auftankanlagen Brennstoff 5L22A auf Spezial-Kfz GAZ-66 und zwei Transportanlagen Brennstoff AZG 5-375, ab 1986 auch AZG 54320.

Bei der **Auftankanlage Brennstoff 5L22A** handelte es sich um eine mobile Pump- und Dosieranlage auf Fahrgestell des Spezial-Kfz GAZ-66. Die Anlage arbeitete nach dem Prinzip des Umpumpens von einem fremden Behälter in einen anderen in den Betriebsarten MIT MESSUNG und OHNE MESSUNG. Da die Anlage über keinen eigenen Lagerbehälter verfügte, wurde sie je nach durchzuführender Arbeit in Kombination mit der Transportanlage ZAK21ZTM, ZAK41W oder AZG 5-375 eingesetzt. Die Abgabe des Brennstoffs regulierte ein Drosselventil an der Druckseite der Anlage. Beim Umpumpen MIT MESSUNG wurde die Fördermenge an dem im Zählwerk eingebauten Mengenmessgerät kontrolliert. Die Förderleistung beim Umpumpen MIT MESSUNG betrug bis zu 200 l/min, beim Umpumpen OHNE MESSUNG mindestens 300 l/min.

Zum Transport und zur Lagerung des Brennstoffes diente die **Transportanlage Brennstoff AZG 5375** auf Spezial-Kfz URAL-375E. Der Edelstahlbehälter wies ein Nutzvolumen von 5000 l bei einer zulässigen Nutzmasse von 4000 kg auf. Für den Transport des Behälters musste der Rahmen des Basisfahrzeugs um 350 mm verlängert werden. Eine Kreiselpumpe mit 2700 U/min förderte 27 m³/h. Die hohe Drehzahl erreichte sie durch ein zusätzliches, am Verteilergetriebe angeflanschtes Übersetzungsgetriebe.

Die Transportanlage Brennstoff AZG 5-375 (linkes Bild) und die Transportanlage Brennstoff AZG 5-4320.

Die Einführung erfolgte ab 1971.

Ab 1988 sollte die Zuführung der **Transportanlage Brennstoff AZG 5-4320** mit insgesamt 14 Fahrzeugen beginnen, von denen 1989 fünf geliefert wurden. Diese Transportanlagen nutzten den URAL-4320 als Basisfahrzeug. Auch diese Anlage hatte ein Fassungsvermögen von 5 m³.

Transport- und Tanktechnik für Oxidator

АКЦ 4-255В – Автомобильная кислотная цистерна вместимостью 4,0 м³ на шасси автомобиля КрАЗ-255В = AKZ 4-255W – Kraftfahrzeug mit Säurezisterne Fassungsvermögen 4,0 m³ auf Fahrgestell KrAZ-255W

5Л62А – самоходная насосно-дозирующая установка окислителя =

5L62A – Selbstfahrende Pumpdosiereinheit für Oxidator

Zwei **Tankfahrzeuge Oxidator ZAK32M**(1) dienten zum Transport, zur Zwischenlagerung und zum Betanken der Raketen. Zwei **Tankbehälter Transportanlage Oxidator ZAK21ZM**(1) transportierten den Oxidator. Sie wurden ab 1971 durch fünf **Auftankanlagen Oxidator 5L62A** auf Spezial-Kfz GAZ-66 und acht **Transportanlagen Oxidator AKZ 4-214** schrittweise ersetzt.

Mit der **Auftankanlage Oxidator 5L62A** wurden die Raketen W755, W750W und W759, die Feldtankanlage 5L15 und die Behälter der Transportladefahrzeuge PR11A und PR11B mit einer vorgegebenen Menge von Oxidator betankt. Da die Anlage über keinen eigenen Lagerbehälter verfügte, wurde sie je nach Aufgabe in Kombination mit den Transportanlagen Oxidator ZAK21ZM oder AKZ 4-255W, einem stationären Lagerbehälter oder einem Eisenbahn-Kesselwagen eingesetzt. Die Anlage arbeitete nach dem Prinzip des Umpumpens von einem fremden Behälter in einen anderen in den Betriebsarten MIT MESSUNG und OHNE MESSUNG des Oxidators. Die Hauptteile und Baugruppen befanden sich im Kofferaufbau auf einem Spezial-Kfz GAZ-66. Die Kabine im Koffer ermöglichte einen guten Überblick während des Betankungsvorganges und verfügte über eine Heizungs- und Ventilationsanlage. Der konstruktive Aufbau der Anlage umfasste drei Funktionssysteme, das Flüssigkeits-, das Druckluft- und das elektrische System.

Auftankanlage Oxidator 5L62A.

Als Basis für die **Transportanlagen Oxidator AKZ 4-214** diente der schwere Lkw KrAZ-214. Dazu musste das Fahrgestell des Standardfahrzeugs modifiziert und verlängert werden. Das zulässige Behältervolumen betrug 4250 l. Die zulässige Masse der zu transportierenden Flüssigkeit konnte bis zu 6800 kg betragen. Ab 1971 erhielten die FRR die modifizierte Transportanlage Oxidator AKZ 4-255W.

Die Transportanlage Oxidator AKZ 4-214 (linkes Bild) und die Transportanlage Oxidator AKZ 4-255W.

Sechs **Transportanlagen Oxidator AKZ 4-255W** dienten dem Transport und der zeitweiligen Lagerung (bis zu drei Monaten) von Oxidator. Die tanktechnische Ausrüstung der Transportanlage baute auf dem Fahrgestell des Spezial-Kfz KrAZ-255B1 auf. Das zulässige Fassungsvermögen des Tanks betrug 4250 l. Das Gewicht der zu transportierenden Flüssigkeit konnte bis zu 6800 kg betragen. Der IST-Bestand der NVA am 01.01.1990 betrug 136 Transportanlagen Oxidator AKZ 4-255W, 77 waren als Mob-Reserve eingelagert.

Feldtankanlagen

Die **Feldtankanlage 5L15**(1) wurde zwischen 1965 und 1967 für die feldmäßige Betankung von jeweils sechs Raketen W755 mit den Raketentreibstoffkomponenten Oxidator und Brennstoff eingesetzt. Da die Rakete W755 keinen Startbrennstoff benötigte, bestand die Feldtankanlage nur noch aus den Behältern für Oxidator und Brennstoff.

Wasch- und Neutralisationstechnik

Zwei **Neutralisationsanlagen 8T311**(1) auf Spezial-Kfz ZIL-157KE dienten der Reinigung der Oxidatorbehälter und -rohrleitungen der Raketen. Ab 1971 begann die Zuführung des **Wasch- und Neutralisationsfahrzeugs 8T311M** an die FRR der LSK/LV, an die Raketentreibstoffbasen und an die Beweglichen Fla-Raketentechnische Basen der LaSK. Das Wasch- und Neutralisationsfahrzeug 8T311M wies die gleichen taktisch-technischen Daten und den gleichen Verwendungszweck wie das Vorgängermodell 8T311 auf. Neu war das Basisfahrzeug, der mittlere Lkw ZIL-131, mit den Abmessungen (L x B x H) 6900 x 2500 x 2680 mm bei einer Masse unbeladen/beladen von 7630 / 10.150 kg.

Das Wasch- und Neutralisationsfahrzeug 8T311M nutzte den mittleren Lkw ZIL-131 als Basis.

Erzeuger und Transporttechnik für Druckluft

Die Erzeugung der für das Fla-Raketensystem benötigten Druckluft stellten zwei **Kompressorstationen SM14K** auf einem Spezial-Kfz ZIL-157 sicher, transportiert durch drei Lufttankanhänger MS10(1) auf einem 3-t Spezialanhänger. Sie wurden durch vier **Kompressorstationen UKS400W**(1) und sechs Lufttankanlagen 5L94 abgelöst. Mit der Verfügbarkeit des Basisfahrzeuges ZIL-131 kam die Kompressorstation UKS400W-131 zur Truppe.

Die **Kompressorstation UKS400W-131**, Basisfahrzeug Lkw ZIL-131, wies die gleichen taktisch-technischen Parameter wie die Vorgängeranlage UKS400W auf. Die Abmessungen (L x B x H) betrugen 6900 x 2392 x 2475 mm bei einer Masse von 10.250 kg.

Die **Lufttankanlage 5L94** (LTA) diente der Speicherung, dem Transport sowie der Abgabe von Druckluft unterschiedlicher Druckhöhen an verschiedene Verbraucher. Die LTA konnte u. a. die eigenen Druckgefäße von einer oder zwei Kompressorstationen befüllen oder Druckluft von einer Kompressorstation direkt an die Verbraucher abgeben. Als Zugmittel diente der mittlere Lkw URAL-375D. Die Lufttankanlage 5L94 gab Druckluft mit einem Druck von 400, 150 und 5 kg/cm² über je einen Abgabestutzen ab. Zusätzlich konnten zwei weitere Abgabestutzen Drücke im Bereich von 1 bis 30 kg/cm² zur Verfügung stellen. Die Lufttankanlage 5L94 ließ sich zusätzlich mit Stickstoff für den Betrieb von Konservierungsanlagen befüllen.

Die Anzahl der **Luftfeuchtigkeitsmesser 8Sch31**[1] wurde im FRR von ursprünglich zwei auf sieben Stück erhöht.

Die Kompressorstation UKS400W-131 in Marschlage (linkes Bild) und die Lufttankanlage 5L94.

Kontroll- und Prüfstation

5M68 – передвижная контрольная установка ЗУР 5Я23 =
5M68 – mobile Steuereinheit Fla-Rakete 5Ja23

Zwei **Kontroll- und Prüfstationen KPS-157M** dienten zur Einzel- und Gesamtkontrolle aller Bordgeräte der Rakete W755. Hierzu wurde die Rakete auf dem Transportwagen 117E längs neben der KPS aufgestellt und über verschiedene Kabelsätze und Druckluftschläuche mit den Kontrollgeräten verbunden. Die Basis der Station bildete der mittlere Lkw ZIL-157 mit Koffer KUNG1. Ihre Anzahl wurde ab 1986 auf drei erhöht.

Kontroll- und Prüfstation KPS-157M in Marschlage.

Ab 1986, mit der Einführung der Rakete W579 (5Ja23), wurde für die technische Überprüfung die **Kontroll- und Prüfstation 5M68** auf Basis des Spezial-Pkw UAZ-452AÄ in Kombination mit der **Kontroll- und Prüfstation KIPS-W75M** auf Basis des Spezial-Kfz ZIL-131 mit Koffer eingesetzt. Im FRR wurden jeweils zwei Fahrzeuge benötigt.

Werkstätten

Zwei **Funkmess-Werkstätten KRAS-1R** dienten der Wartung und Instandsetzung sowie für Reparaturen an den Funkmess-Stationen P12. Eine **Funkmess-Werkstatt KRAS-1M** übernahm die Instandsetzung und Überprüfung der Funkmessanlage der Raketenleitstation. Die Basisfahrzeuge ZIL-157 wurden ab den 1970er-Jahren von Spezial-Kfz ZIL-131 abgelöst.

Weiterhin gehörten eine **Raketen-Reparaturwerkstatt TRMB-60** und eine **Reparatur- und Ladestation PRSS-58**, beide auf Spezial-Kfz ZIL-157 mit Koffer, zum Bestand. Beide Werkstätten blieben bis 1975 in Verwendung und wurden ein Jahr später ausgesondert.

Für die Instandsetzung der FuMS P12MA, P12NP und P18 sowie der HM PRW13 sorgten zwei **Funkmess-Werkstätten MRTS** auf Spezial-Kfz ZIL-131 mit Koffer K131 und fahrbarem Elektroaggregat ESD-20WL/230Tsch/400-M2. Die Werkstatt ermöglichte die Fehlersuche und -beseitigung, die Funktionsprüfung in den verschiedenen Betriebsarten, das Messen der Normwerte sowie das Abstimmen der unterschiedlichen Systeme und Blöcke. Ferner konnten Schlosser- und Montagearbeiten in geringem Umfang ausgeführt werden.

Die Funkmess-Werkstatt MRTS verwendete als Basis das Spezial-Kfz ZIL-131 mit Koffer K131 (linkes Bild). Das Diesel-Elektroaggregat ESD-20-WL/230-Tsch/400-M2 war auf dem Fahrgestell SMZ-710W aufgebaut.

Das **Diesel-Elektroaggregat ESD-20-WL/230-Tsch/400-M2** für die Stromversorgung von Verbrauchern mit Dreiphasen-Wechselspannung 230 V / 400 Hz erbrachte eine Leistung von 20 kW.

Eine **Funkmess-Werkstatt MRM** auf Spezial-Kfz ZIL-131 mit Koffer und eine **Kontroll- und Reparaturstation KRS** auf Spezial-Pkw GAZ-69 erweiterten das Spektrum an Reparaturarbeiten. Ein auf zwei Anhängern transportiertes Reparaturzelt stellte die Instandsetzungsarbeiten an der Fla-Raketentechnik sicher.

Mittel der Energieversorgung

5E65 – передвижная дизель-электростанция ЭСД-40 =
5E65 – mobiles Dieselkraftwerk ESD-40

Die Stromversorgung für die in der Technischen Abteilung eingesetzten Mittel bildete ein separates, in sich geschlossenes System. Für die Energieerzeugung sorgten zwei **Diesel-Elektrostationen ESD-40WS/230**. Die Verteilung der elektrischen Energie an die Verbraucher sicherten zwei **Verteileranlagen TD-N2W** ab. Ein mittlerer Lkw URAL-375D

Die Diesel-Elektrostation 5E65 (linkes Bild) und der Anhänger zum Transport des EWZ-Satz 2.

fungierte als Zugmittel für eine Diesel-Elektrostation mit einer Verteileranlage.

Eine **Diesel-Elektrostation 5E65** (eine modernisierte Version des Vorgängermodells ESD-40WS/230) wurde ab Anfang der 1970er-Jahre zur Versorgung der TA mit Drehstrom 230 V, 50 Hz eingesetzt. Zu diesem Zweck waren in der Station zwei Diesel-Elektroaggregate untergebracht. Das Aggregat AD-30-T/230 erbrachte eine Leistung von 30 kW, das Aggregat AD-10-T/230 von 10 kW. Die beiden Aggregate waren so im Koffer angeordnet, dass sich der Kühler des Aggregates AD-30-T/230-MG an der Stirnwand, der des Aggregates AD-10-T/230-M an der Rückwand befanden. Als Zugmittel diente der schwere Lkw KrAZ-214.

Den für die Energieverteilung notwendigen Kabelsatz transportierte die **Verteileranlage TD-N2W1**. Zur Verteileranlage gehörten weiterhin Verteilerkästen, Speiseblöcke und Vorwärmblöcke. Die Kabeltrommeln wurden in Kabelgestellen auf der Ladefläche des Zugmittels URAL-375D befördert.

Allgemeine Sicherstellungsmittel

Der **EWZ-Satz 2** (Regiments-EWZ) diente der Ergänzung des EWZ-Satzes 1 und der Sicherstellung aller planmäßigen Instandsetzungsarbeiten. Der EWZ-Satz 2 enthielt neben den Elementen des EWZ-Satzes 1 u. a. zusätzliche Automaten, Messgeräte und sonstige für Kontrollarbeiten erforderlichen Werkzeuge.

Als wesentliche Elemente der Montageausrüstung für Raketen dienten verschiedene Hebebalken, Hebevorrichtungen, Montage- und Transportwagen sowie das Neutralisationsgestell 320E. Der **Montagewagen 115E**[1] war für die Montage, die Wartung und den Transport der Rakete im technologischen Ablauf zuständig. Der Transport des Wagens im technologischen Ablauf erfolgte mit einem Spezial-Pkw GAZ-69 oder von Hand mit sechs Personen. Der **Transportwagen 117E**[1] beförderte das Gefechtsteil oder vier Flügel und vier Stabilisatoren der Rakete im technologischen Ablauf bei der Montage und Bestückung der Rakete. Der Wagen wurde mit einem Spezial-Pkw GAZ-69 oder von Hand durch zwei Personen gezogen.

Zwei **Luftvorwärmer 8G27U**[1] dienten der Erwärmung von Luft und deren Weiterleitung an das Reparaturzelt.

Ein **tragbares chemisches Labor PL4MA** wurde zur Überprüfung der Treibstoffkomponenten der Raketen unter feldmäßigen Bedingungen eingesetzt.

Zum Transport dieser Ausrüstung dienten spezielle Lkw vom Typ ZIL-157 mit Pritsche/Plane.

Verbleib

Die Analyse der Altersstruktur ausgewählter Hauptarten der Kampftechnik, Bewaffnung und Ausrüstung vom November 1989 stellte fest: *„Im Ergebnis der geplanten Befundung wird erwartet, dass die Nutzungsdauer für die Fla-Raketenkomplexe WOLCHOW auf 30 Jahre erhöht wird. Bis 1993 ist die Ausrüstung mit der Funkmess-Kennungsanlage PAROL geplant.*" Da die Einführung des Fla-Raketensystems S75 WOLCHOW ab 1964 erfolgte, hätte die Aussonderung der ersten acht Komplexe ab 1994 erfolgen müssen.

Die Meldung über die Sicherstellung der NVA mit Raketen und Munition vom 1. Januar 1990 gab den Gesamtbestand an Startrampen SM90 mit 150 Stück (entspricht 25 FRK) an. Nicht berücksichtigt wurden die in den Ausbildungseinheiten vorhandenen Startrampen. Der Kampfsatz pro Waffe wurde mit zwei Raketen, der Bedarf an Kampfsätzen mit sechs angegeben. Daraus ergab sich ein Gesamtbedarf von 1800 Raketen. Der tatsächliche Munitionsbestand für die Fla-Raketensysteme S75 WOLCHOW in der NVA betrug 5,82 Kampfsätze pro Startrampe. Damit verfügte die LSK/LV über 1745 Raketen, was einem Grad der Sicherstellung von ca. 97 % entsprach.

Die Bundeswehr übernahm die gesamte Technik der FRS S75 WOLCHOW und stufte sie in die Kategorie III (Abgabe zur Verwertung) ein.

Angehörige der Bundeswehr beim Entladen einer Startrampe SM90.

Angehörige der Bundeswehr bereiten die Demilitarisierung der zweiten Stufe der Rakete W755 vor. Hinter dem ADK-125 eine Transportanlage 5T52 mit verpackten ersten Stufen (rechtes Bild).

Rakete W601P des Fla-Raketensystems S125 NEWA

Der Beschreibung der Rakete W601P liegen hauptsächlich der STAN der 43. Fla-Raketenbrigade von 1971 und der STAN der 41. Fla-Raketenbrigade von 1986 zugrunde.

Der Luftverteidigung der NVA fehlte es Anfang der 1960er-Jahre an wirksamen Mitteln zur Bekämpfung von Luftzielen in niedrigen und extrem niedrigen Höhen. Die Zeiten für die Herstellung der Marsch- und Gefechtsbereitschaft sowie das Fehlen von Wechselfeuerstellungen für die Manövrierfähigkeit der neu eingeführten Fla-Raketensysteme ließen ein Manöver mit Feuer kaum zu. Durch die Modernisierung der Fla-Raketensysteme SA75M DWINA-M und S75 WOLCHOW ließ sich die untere Grenze der Vernichtungszone beim FRS SA75M DWINA-M auf 300 m und beim FRS S75 WOLCHOW auf 100 m verringern und die Zielgeschwindigkeit bis auf 3600 km/h (1000 m/s) erhöhen. Tieffliegende Ziele mit Flughöhen unter 100 m konnten mit Raketen nicht bekämpft werden. Die zur Verfügung stehenden 23-, 57- und 100-mm Flugabwehrkanonen waren zu langsam, zu ungenau und konnten den Luftgegner zwar abwehren, aber kaum vernichten.

Im Herbst 1955 begannen in der Sowjetunion die Arbeiten am ersten Fla-Raketensystem für die Bekämpfung von Luftzielen in geringen Höhen. Die Aufgabe war, Ziele zu zerstören, die in einer Höhe von 100 m bis 5 km flogen und in einer Höhe von 6 km bis 12 km mit Geschwindigkeiten von bis zu 1500 km/h (420 m/s) operierten. Alle Komponenten des FRS und die damit verbundenen technischen Mittel, die Mittel zur Aufklärung und Zielzuweisung, die Kontroll- und Prüfgeräte sowie die Nachrichtenelemente sollten eine hohe Mobilität aufweisen. Zu diesem Zweck wurden alle Elemente des FRS entweder auf der Basis von mittleren oder schweren Lkw oder auf Sattelaufliegern oder Anhängern untergebracht. Der Transport war auf der Straße, im Gelände sowie auf der Schiene, auf dem Luft- oder auf dem Seeweg möglich. Aufgrund der geringen Reichweite der Raketen und der daraus resultierenden kurzen Flugzeit der gegnerischen Flugzeuge zur Raketenleitstation wurde das automatisierte Startgerät APP-125 entwickelt. Es ermittelte die Schrägentfernung zum Treffpunkt der Rakete mit dem Ziel, die Entfernung zur nahen und zur fernen Grenze der Vernichtungszone sowie die Kursparameter, die Geschwindigkeit und die Höhe des Ziels.

Um die Arbeiten am neuen FRS geringer Reichweite zu beschleunigen und die Kosten zu senken, wurden die Erfahrungen aus der Entwicklung des FRS S75 WOLCHOW weitgehend genutzt. Die ursprünglich parallel zum FRS S125 NEWA für das schiffsgestützte FRS M-1 WOLNA entwickelte Rakete W600 spielte eine wichtige Rolle beim Abschluss der Arbeiten und bei der Indienststellung des FRS S125 NEWA. Da die Erprobung der speziell für das FRS S125 NEWA entwickelten Rakete W625 erfolglos verlief, wurde beschlossen, die Rakete W600 für das bodengestützte Luftverteidigungssystem zu modifizieren. Nach erfolgreicher Erprobung wurde diese Rakete unter der Bezeichnung W600P (5W24) in das FRS S125 NEWA übernommen. Für den bodengebundenen Einsatz der Rakete 5W24 mussten die taktischen und technischen Möglichkeiten verändert werden, was in der neuen Rakete 5W27 gipfelte. 1961 führte die Sowjetarmee das Fla-Raketensystem unter der Bezeichnung S125 NEWA ein.

Das Fla-Raketensystem S125 NEWA stellte weder technisch (hinsichtlich seines elektronischen Aufbaus) noch taktisch (hinsichtlich seiner Entfernungs- und Höhenreichweite) eine Weiterentwicklung oder die nächsthöhere Entwicklungsstufe der FRS S75 WOLCHOW und SA75M DWINA-M dar. Hingegen handelte es sich beim FRS S125 NEWA um eine folgerichtige Entwicklung zum Bekämpfen tieffliegender Luftziele, das über verschiedene technische Verbesserungen verfügte (z. B. Zweistufen-Feststoffrakete, Möglichkeit des Einsatzes ab 100 m Höhe, geringe Anzahl des Bedienungspersonals und hohe Manövrierfähigkeit). Das Fla-Raketensystem S125 NEWA war nicht dafür bestimmt, die FRS S75 WOLCHOW und SA75M DWINA-M abzulösen und zu ersetzen. Es sollte vielmehr als zusätzliches Waffensystem in den vorhandenen Gruppierungen der Fla-Raketentruppen dienen, um die Effektivität des Luftverteidigungssystems in verschiedenen Richtungen zu erhöhen. Wegen seiner höheren Manövrierfähigkeit, der geringeren Ausmaße und vor allem aufgrund der kleineren, unkomplizierten Zweistufen-Feststoffrakete eignete es sich für die Bewaffnung der Truppenluftabwehr weit besser als die Fla-Raketensysteme S75 WOLCHOW oder SA75M DWINA-M.

Da die Truppenluftabwehr der Landstreitkräfte der NVA ähnliche Schwierigkeiten bei der Bekämpfung tief fliegender Luftgegner hatte wie die LSK/LV, entschloss sich die Abteilung TLA der LaSK im August 1967, die Beschaffung des Fla-Raketensystems S125 NEWA zu beantragen. Im Antrag hieß es: *Der Komplex S125 ist bestimmt zur Vernichtung von Flugzeugen, Flügelgeschossen und anderen Luftzielen, die in Höhen von 100 m bis 18 km und mit einer Geschwindigkeit bis 2500 km/h fliegen. Der Komplex kann gleichzeitig ein Ziel mit einer bzw. zwei Raketen bekämpfen. Die Vernichtungswahrscheinlichkeit beim Schießen mit zwei Raketen auf einen Luftgegner ohne Anwendung von Funkmeßstörungen liegt bei 98 %. Bei Anwendung aktiver Funkmeßstörungen durch den Luftgegner beträgt die Wahrscheinlichkeit der Vernichtung 70 %. Die Auffassungsentfernung auf Flugzeuge vom Typ MiG-17 bei einer Flughöhe von 1 km liegt zwischen 40 und 50 km. Die Entfernung der automatischen Zielbegleitung beträgt 37 km. Als Lenkmethoden werden die Dreipunkt-Methode und die Methode der halben Flugbahnbegradigung eingesetzt. Die Herstellung der Feuerbereitschaft beträgt 2 h und 15 min, für den Stellungswechsel werden 1 h und 30 min benötigt. Der Komplex besitzt einen Schutz vor passiven und aktiven Funkmess-Störungen. Der Schießzyklus beträgt 60 s. Der Kampfsatz einer Fla-Raketenabteilung umfasst acht Raketen für vier Startrampen.*

Im Dezember 1968 wurde in Auswertung mehrerer Konsultationen mit der UdSSR zum Thema *„Einführung des FRS S125 NEWA für die TLA“* folgende Beurteilung getroffen: *Bei den Raketen für die Truppenluftabwehr wird der Fla-Raketenkomplex „Newa“, der für die Luftverteidigung des Landes bestimmt ist, vorgestellt. Dieser Komplex* *entspricht trotz konstruktiver Veränderungen nicht den Forderungen. Um die für den Perspektivzeitraum 1971-75 vorgesehene Ausstattung der Truppenluftabwehr mit Raketen durchzuführen, ist es erforderlich, die Möglichkeiten der Lieferung von speziell für die Truppenluftabwehr konstruierten Fla-Raketenkomplexe zu überprüfen.*

Das Protokoll über die Bereitstellung von Truppen der NVA für die Vereinten Streitkräfte des Warschauer Vertrages vom Juli 1970 legte fest, dass bis 1975 eine Fla-Raketenbrigade (FRBr) aufzustellen sei. Diese FRBr sollte ein Fla-Raketensystem S75 WOLCHOW, ein Fla-Raketensystem S125 NEWA sowie das Automatisierte Führungssystem 5N74MÄ ASURK-1MÄ erhalten.

Im Mittelpunkt der Überlegungen stand das Fla-Raketenregiment 18, das im Bestand der 3. LVD in Küstenrichtung im Abschnitt STRALSUND – ROSTOCK – WISMAR operierte. Das FRR-18 wurde 1965 auf das Fla-Raketensystem S75 WOLCHOW umgerüstet und verfügte über vier Fla-Raketenabteilungen und eine Technische Abteilung. Entsprechend den Gefechtsmöglichkeiten und der Größe der Vernichtungszonen wurde ein Abstand von 30 bis 35 km zwischen den Fla-Raketenabteilungen gewählt. Die Dislozierung des FRR ermöglichte die Bekämpfung der Luftziele bereits im Anflug über See und die Bekämpfung von funkmess-sichtbaren und funkmess-nichtsichtbaren Seezielen.

Die Formierung der 43. FRBr begann mit dem Befehl 153/71 des MfNV im Ausbildungsjahr 1971/72. Im selben Zeitraum importierte die DDR die ersten beiden Fla-Raketenkomplexe mit insgesamt acht Startrampen 5P71 des Fla-Raketensystems S125 NEWA.

1973 wurde die Ausrüstung für zwei weitere Fla-Raketenkomplexe mit dem bereits modernisierten FRS S125M NEWA-M (Startrampe 5P73) geliefert. In den Jahren 1979 und 1983 rüstete die 43. FRBr komplett auf das modernisierte FRS S125M NEWA-M um. Die frei werdende Technik des FRS S125 NEWA diente als Austauschreserve bzw. als Ausbildungstechnik.

1985 erhielt die Luftverteidigung der NVA ein weiter modernisiertes Fla-Raketensystem S125M NEWA-M1A mit 16 Startrampen 5P73 für die Aufstellung der 41. Fla-Raketenbrigade.

Fla-Raketensystem

С-125 НЕВА Зенитный ракетный комплекс = S125 NEWA Flugabwehr-Raketenkomplex

Das Fla-Raketensystem S125 NEWA bestand aus vier Fla-Raketenabteilungen mit je einem Stab, einer Funktechnischen Kompanie, einer Startbatterie und den Einheiten der Rückwärtigen Dienste.

Der Fla-Raketenkomplex setzte sich aus der Raketenleitstation SNR125 und vier Startrampen 5P71 mit jeweils zwei Raketen zusammen. Die Stromversorgungsanlage mit zwei Umformer- und Verteilerkabinen 5E83 (UNS) und den beiden Diesel-Elektrostationen 5E93 (UND) versorgte den Komplex mit der notwendigen elektrischen Energie. Eine Werkstattkabine PRM führte planmäßige Instandsetzungsarbeiten im Fla-Raketenkomplex durch.

Die wesentliche Neuerung des FRS S125M NEWA-M bildete die Startrampe 5P73 für vier Raketen.

Das FRS S125M1A, 1985 eingeführt, zeichnete sich durch eine erhöhte Störfestigkeit und eine gesteigerte Effektivität beim Schießen auf manövrierende Ziele aus. Mit dem FRS bestand die Möglichkeit, Ziele im Einholeverfahren zu bekämpfen. Die Apparatur GSchN ermöglichte die Unterdrückung winkelwegführender Störungen. Zusätzlich war der direkte Anschluss der FuMS P18 und P19 möglich.

Fla-Raketensystem S125M NEWA-M in Gefechtslage. Im Zentrum befand sich die Raketenleitstation mit der Antennenanlage, der Leitkabine UNK und den Mitteln der Energieerzeugung. Im Abstand von 70 bis 90 m waren die vier Startrampen 5P73 angeordnet.

	System	Komplex	Startrampen	Raketen
1972	0,5	2	8 5P71	34
1973	0,5	2	8 5P73	36
1974				68
1975				68
1976				80
1979	0,25	1	4 5P73	50
1980				84
1983	0,25	1	4 5P73	80
1985	1	4	16 5P73	198
1988				70
1989				100
Gesamt	**2,5**	**10**	**40**	**868**

Rakete

5В27 – зенитная управляемая ракета В-601П для ЗРК С-125 = 5W27 – Flugabwehrrakete W-601P für den FRK S-125
5В27У – зенитная управляемая ракета В-601ПУ (с ускоренной подготовкой) для ЗРК С-125М = 5W27U – Flugabwehrrakete W-601PU (mit beschleunigter Vorbereitung) für den FRK S-125M
5В27Д –зенитная управляемая ракета В-601ПД (для стрельбы вдогон) для ЗРК С-125М1 = 5W27D – Flugabwehrrakete W-601PD (zur Aufholjagd) für den FRK S-125M1

Für den Einsatz im Fla-Raketensystem S125 NEWA wurde die **Rakete W601P** (5W27) entwickelt und gebaut. Ab 1975 erhielt die NVA die weiterentwickelte **Rakete W601PU** (5W27U).

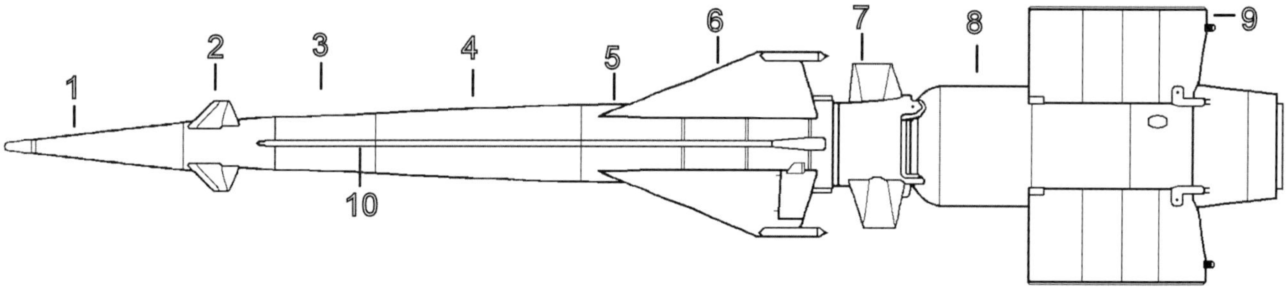

Aufbau der Rakete W601P.
1 - 1. Zelle mit Funkzünder und Sendeantenne
2 - 2. Zelle mit Rudermaschine und Rudern
3 - 3. Zelle mit Gefechtsteil
4 - 4. Zelle mit Autopilot, Apparatur FL/FO, Druckluftsystem
5 - 5. Zelle mit Feststoff-Marschtriebwerk
6 - Flügel mit Antennen der Apparatur FL/FO
7 - Übergangskonus mit zwei aerodynamischen Flächen (Bremsflächen)
8 - Feststoff-Starttriebwerk
9 - vier Stabilisatoren in Transportstellung
10 - Empfangsantenne des Funkzünders

Die nach dem aerodynamischen Prinzip ENTE konstruierte Rakete unterteilte sich in zwei Stufen; beide mit je einem Feststoff-Triebwerk ausgestattet. Die erste Stufe der Rakete bestand aus dem Startbeschleuniger mit dem Feststoff-Starttriebwerk. Das FSTW war mit 14 zylindrischen Einkanal-Pulverblöcken (134 mm Durchmesser, 1180 mm Länge) geladen. Die Gesamtmasse der Pulverladung betrug 280 bis 281 kg, was für eine Betriebszeit von 5 Sekunden ausreichte. In Abhängigkeit von der Temperatur der Pulverladung ließ sich der Düsenquerschnitt mithilfe eines Kegels in der Düse einstellen der sich zur Regulierung auf einer Führungsstange vor- oder zurückbewegte. Am Gehäuse des Startbeschleunigers waren vier klappbare, x-förmig angeordnete Stabilisatoren angebracht. Jeder der vier rechteckigen Stabilisatoren war über ein Scharnier mit dem hinteren Teil des Startbeschleunigers verbunden. In der Transportstellung lag die Längsseite des Stabilisators an der Außenseite des Startbeschleunigers an. Nach Verlassen der Startrampe wurde die Halterung zur Befestigung der Stabilisatoren durchtrennt. Unter der Wirkung der Trägheitskräfte drehten sich die Stabilisatoren um mehr als 90° und berührten mit ihrer kurzen Seite die Außenfläche des konischen Heckteils der ersten Stufe. Das Abbremsen der Stabilisatoren vor dem Auftreffen auf die Oberfläche des Heckteils erfolgte durch vier Bremskolben und vier am Stabilisator befestigte Knautschbolzen, wodurch eine hohe Stabilität bis zur Trennung von der zweiten Stufe erreicht wurde.

Museums Peenemünde 2004. Am Startbeschleuniger (linke Seite) befinden sich die beiden oberen Stabilisatoren in Gefechts-, die beiden unteren in Transportstellung. Im Hintergrund die Rakete 3M9M des Fla-Raketensystems 2K12 KUB.

Die zweite Stufe setzte sich aus dem in 1. bis 5. Zelle unterteilten Raketenkörper zusammen. An der Außenseite der zweiten Stufe saßen vier Ruder, vier Flügel und zwei Bremsflächen. Der Raketenkörper diente der Aufnahme aller Bordsysteme und bildete die aerodynamische Form.
Die 1. Zelle verfügte über eine für HF-Impulse durchlässigen Haube. Sie nahm den Funkzünder und seine Sendeantennen auf. In der 2. Zelle befanden sich der Sicherungs- und Ausführungsmechanismus sowie der Ruder- und Quersteuerungsmechanismus, das Lenkorgan der Rakete. Zwei pneumatisch betriebene Rudermaschinen steuerten die paarweise angeordneten Ruder. Die 3. Zelle nahm den Gefechtsteil auf. Das Fluglenksystem mit dem Autopiloten, die Apparatur der Funkortung und -lenkung, die Empfangsantenne für den Funkzünder und das Druckluftsystem bildeten die 4. Zelle. In der 5. Zelle befand sich das Feststoff-Marschtriebwerk mit der Düse. Die am Feststoff-Marschtriebwerk befestigten Flügel dienten gleichzeitig als Träger für die vier Antennen der Apparatur der Funkortung und -lenkung. Die erste und die zweite Stufe verband ein Übergangskonus. Zwei aerodynamische Flächen am Übergangskonus versetzten die erste Stufe nach der Abtrennung in eine starke Rotation, sodass die Abbremsung zu einem Absturz in relativ kurzer Entfernung von der Startrampe führte.
Beim Start der Rakete war die erste Stufe fünf Sekunden lang in Betrieb und entwickelte einen Schub von 294 kN. Die zweite Stufe erzeugte für ca. 22 Sekunden einen Schub von 29 kN. Wurde das Ziel verfehlt, erfolgte nach 49 s die Selbstzerstörung der Rakete.

Die Steuerung des Fluges der Rakete und die Zielerfassung erfolgten über Funkbefehle, die von der Raketenleitstation am Boden empfangen wurden. Die Detonation des Gefechtsteils löste ein Befehl des Funkzünders bei Annäherung an das Ziel in der erforderlichen Entfernung aus.
Zur Zielbekämpfung diente der hochexplosive Splitter-Gefechtskopf 5W18 mit einer Gesamtmasse von 72 kg. Bei der Explosion entstanden ca. 4500 Splitter mit einer Masse von je ca. 4,7 g, die das Ziel in einem Radius von 12,5 m bekämpften. Die Wahrscheinlichkeit, das Ziel mit zwei Raketen erfolgreich zu bekämpfen, lag bei 80 bis 90 %, mit einer Rakete bei 49 bis 88 %.
Die Anzahl der Raketen in der Fla-Raketenabteilung bestimmte die Kampfsatzanordnung mit 16 Raketen. Unabhängig vom Startrampentyp waren vier Raketen pro Startrampe festgelegt.
In der Startbatterie befanden sich nur gefechtsbereite Raketen. Sie konnten auf den Startrampen oder auf Transportladefahrzeugen gelagert werden. Die in der Startbatterie befindlichen Raketen waren über den HF-Kopf an die Fla-Raketenabteilung gebunden. Nach dem Beladen der Startrampe erhielt die Rakete eine zweistellige Nummer, wobei die erste Ziffer der Startrampe und die zweite Ziffer dem Fernlenkkanal entsprachen. Diese Nummern wurden als Zahl gelesen und bei allen notwendigen Kommandos und Meldungen während der Gefechtsarbeit verwendet.

Rakete W601P auf dem Montagewagen 5Ju41 (linkes Bild) und auf der Startrampe 5P71.

Der Transport der Raketen erfolgte mit den Transportladefahrzeugen, wobei ein Transportladefahrzeug zwei gefechtsbereite Raketen beförderte. Die Raketen wurden in Verpackungen auf Lastzügen transportiert, pro Lastzug zwei Container mit je einer Rakete. In der Verpackung waren die erste und die zweite Stufe der Rakete bereits miteinander montiert.

Rakete			
GRAU-Index Rakete	W601P	W601PU	W601PD
GRAU-Index Gefechtskopf	5B18		
Produktindex	5W27	5W27U	5W27D
Bezeichnung in der NVA	5W27	5W27U	5W27D
Beginn der Einführung in die NVA	1972	1975	1980
NATO-Bezeichnung	SA-3b GOA		
Einsatzebene	Fla-Raketenbrigade		
Maximale Schussentfernung (km)	17	21	25
Minimale Schussentfernung (km)	4	3,5	3
Maximale Flughöhe (km)	14	17	18
Minimale Flughöhe (km)	0,1	0,02	0,02
Länge Rakete (mm)	5948	5948	5948
Durchmesser erste Stufe ohne Flügel (mm)	552	552	582
Durchmesser zweite Stufe ohne Flügel (mm)	379	381	390
Art des Triebwerks	Feststoff		
Zielgeschwindigkeit (km/h) - Anflug	2000	2520	
Zielgeschwindigkeit (km/h) - Einholverfahren	1000	1080	
Maximale Geschwindigkeit Rakete (km/h)	2160	2628	3420
Masse Gefechtskopf mit Gefechtsladung (kg)	60	72	73,5
Gefechtsgewicht (kg)	912	952,7	980
Startrampe	5P71	5P73	

Ab 1980 erhielt die NVA die **Rakete W601PD** (5W27D). Diese Rakete, eine Weiterentwicklung der Rakete W601PU, wies einen verbesserten Startbeschleuniger und ein modernisiertes Feststoff-Marschtriebwerk auf. Die Rakete W601PD entwickelte somit eine höhere Fluggeschwindigkeit, was den Einsatz gegen abfliegende Ziele deutlich verbesserte. Außerdem verfügte sie über einen verbesserten Funkzünder und ein modifiziertes Gefechtsteil.

Rakete W601PD auf dem Montagewagen 5Ju41.

1990 verfügte die NVA über 36 Startrampen 5P73. Die Planung sah eine Bevorratung von sechs Kampfsätzen pro Startrampe vor, was einem Gesamtbedarf von 864 Raketen entsprach. Im selben Jahr befanden sich 760 Raketen W601PU / W601PD im Bestand der NVA, was einem Grad der Sicherstellung von 88 % entsprach.
Von den 868 gelieferten Raketen W601P / W601PU / W601PD wurden 108 Raketen in der Gefechtsausbildung verschossen.

Startrampe

5П71 – пусковая установка СМ-87А-1 ЗРК С-125 =
5P71 – Startmechanismus SM-87A-1 FRK S-125
5П73 – пусковая установка СМ-106 ЗРК С-125М =
5P73 – Startmechanismus SM-106 FRK S-125M

Ein Fla-Raketenkomplex bestand aus vier Startrampen (SR), die in einem Radius von 70 bis 90 m um die Raketenleitstation angeordnet waren. Für das Fla-Raketensystem S125 NEWA wurde die SR 5P71 und für das FRS S125M NEWA-M die SR 5P73 verwendet.
Die **Startrampe 5P71** (Werksbezeichnung SM78A-1) konnte zwei Raketen aufnehmen, die gleichzeitig gerichtet und nacheinander gestartet wurden. In Marschlage wurde die SR mithilfe von zwei Protzen transportiert. Die Hauptbestandteile der Startrampe bildeten die Raketenwiege, die Oberlafette, die Dreipunktauflage, die Kreuzlafette, der Richt- und Ausgleichsmechanismus, die Elektroausrüstung, die Protzen und der Gasabweiser. Die Ausmaße der SR in Marschlage (L x B x H) betrugen 9000

x 2620 x 3300 mm bei einer Masse von 12.716 kg. Das drehstabgefederte Fahrwerk verfügte über eine Druckluftbremse, die Bodenfreiheit betrug 420 mm, die Spurbreite 2200 mm. Die Zeit für die Überführung der SR aus der Marsch- in die Gefechtslage betrug maximal 1 h und 30 min. In Gefechtslage lag die Masse bei 9700 kg, die Höhe der Feuerlinie bei 2350 mm. Der Startwinkel variierte zwischen +4° und +64°. Seitlich konnte die SR beliebig gerichtet werden. Als Zugmittel diente ein schwerer Lkw KrAZ-214. Das Richten der Startrampe, die Startkontrolle und der Start der Raketen erfolgten von der Leitkabine UNK aus.

Die **Startrampe 5P73** (Werksindex SM106) erfüllte die gleichen Aufgaben wie die SR 5P71, sie startete bis zu vier Raketen W601PU (5W27U) in der vorgegebenen Reihenfolge. In Marschlage war die Startrampe mit der Unterlafette auf der Vorder- und der Hinterachse der Protzen befestigt. Im Gegensatz zur SR 5P71 wurde auf einen Gasabweiser verzichtet. Um zu verhindern, dass die Rakete während der anfänglichen ungelenkten Flugphase beim Beschuss von Zielen in geringer Höhe den Boden oder örtliche Objekte berührte, wurde der Mindestwinkel für den Start der Rakete auf 9° festgelegt. Um Bodenerosion beim Start der Rakete zu vermeiden, wurde eine spezielle, mehrteilige, kreisförmige Gummi-Metall-Abdeckung um die Startvorrichtung gelegt. Die Masse der Startrampe in Marschlage betrug 12.620 kg, die Abmessungen (L x B x H) betrugen 10.790 x 2827 x 2524 mm.

Startrampe 5P71 in Gefechtslage, die beiden Gasabweiser wurden abgeklappt, die Kreuzlafette diente als Stütze für den drehbaren Teil der Startrampe. In Marschlage wurden die beiden Gasabweiser mithilfe von Federaufhängungen in der oberen Position gebracht und arretiert.

Für die Gefechtsarbeit musste die SR auf dem vorbereiteten Platz der Feuerstellung aufgestellt, horizontiert, mit vier Raketen beladen und die Antriebe des Höhenrichtgetriebes und des Seitenrichtgetriebes auf Elektrobetrieb umgestellt werden. Die Ausmaße ohne Rakete (L x B x H) betrugen 8480 x 2899 x 2074 mm bei einer Masse von 10.957 kg. Für die Überführung der SR aus der Marsch- in die Gefechtslage benötigte eine eingespielte Bedienung 60 Min. Die Kreisfläche betrug 145 m², die von der SR mit Rakete in der vertikalen Ebene bei einem Höhenrichtwinkel von 0° überstrichen wurde. Die Steuerung und Kontrolle der Startrampe während der Startvorbereitung, des Richtens und des Startens der Raketen erfolgten aus der Leitkabine UNK. Für die erforderliche Genauigkeit beim Heranfahren des Transportladefahrzeugs an die Startrampe in der Längs- und der Querrichtung sorgten Ladebleche. Sie wurden in einem genau vermessenen Abstand von der SR verlegt und befestigt. Als Zugmittel für die SR diente ein schwerer Lkw KrAZ-214, den im Laufe der Zeit der schwere Lkw KrAZ-255B1 oder TATRA-813 ablöste.

Startrampe 5P73 in Gefechtslage (linkes Bild). In Marschlage wurden die äußeren Holme nach innen geklappt.

Raketenleitstation

СНР125 – Станция наведения ракет =
SNR125 – Station zur Führung von Raketen

Zur **Raketenleitstation SNR125** (RLS) gehörten die Antennenanlage UNW auf einem Zweiachs-Spezialfahrgestell mit dem Antennenanhänger UW600 für die Antennenteile, die Leitkabine UNK für die Führung des FRK und der Werkstattwagen PRM.

Um ein in 200 m Höhe fliegendes Ziel mit einer Geschwindigkeit von 1512 km/h (420 m/s) in einer Entfernung von 10 km zu treffen, musste die Rakete in einer Entfernung von 17 km gestartet werden. Dabei musste das Ziel bereits in einer Entfernung von 24 km vom automatisierten Startgerät APP-125 erfasst worden sein. Die Aufklärungsreichweite eines solchen niedrig fliegenden Ziels durfte unter Berücksichtigung der Zeit für die Zielsuche maximal 32 bis 35 km betragen. In diesem Fall betrug der Höhenwinkel des Ziels bei der Auffassung nur ca. 0,3° und bei der Übernahme durch das APP-125 ca. 0,5°. Bei solch kleinen Höhenwinkeln überstieg der Wert des vom Boden reflektierten Radarsignals der Raketenleitstation den Wert des vom Ziel reflektierten Signals. Um diesen Effekt zu reduzieren, verfügte die RLS über zwei Antennen. Die eine stellte eine empfangende (nicht sendende), die andere eine sendende und empfangende Antenne dar. Beim Betrieb in niedriger Höhe wurde die Sendeantenne auf 1° eingestellt. In diesem Fall bestrahlte der Sender den Boden nur mit den Nebenkeulen des Antennendiagramms, wodurch das vom Boden reflektierte Signal um ein Vielfaches reduziert wurde. Um den Zielverfolgungsfehler durch die sogenannte *Spiegelreflexion*, d. h. die Interferenz der direkten und der vom Boden reflektierten Signale des Ziels, zu reduzieren, wurden die Empfangsantennen für die Höhe und die Seite um 45° gegenüber dem Horizont gedreht. Damit war das charakteristische Aussehen des Antennenmasts vorgegeben.

Eine weitere schwierige Aufgabe, die sich aus der geringen Flughöhe des Ziels ergab, war die Entwicklung eines beweglichen Zielselektors, der in der Lage war, das Zielsignal vor dem Hintergrund starker Bodenreflexionen und passiver Interferenzen effektiv zu unterscheiden. Zur Bekämpfung aktiver Störungen wurde ein System von Frequenzsprüngen dann angewendet, wenn die Störungen einen bestimmten Wert überschritten.

Die Raketenleitstation SNR125 arbeitete nach dem Einstrahl-Funkmess-Kommandolenkverfahren, die Station konnte in den Betriebsarten ZIELSUCHE und ZIELBEGLEITUNG arbeiten.

Die Luftzielerfassung erfolgte analog zum Fla-Raketensystem S75 WOLCHOW nach den Vorgaben des automatisierten Führungssystems oder durch die eigenen Aufklärungs- und Zielzuweisungsmittel. Das selbständige Zielsuchen war in der RUNDUM- oder SEKTORENSUCHE sowie in der ZIELSUCHE VON HAND möglich. Die Zielsuche erfolgte durch das Abtasten des vorgegebenen Raumes mit einem keulenförmigen Sendediagramm der Antenne UW-10. Das Diagramm wurde im Seitenwinkel durch Drehen der Antenne und im Höhenwinkel durch Drehen des Antennenkopfes geschwenkt. Die von der Sendeanlage erzeugten HF-Impulse übertrug der Sende-Empfangsumschalter zur Antenne UW-10, die sie in die vorgegebene Richtung abstrahlte. Die vom erfassten Ziel reflektierte Energie gelangte über die gleiche Antenne in den Empfänger des Zielkanals und von dort entweder direkt oder über das System zur Selektion beweglicher Ziele zu den Sichtgeräten. Mit dem Abdecken der Visiermarken mit dem Zielzeichen war die Zielsuche beendet.

Mit dem Übergang zur Zielbegleitung wurde die Strahlschwenkung für die Sende-Empfangsantenne UW-10 abgeschaltet. Die reflektierten Zielsignale wurden über die Sende-Empfangsantenne UW-10 kontinuierlich empfangen und zur Entfernungsmessung ZIEL genutzt. Parallel erfolgte der Empfang der reflektierten Zielsignale über die Empfangsantennen UW-11, deren Antennenspiegel um 45° geneigt und um 90° zueinander verdreht waren. Anhand der Bestimmung der Lage der reflektierten Signalbündel zum Beginn des Strahlschwenksektors erfolgte die Bestimmung der relativen Winkelkoordinaten.

Die automatische Zielbegleitung und die mögliche automatische Antennennachsteuerung erfolgten analog wie beim FRS S75 WOLCHOW.

Für die Begleitung tieffliegender Ziele war eine Unterdrückung des Einflusses von Spiegelsignalen durch Einschaltung der Arbeitsart GERINGE HÖHEN möglich.

Bei der Zielbegleitung berechnete das automatisierte Startgerät APP-125

die nahe und die ferne Grenze der Vernichtungszone sowie die Entfernung zum Treffpunkt von Ziel und Rakete und bestimmte die Startfreigabe. Der Start der Rakete erfolgt manuell durch den Leitoffizier. Das Startintervall betrug fünf Sekunden.
Die Startrampen waren mit der Antennenanlage über Synchronfolgeantriebe verbunden. Damit war das Einschießen der Rakete in das Richtdiagramm der Raketenleitstation gewährleistet.

Raketenleitstation SNR125M, im Zentrum die Antennenanlage UNW-M, rechts davon die Leitkabine UNK-M und die Elemente der Energiegewinnung.

Das Funkmessprinzip sowie die Art der Erfassung und Begleitung der Raketen entsprachen dem FRS S75 WOLCHOW. Der Empfang der Antwortimpulse erfolgte ausschließlich über die Empfangsantenne UW-11. Die Abstrahlung der Abfrageimpulse erfolgte über die Kommandoantenne UW-12. Die Berechnung der Lenkkommandos im System der Kommandoerarbeitung war nach den beiden Leitmethoden METHODE DER HALBEN BEGRADIGUNG und DREIPUNKTMETHODE möglich. Es wurden die Lenkkommandos K1 und K2 erarbeitet, die im Kommandosender chiffriert und in der Form von HF-Impulsspannungen über die Antenne des Kommandosenders zur Rakete übertragen wurden. Mithilfe der Lenkkommandos wurde die Rakete in Richtung Ziel gelenkt. Die Detonation des Gefechtsteils der Rakete löste der Funkzünder aus. Zur Herstellung der Arbeitsbereitschaft des Funkzünders wurde das einmalige Kommando K3 zum Einschalten des Funkzünders über den Kanal der Funkfernsteuerung an die Rakete übertragen.
Bei Störung des Funkmesskanals, aber vorhandener optischer Sicht, war die Zielsuche und Zielbegleitung mit dem teleoptischen Visier möglich. Die Zielbegleitung erfolgte anhand der Fernseh-Bildschirmdarstellung durch die Funkorter, welche die Antenne nach Seiten- und Höhenwinkel steuerten.
Es gab eine Vielzahl von Szenarien, wie auf Angriffe von Antifunk-Messraketen (AFR) und auf passive oder aktive Funkmess-Störung des Gegners zu reagieren war. Die Bekämpfung von AFR erfolgte mit dem teleoptischen Visier bei gleichzeitiger Abschaltung der Hochspannung in der RLS. War keine optische Sicht zur AFR möglich, konnten Zielzuweisungen vom AFS oder den Mitteln der Gefechtssicherstellung genutzt werden. Für die Bekämpfung der AFR standen mehrere Betriebsarten zur Verfügung.
War kein Erfolg versprechender Schlag gegen die AFR möglich, wurde die Hochspannung abgeschaltet und auf den Absturz der AFR gewartet. Bei passiven Störungen wurde versucht, die Störung zu kompensieren. Bei Zielen mit aktiver Störung kam das teleoptische Visier zum Einsatz. War das Ziel nicht zu erkennen, wurde versucht, durch Frequenzänderung des Schießkanal-Senders die Störung zu umgehen. Führte diese Handlung nicht zum Erfolg, wurden sekundäre Merkmale in Zusammenarbeit mit den Mitteln der Gefechtssicherstellung für die Bekämpfung herangezogen. Es bestand weiterhin die Möglichkeit, in der Betriebsart ERDE, funkmesstechnisch beobachtete Erd- und Überwasserziele mit Raketen zu bekämpfen. Dabei detonierte das Gefechtsteil bei der Bekämpfung von Erdzielen in 30 m Höhe. Bei der Bekämpfung von kleinflächigen Überwasserzielen, wie Torpedoschnellbooten, explodierte das Gefechtsteil in einer Höhe von 15 m über dem Ziel; bei großflächigen Überwasserzielen, wie Zerstörern oder Küstenschutzschiffen, wurden direkte Treffer angestrebt. Die erforderliche Höhe musste manuell eingegeben werden.
Die **Leitkabine UNK** bildete den Gefechtsstand des Raketenkomplexes S125 NEWA mit Startrampen 5P71. Die in der Kabine untergebrachte Technik diente u. a. der Bestimmung der Koordinaten von Ziel und Rakete, dem Bestimmen des Startzeitpunktes sowie der Durchführung des Starts und der Lenkung der Rakete. Die Nachrichtenverbindungen der Kabine mit allen Elementen des Fla-Raketenkomplexes erfolgten mithilfe einer Wechselsprechanlage. Die Leitkabine UNK ließ sich in den Betriebsarten FUNKTIONSKONTROLLE, TRAINING und GEFECHTSARBEIT einsetzen. Die Betriebsart FUNKTIONSKONTROLLE diente zum Messen der Gefechtsparameter nach den Vorgaben des Herstellers. Die Betriebsart TRAINING kam im täglichen Dienstbetrieb, in der Ausbildung und bei der Fehlersuche zur Anwendung. Im Diensthabenden System und beim Gefechtsschießen wurde die Betriebsart GEFECHTSARBEIT genutzt. Durch das Ankoppeln von Rampenimitatoren an die Leitkabine UNK konnte die Bedienung der Startbatterie trainiert werden. Die Zielsuche erfolgte manuell, durch Sektorensuche oder nach Zuweisung durch das automatisierte Führungssystem. Als Leitmethoden kamen die METHODE HALBE BEGRADIGUNG, die DREIPUNKTMETHODE oder die METHODE ERDE zur Anwendung. Beim Schießen in geringen Höhen wurde die Leitmethode METHODE HALBE BEGRADIGUNG MIT GERINGER HÖHE angewandt. Um Bodenberührungen zu vermeiden, wurde die Flugbahn angehoben und die Rakete von oben auf das Ziel gelenkt.
Die gesamte Ausrüstung war in einem Sattelauflieger OdAZ-828 untergebracht. Als Zugmittel diente eine Sattelzugmaschine ZIL-157KW. Je vier Starkstromkabelsätze KS-A und Steuerkabelsätze versorgten und steuerten die vier Startrampen vom Gefechtsstand aus.
Die **Leitkabine UNK-M** bildete den Gefechtsstand des Fla-Raketenkomplexes S125M NEWA-M. Die Aufgaben und die dazu notwendige Technik entsprachen der Leitkabine UNK des Fla-Raketenkomplexes S125 NEWA.

Die Leitkabine UNK-M (linkes Bild) und die Antennenanlage UNW in Gefechtslage auf der Artillerielafette KZU16. Die Antennen von oben nach unten: UW-10 – Sende- und Empfangsantenne des Zielkanals, UW-11 – Empfangsantenne (zwei Antennenspiegel um 45° geneigt und um 90° zueinander verdreht), UW-12 – Kommandoantenne mit vorgelagertem Strahler.

Die **Antennenanlage UNW** bestand aus der Sende- und Empfangsantenne des Zielkanals UW-10, der Empfangsantenne für den Empfang der reflektierten Ziel- und Antwortsignale der Rakete UW-11 und der Kommandoantenne UW-12. Die Antennenanlage UNW diente u. a. der Erzeugung und gerichteten Abstrahlung der HF-Energie, dem Empfang von reflektierten Ziel- und Antwortsignalen der Raketen, deren Verstärkung und Demodulation. Sie ermöglichte die Begleitung des Ziels und der Raketen bei der Arbeit mit dem teleoptischen Visier und der Fernsehkamera KT53-2. Um Reflexionen an der Erdoberfläche zu reduzieren, waren die beiden Antennenspiegel der Empfangsantenne UW-11 um 45° geneigt und um 90° gegeneinander verdreht. Als Basis der Antennenanlage diente ein geschweißter Träger, montiert auf der vierrädrigen Artillerielafette KZU16. Für die Verbindung des Trägerunterteils mit dem Antennenkopf ließ sich der Träger beim Auf- und Abbau der Antennenanlage in die waagerechte Lage abkippen. In der Marschlage ließ sich der Antennenkopf mit einem an der Basis der Antennenanlage angebrachten Hebemechanismus auf den Antennenanhänger UW600 absenken. Das Fahrwerk der Antennenanlage UNW verfügte über zwei seitliche Halterungen zur Befestigung der abklappbaren Stützen, die in Gefechtslage zur Seite herausgezogen und arretiert wurden. Die Ausmaße in Marschlage (L x B x H) betrugen 3900 x 2770 x 3900 mm bei einer Masse von 6500 kg. Die Höhe der Antennenanlage in Gefechtslage betrug 7200 mm bei einer Masse von 8000 kg. Die Antennenanlage UNW wurde von der Rechnerkabine UNK aus gesteuert, die Stromversorgung erfolgte über die Verteilerkabine 5E83 (UNS). Als Zugmittel diente ein schwerer Lkw KrAZ-214.

Rückansicht der Antennenanlage UNW in Gefechtslage, der Spezial-Antennenanhänger UW600 mit Teilen der Antennenanlage UNW.

Der **Antennenanhänger UW600** mit einem Fahrwerk vom Typ 925W diente dem Transport der Blöcke der Antennenanlage. Der zweiachsige Anhänger mit aufgesetzter Ladefläche ohne Bordwände maß (L x B x H) 8740 x 3080 x 3970 mm bei einer Masse von 7600 kg. Als Zugmittel wurde ein schwerer Lkw KrAZ-214 verwendet.

Für die planmäßige Instandsetzung der Raketenleitstation SNR125 wurde ein **Werkstattwagen mit EWZ-Satz-1 PRM,** ein Anhänger der Größenklasse 2-PN-4 mit Kofferaufbau und einem mittleren Radzugmittel URAL-375 eingesetzt. Die Ausmaße des Anhängers (L x B x H) betrugen 4220 x 2300 x 2840 mm bei einer Gesamtmasse von 3720 kg.

Mittel der Energieversorgung

5E93 – электростанция дизельная ЭСД-100 =
5E93 – Dieselkraftwerk ESD-100
5E83 – распределительно-силовая кабина УНС =
5E83 – Stromverteilerkabine UNS
5E84 – кабельная сеть = 5E84 – Kabelnetz

Die Stromversorgung des Fla-Raketenkomplexes konnte über das örtliche Stromnetz oder über zwei **Diesel-Elektrostationen 5E93** (Station UND) erfolgen. Benötigt wurde eine Spannung von 3 x 230 V mit 50 Hz und eine Spannung von 3 x 208 V mit 400 Hz. Die von den Diesel-Elektrostationen 5E93 erzeugte elektrische Energie verteilten zwei **Verteilerkabinen mit Kabelsatz 5E83** und zwei **Kabelsätzen 5E84** an die Raketenleitstation und die Startrampen. Beide Stationen (5E93 und 5E83) verwendeten einen Anhänger der Größenklasse 2-PN-6 mit einem Fahrgestell MAZ-5207W und einen Koffer KUNG-P6 als Basis. Als Zugmittel fand je ein schwerer Lkw KrAZ-214 oder dessen Nachfolger, der KrAZ-255B1 Verwendung. Auf den Ladeflächen der Zugmittel wurde der notwendige Kabelsatz 5E84 aufgetrommelt transportiert. Die Bedienung der Aggregate der Diesel-Elektrostationen erfolgte durch Fernbedienung aus der Verteilerkabine 5E83. Für die Reparatur defekter Kabel verfügte die Kabine über eine Vulkanisiereinrichtung, zu der eine Handpresse mit elektrischer Heizung und ein Satz Passformen gehörten. Ab Anfang der 1980er-Jahre übernahmen zwei **Diesel-Elektrostationen 5E96A**[1] die Energieversorgung des FRS.

Die Diesel-Elektrostation 5E96A (linkes Bild) und die Verteilerkabine mit Kabelsatz 5E83.

Kennungskabine

Der Fla-Raketenkomplex S125 NEWA verwendete keine separate Kennungskabine. Die Kennungsabfrage erfolgte ausschließlich über die Mittel der Gefechtssicherstellung. Mit der Aufstellung einer Funktechnischen Abteilung Anfang der 1980er-Jahre in der 43. FRBr wurden auch die Kennungsabfragen der Aufklärungs- und Zielzuweisungsmittel genutzt.

Modernisierungsarbeiten

9Ш33А – телевизионно-оптический визир Карат-2 ЗРК С-125М1 = 9Sh33A – Television und optisches Visier KARAT-2 FRK S-125M1

Seit Nutzungsbeginn der Fla-Raketensysteme S125 NEWA / S125M NEWA-M wurden ohne Ausnahme alle vom Hersteller empfohlenen Modernisierungen der Fla-Raketentechnik umgesetzt.

In der Anordnung Nr. 34/77 des Stellvertreters des Ministers und Chef der LSK/LV vom 02.09.1977 wurden ... *zur Verbesserung der taktisch-technischen Charakteristika und zur Erhöhung der Betriebszuverlässigkeit der Fla-Raketentechnik „Newa" ab September 1977 in der 43. Fla-Raketenbrigade* ... Modernisierungsarbeiten befohlen. Dazu wurden im Zeitraum September bis Dezember 1977 gemeinsam mit sowjetischen Spezialisten ... *4 Raketenleitstationen SNR125M, die Startausrüstung SM-RB-125 bzw. SM-RB-125M von 4 Fla-Raketenkomplexen S125M, 8 Startrampen 5P71 und 8 Startrampen 5P73, 1 EWZ-Satz Nr. 2 für Raketenleitstationen SNR125M, 48 Raketen 5W27U sowie zwei Kontroll-Prüfstationen 5K21*... modernisiert.

Die Modernisierungsarbeiten betrafen die Verbesserung der funkelektronischen Ausrüstung, was zu einer erhöhten Störfestigkeit der Ziel- und Raketenleitkanäle führte. Die Einführung der fernseh-optischen Visier- und Zielverfolgungsausrüstung KARAT-2 ermöglichte die visuelle Zielverfolgung und Zielbekämpfung ohne das Abstrahlen von HF-Impulsen. In diesem Fall wurde der Sender des Zielkanals der RLS auf das Antennenäquivalent umgeschaltet und die HF-Energie abgeleitet. Bei schlechtem Wetter, bei bewölktem Himmel oder bei direkter Sonneneinstrahlung verlor die fernseh-optische Visier- und Zielverfolgungsausrüstung KARAT-2 allerdings ihre Funktionalität. Außerdem lieferte die teleoptische Zielpeilung keine Informationen über die Entfernung zum Ziel, was die Auswahl der Leitmethoden einschränkte und die Wirksamkeit des Beschusses von Hochgeschwindigkeitszielen erheblich verminderte.

Im Jahr 1982 wurde eine zweite Modernisierung der bis dahin gelieferten Fla-Raketensysteme S125 NEWA / S-125M NEWA-M in der VR Polen durchgeführt. Im Rahmen der Hauptinstandsetzung wurde die gesamte bis 1982 gelieferte Fla-Raketentechnik der FRS S-125 NEWA / S125M NEWA-M auf einen einheitlichen Stand gebracht. Zu diesem Zweck wurden Umbauten an den Leitkabinen UNK, an den Antennenanlagen UNW sowie an den Startrampen 5P71 und 5P73 vorgenommen.

Automatisierte Führungssysteme

Zeitpunkt	Einheit	AFS	Kopplungskabine	Richtfunk-GS
1972	43. FRBr	ASURK-1MÄ	4 x 5Ch56	4 x RT-417
1979	43. FRBr	VEKTOR-2WÄ	4 x 5F24Ä	4 x 5Ja63
1984	41. FRBr	SENESH-Ä	4 x 5F20Ä	
1987	43. FRBr	SENESH-MÄ	4 x 5F20Ä	4 x 5Ja63

Die Führung der FRS S125 NEWA / S125M NEWA-M erfolgte grundsätzlich mithilfe eines automatisierten Führungssystems (AFS) im Bestand der Fla-Raketenbrigade. Bei Ausfall oder Unterbrechung der Nachrichtenverbindung zum AFS bestand die Möglichkeit des autonomen Arbeitens.

Bereits 1972 stellte die 43. FRBr das AFS 5N74MÄ ASURK-1MÄ in Dienst. Später kamen das AFS 5N35Ä VEKTOR-2WÄ, das AFS 5S99Ä SENESH-Ä und das AFS 5S99MÄ SENESH-MÄ zum Einsatz. Der Datenaustausch zwischen dem FRS und dem AFS erfolgte mithilfe der

Kopplungskabinen 5Ch56, 5F20Ä oder 5F24Ä und dem Richtfunk-GS 5Ja63, die in der Nähe der Leitkabine UNK aufgestellt waren.

Mittel der Gefechtssicherstellung

Радиолокационная станция П15 ТРОПА = Radarlokalisierungsstation P15 TROPA (PFAD)
Антенно-мачтового устройства – АМУ = Antennenmastvorrichtung – AMU

Zur funktechnischen Sicherstellung setzte jeder Fla-Raketenkomplex eine Funkmess-Station P15 mit je einer Antennenanlage AMU15 ein, die Datenübertragung erfolgte über je eine Funkübertragungslinie RL-30 PHASA. Mithilfe des Kennungsgerätes NRZ15, deren Antenne in die Antennenanlage der FuMS integriert war, ließen sich eigene und fremde Flugzeuge unterscheiden. Eine Schutzeinrichtung schirmte die Station vor aktiven und passiven Funkmess-Störungen ab.
Zur Verbesserung der Ortung extrem tief fliegender Ziele ließ sich jede FuMS P15 mit der **Antennenanlage AMU15** (1RL82) auf dem bis zu 50 m hohen Gittermast UNSHA-2 ausrüsten. Der Gittermast bestand aus bis zu elf Segmenten und wurde auf vier Lkw ZIL-157 oder auf drei Lkw KrAZ-214 (KrAZ-255B1) und einem URAL-375D mit Pritsche/Plane transportiert. Mit dem 3 x 7 m großen Antennenspiegel wog er 5000 kg. Die Auffassungsentfernung für Flugzeuge mit einer Flughöhe von 100 m / 2,5 km lag bei etwa 50 km / 145 km.
Das 1985 zugeführte Fla-Raketensystem S125M1A NEWA-M1A ließ sich zusätzlich mit der FuMS P18 und der FuMS P19 koppeln.

Mittel der technischen Sicherstellung

Führungstechnik

5К82 – командный пункт технического дивизиона ЗРК С-125 = 5K82 – Kommandoposten der technischen Abteilung des FRK S-125

Der Führungspunkt 5K82 (entwickelt auf Grundlage der Leitkabine UNK) diente der Führung des technologischen Ablaufs bei der Vorbereitung der Raketen. Der Führungspunkt nutzte als Basis den Sattelauflieger OdAZ-828 und als Zugmittel eine Sattelzugmaschine ZIL-157W. Als Nachrichtenmittel dienten die Funkgeräte R-109, R-109M oder R-109D sowie Draht-Nachrichtenverbindungen.

Transporttechnik

Für den Transport der Raketen setzte die 43. FRBr ab 1972 mehrere Lastzüge 5T52 ein, darunter auch drei Lastzüge für je zwei Raketen W601P in der Technischen Abteilung des FRS S125 NEWA. Der Lastzug **5T52**(1) bestand aus einem Sattelauflieger MMZ778 und einer Sattelzugmaschine ZIL-157W. Er diente dem gleichzeitigen Transport von zwei Raketen in Packgefäßen bzw. Transportkisten.
Der ab Mitte der 1970er-Jahre zugeführte Lastzug **5T52MK1**(1) bestand aus der Sattelzugmaschine ZIL-131W und dem Sattelauflieger OdAZ-778MÄ1. Er erfüllte die gleichen Aufgaben wie der Vorgänger.
Bereits die Planung von 1967 sah das Transportlagefahrzeugs PR14A (TLF) auf Spezial-Kfz ZIL157 vor, was sich auch im STAN der 43. FRBr vom Oktober 1971 niederschlug. Über den Einsatz des TLF PR14A in der NVA gibt es jedoch noch keine belastbaren Unterlagen.
Mit Beginn der Einführung des FRS S125M NEWA-M im Jahr 1973 wurde bereits das **Transportladefahrzeug PR14AM** auf Spezial-Kfz ZIL-131 eingesetzt. Es diente dem Transport von zwei Raketen und dem Beladen der Startrampen 5P71/ 5P73. Die Ausmaße des TLF auf Spezial-Kfz ZIL-131 (L x B x H) betrugen 7750 x 3080 x 3500 mm bei einer Masse mit/ohne Raketen von 8330/6380 kg. Die zulässige Transportgeschwindigkeit durfte 50 km/h nicht überschreiten. Jeder FRK verfügte über fünf TLF, weitere acht TLF befanden sich in der Technischen Abteilung.
Die gesamte Ausrüstung des TLF war auf dem Rahmen des Basisfahrzeugs montiert. Die Raketen befanden sich auf zwei parallelen Balken. Das TLF verfügte über Mechanismen zur Sicherung der Raketen während des Transports und über Vorrichtungen zum Bewegen der Raketen längs des Balkens beim Be- und Entladen der Startrampe. Die richtige Position des TLF zur Startrampe während der Beladung legten fixierte Ladebleche fest.

Der Lastzug 5T52MK1 nutzte die Sattelzugmaschine ZIL-131W als Zugmittel.

Das Transportladefahrzeug PR14A auf Spezial-Kfz ZIL-157 (linkes Bild) und das Transportladefahrzeug PR14AM auf Spezial-Kfz ZIL-131.

Für das Beladen der Startrampe 5P73 wurden zwei TLF benötigt. Somit waren 32 Fahrzeuge für die Beladung aller 16 Startrampen erforderlich. Vier Fahrzeuge wurden als Reserve eingeplant, sodass 36 Fahrzeuge im Fla-Raketensystem zum Einsatz kamen.

Krantechnik

Für die Entkonservierung und für Umladearbeiten der Raketen W601P diente ein **Autodrehkran K162A**(1) auf Basis des schweren Lkw KrAZ-257A.

Zum Beladen des Transportladefahrzeugs PR14AM mit der Rakete W601PU wurde der Autodrehkran K162A auf Spezial-Kfz KrAZ-257A eingesetzt.

Erzeuger und Transporttechnik für Druckluft

5К62 – передвижная компрессорная станция =
5K62 – mobile Kompressorstation

Das Betanken der Raketen im FRS S125 NEWA mit Druckluft erfolgte mithilfe des Lufttankwagens MS10. Ein mittlerer Lkw ZIL-157 diente dem Lufttankwagen als Zugmittel. Die benötigte Druckluft erzeugte die **Kompressorstation 5K62** auf Spezial-Kfz ZIL-157.

Mit Einführung des FRS S125M NEWA-M wurden für die Betankung der Rakete eine **Kompressorstation UKS400**(1) auf Spezial-Kfz ZIL-157 und für den Transport der Druckluft der **Lufttankwagen MS10**(1) eingesetzt. Als Zugmittel für den Lufttankwagen diente ein mittlerer Lkw ZIL-157. Sie wurden durch die **Kompressorstation UKS400W-131**(1) und die **Lufttankanlage 5L94**(1) ersetzt.

Kontroll- und Prüfstation

5К21 – контрольно-испытательная подвижная станция КИПС-125 ЗРК С-125 =
5K21 – bewegliche Steuer- und Prüfstation KIPS-125 FRK S-125

Die **Kontroll- und Prüfstation 5K21** (KIPS-125) gehörte zur Bodenausrüstung des Fla-Raketensystems S125 NEWA und diente der Überprüfung der Funktionsfähigkeit der Rakete W601P. Die Basis bildete das Spezial-Kfz ZIL-157 mit Koffer KUNG1M. Die Station diente der Kontrolle der Funksender, des Blocks FL/FO und des AP. Sie gewährleistete die Kontrolle der Apparaturen der Rakete unabhängig von ihrer Vorbereitungszeit. Dabei konnte sich die Rakete auf dem Montagewagen, auf dem Transportladefahrzeug oder auf der Startrampe befinden.

Mit Einführung des Fla-Raketensystems S125M NEWA-M und der Rakete W601PU (5W27U) kam die **Kontroll- und Prüfstation 5K21** auf Spezial-Kfz ZIL-131 mit Koffer K4.131 zur Verwendung. Sie erfüllte die gleichen Aufgaben wie ihr Vorgänger. Die mitgeführte Hilfsausrüstung diente zur Sicherstellung der Strom- und Druckluftversorgung der Blöcke der zu prüfenden Raketen sowie zur Sicherstellung der Beleuchtung, Ventilation und Heizung des Koffers. Zu einem Fla-Raketensystem gehörten zwei Kontroll- und Prüfstationen 5K21. Nach entsprechenden Modernisierungsarbeiten war auch die Prüfung der Rakete W601PD möglich.

Die Kontroll- und Prüfstation 5K21 auf Spezial-Kfz ZIL-157 mit Koffer KUNG1M, davor der Montagewagen 5Ju41 mit der Rakete W601P (linkes Bild). Mit Einführung des FRS S125M NEWA-M kam das Spezial-Kfz ZIL-131 als Basisfahrzeug zum Einsatz.

Verbleib

Die Bundeswehr übernahm von der NVA die Ausrüstung der FRS S125 NEWA und S125M NEWA-M. Sie stufte die Technik in die Kategorie III (Abgabe zur Verwertung) ein und ließ sie verschrotten. Eine Startrampe 5P71, bestückt mit zwei Raketen, befindet sich auf dem Außengelände des Militärhistorischen Museums Flugplatz Berlin-Gatow.

Abb. rechts: Eine Startrampe 5P71 des FRS S125 NEWA ist auf dem Außengelände des Militärhistorischen Museums Flugplatz Berlin-Gatow ausgestellt.

Rakete W880 des Fla-Raketensystems S200 WEGA

Der Beschreibung der Rakete W880 liegen hauptsächlich der STAN der 41. Fla-Raketenbrigade von 1985 und der STAN der 43. Fla-Raketenbrigade von 1988 zugrunde.

Das Fla-Raketensystem großer Reichweite S200 konnte bis zu fünf Fla-Raketenkomplexe gleichzeitig führen. Da jeder FRK über sechs Startrampen und im Verteidigungsfall über zwölf gefechtsbereite Raketen W880 verfügte, konnte das FRS bis zu 60 Raketen in kürzester Zeit einsetzen.
Das FRS S200 diente vorrangig zur Bekämpfung wichtiger Ziele wie fliegende Gefechtsstände, Gruppenziele, Träger weitreichender Luftangriffsmittel sowie von Störträgern.
Auslöser für die Arbeiten an einem Fla-Raketensystem großer Reichweite waren Informationen, dass der wahrscheinliche Gegner Trägerflugzeuge mit unbemannten Waffen (Marschflugkörper) mit einer Reichweite von mehr als 100 km einsetzen könne. Da diese Waffen außerhalb der Reichweite der bestehenden Luftverteidigungssysteme lagen, waren die Trägerflugzeuge für die Raketen unerreichbar. Zu erwähnen ist die britische Luft-Boden-Rakete BLUE STEEL (bestückt mit einem nuklearen Gefechtskopf - 1,1 Mt), die von einem Bombenflugzeug aus verschiedenen Höhen gestartet wurde, auf Mach 1,5 beschleunigte und Ziele in bis zu 240 km Entfernung erreichte. Den USA standen ab 1959 der Luft-Boden-Lenkflugkörper AGM-48 HOUND DOG (nuklearer Gefechtskopf mit 1,1 Mt, Geschwindigkeit 2500 km/h) mit einer maximalen Einsatzreichweite von 1180 km zur Verfügung. Gleichzeitig rückte das strategische Bombenflugzeug B-52 und der strategische Überschall-Höhenaufklärer LOCKEED A-12 in den Fokus der sowjetischen Luftaufklärung.
Die Arbeiten an den Raketen W755 des FRS S75 WOLCHOW zeigten, dass die sichere Leitung einer Rakete mittels Funksignale bis zu einer Entfernung von ca. 50 km erfolgversprechend war. Mit zunehmender Entfernung zum Ziel nahm die Genauigkeit der Fla-Raketenführung ab. Für größere Zielentfernungen musste ein neues Lenkverfahren verwendet werden.
Im Juni 1958 erging der Regierungserlass zur Schaffung eines Fla-Raketensystems mit einer Einsatzreichweite von mindestens 160 km. In relativ kurzer Zeit wurde ein fünfkanaliges Fla-Raketensystem geschaffen, das mit der semi-aktiven Rakete W860 (5W21) Ziele bekämpfen konnte. Im Mai 1961 wurde erstmals das Zusammenwirken der RLS mit dem Zielsuch-Lenkkopf der Rakete W860 getestet. Im Februar 1967 wurde per Regierungsbeschluss die Einführung des Fla-Raketensystems S200 ANGARA beschlossen, dessen taktische und technische Eigenschaften den vorgegebenen Richtlinien entsprachen, wie die Bekämpfungsreichweite gegen ein Ziel vom Typ Tu-16 von 160 km. In der Folge wurde das FRS S200 mehrfach modernisiert und die Einsatzreichweite auf 240 km erhöht. Ab 1970 führte die sowjetische Luftverteidigung das FRS S200B und ab 1975 das FRS S200W WEGA mit der verbesserten Rakete W880 ein.

In den Unterlagen der NVA, wie in den Stellenplänen und Ausrüstungsnachweisen oder im Verzeichnis der Kampftechnik, Bewaffnung und Ausrüstung, wurde generell die Bezeichnung *Fla-Raketensystem S200 mit Rakete W880 (5W28Ä)* verwendet.

Fla-Raketensystem

С-200В ВЕГА – ЗЕНИТНЫЙ РАКЕТНЫЙ КОМПЛЕКС = S-200W WEGA – Flugabwehr-Raketenkomplex

Als Truppenteil für das Fla-Raketensystem S200 WEGA stellte die NVA die Fla-Raketenabteilungsgruppe (FRAG) auf. Deren Aufklärungs- und Zielzuweisungsmittel (AZM) konnten große Ziele ab 500 km, kleinere Ziele (MiG-21) ab 300 km erfassen. Eine Zielbekämpfung war ab einer Entfernung von 240 km möglich.
Da selbst die Zielaufklärung durch die Raketenleitstation des FRS bei einer Entfernung von 240 km eine riesige Sendeantenne erfordert hätte, erfolgte die Zielzuweisung für das FRS S200 WEGA hauptsächlich durch den Gefechtsstand der FRBr oder das automatisierte Führungssystem. Sie erhielten die Zieldaten von den Funkmess-Stationen der Frühwarnung und Fernaufklärung. Handelte das FRS autonom oder bestand keine Verbindung zum Gefechtsstand oder zum AFS, mussten die AZM der FRAG die Zieldaten nutzen. Nach der Zielzuweisung beleuchtete die RLS das Ziel mit einem kontinuierlichen monochromatischen HF-Signal, das ein leistungsstarker Sender erzeugte. Bei einer Zielentfernung von ca. 240 km musste das HF-Signal zu einem sehr schmalen Strahl gebündelt werden, da die reflektierten Signale noch empfangen werden mussten. Die kontinuierliche Beleuchtung des Ziels versetzte den in der Rakete eingebauten Zielsuch-Lenkkopf in die Lage, die vom Ziel reflektierten HF-Signale zu empfangen und die Rakete autonom zu steuern.
Der in der Führungsbatterie der FRAG eingesetzte Gefechtsstand des FRS S200 WEGA, die Führungs- und Zielverteilungskabine K9M, war über Nachrichtenmittel, eine Kopplungskabine und ein Richtfunk-GS, mit dem Gefechtsstand der FRBr oder dem AFS verbunden. Als Aufklärungs- und Zielzuweisungsmittel dienten eine FuMS P14F und ein HM PRW13, abgelöst durch die FuMS OBORONA und einen HM PRW17-1. Weiterhin gehörten der Kontrollturm K7, die Technische Abteilung und die Stromversorgungsanlage zur FRAG.
Der Befehl 137/84 des Stellvertreters des Ministers und Chefs der Luftstreitkräfte/Luftverteidigung über die *Einführung des Fla-Raketenkomplexes S-200 in die Fla-Raketentruppen der Luftverteidigung* vom 09.10.1984 ordnete die Einführung bei der 3. LVD (FRAG-431) vom 01.11.1984 bis 25.11.1985 und bei der 1. LVD (FRAG-411) vom 01.05.1985 bis 25.04.1986 an. Ein drittes FRS S200 WEGA sollte ab 1988 in die 51. Fla-Raketenbrigade integriert werden.
In die NVA gelieferte Fla-Raketensysteme S200 WEGA und Raketen W880 (nicht berücksichtigt wurden hier die Lieferungen für die FRAG-511):

	System	Komplexe	Startrampen	Raketen
1984	1	2	12	72
1989	1	2	12	50
Gesamt	**2**	**4**	**24**	**122**

Die Technik einer Fla-Raketenabteilung war in einer Funktechnischen Kompanie 5N62W und einer Startbatterie untergebracht. Zur Funktechnischen Kompanie gehörten eine Apparaturkabine K2W, ein Antennenposten K1W sowie eine Umformer- und Verteilerkabine K22M. Im Bestand einer Startbatterie befanden sich eine Startleitkabine K3W, sechs Startrampen 5P72W, zwölf Lademaschinen 5Ju24M, eine Diesel-Elektrostation 5E97 (Kabine K20M) und eine Trafostation 5S91.

Nach sowjetischer Einschätzung zwang die bloße Existenz des weitreichenden Fla-Raketensystems S200 mit seinen zielsuchenden Raketen die NATO-Streitkräfte, die Einsatzgrundsätze ihrer Luftstreitkräfte zu überdenken. Ein Schritt war der Übergang zu Operationen in niedrigen Höhen; strategische Bombenflugzeuge wurden für den Einsatz in geringen Höhen bis 1,1 km konfiguriert, Jagd- und Jagdbombenflugzeuge operierten in 500 m Höhe.

Das FRS S200 ergänzte die FRS S75 WOLCHOW und S125 NEWA, was die Möglichkeiten der elektronischen Kriegsführung und der Aufklärung in großer Höhe für den Gegner erheblich erschwerte. Viele Jahre lang flogen die Aufklärungsflugzeuge der NATO-Staaten, darunter auch die berühmte SR-71, Aufklärungsflüge nur entlang der Grenzen der UdSSR und der Staaten des Warschauer Vertrages. Dieser Tatsache Rechnung tragend, wurde das Organisationsschema des FRS S200 überdacht. Anfang der 1960er-Jahre war die Indienststellung eines weitreichenden Fla-Raketensystems mit fünf Fla-Raketenkomplexen bereits überholt; zwei bis drei FRK mit je sechs Startrampen sollten ausreichen. Diese Überlegungen führten schließlich dazu, dass die in der NVA eingesetzten Fla-Raketensysteme großer Reichweite S200 WEGA nur über zwei FRK verfügten.

Die NATO schätzte die Veränderung des Organisationsschemas wie folgt ein: ... *Außerdem ging man von der in der ersten Phase ausgelieferten 5-Kanal-Version ab, da auf Grund des riesigen Zielangebotes in der Vernichtungszone das Fla-Raketensystem praktisch nicht mehr zu beherrschen war (Diese Angaben konnten nicht überprüft werden).*

Rakete

5B28 – ЗУР B-880 для ЗРК C-200M = 5W28 – FlaR W-880 für den Flugabwehr-Raketenkomplex S-200M

Die **Rakete W880** (5W28Ä) stellte die Weiterentwicklung der Rakete W860 (5W21) mit einer Einsatzreichweite von 240 km und verbesserter Störsicherheit dar. Ihre semi-aktive Selbstlenkung erfolgte nach reflektierten Zielsignalen. Die Rakete startete erst, wenn ihr Zielsuch-Lenkkopf das Ziel nach Winkelkoordinaten, Geschwindigkeit und Entfernung erfasst hatte. Das selbständige Lenken anhand der vom Ziel reflektierten HF-Signale ersetzte die in den Raketen W750 und W755 notwendigen Elemente der Funklenkung (Sender, Empfänger, Antennen). Zuvor erfolgte die Abstimmung des Zielsuch-Lenkkopfs auf die jeweilige Frequenz der RLS, die das erfasste Ziel während des Fluges stabil begleitete.

In Zielnähe ging die Rakete in die Endanflugphase über und vernichtete das Ziel in der nahen oder fernen Vernichtungszone (zwischen 20 und 40 km) mit einer Trefferwahrscheinlichkeit von über 80 %. Beim Einsatz von zwei Raketen betrug die Trefferwahrscheinlichkeit bis zu 95 %. Das Gefechtsteil, das ein Funkzünder aktivierte, wog 217 kg, wovon 90 kg auf Sprengstoff entfielen. 16.000 Stahlkugeln von je 2 g und 21.000 von je 3,5 g bildeten einen Splitterkegel von 120°. Die Detonationsgeschwindigkeit der Splitter betrug 3600 bis 6120 km/h (1000 bis 1700 m/s). Die Zerstörung des Ziels erfolgte in einem Radius von 120 bis 200 m während des Zielanfluges oder beim Einholeverfahren. Jede RLS konnte das Ziel mit einer oder zwei Raketen bekämpfen, es konnten aber auch alle sechs Raketen gestartet werden. Beim Anflug einer Gruppe von Zielen ließen sich gleichzeitig zwei Ziele in unterschiedlichen Entfernungen mit dem gleichen Kanal bekämpfen, sofern die RLS die Ziele ständig beleuchten konnte. Mehrere Fla-Raketenkomplexe konnten zusammengefasstes Feuer schießen.

Die Rakete W880 wurde nach dem aerodynamischen Prinzip NORMAL konstruiert. Zwei Flügelpaare mit sehr geringer Streckung und ein relativ kurzer Raketenkörper, dessen Länge nur das 1,5-fache der Flügellänge betrug, zeichneten sie aus. Die Form der Flügel erleichterte die Stabilisierung und Steuerung des Fluges erheblich und sicherte die notwendige Manövrierfähigkeit in großen Höhen. Die Rakete W880 verfügte über zwei Stufen mit insgesamt sieben Zellen. Die erste Stufe bildete das Feststoff-Starttriebwerk, bestehend aus vier X-förmig angeordneten Feststoffboostern (FSB) und der 752 mm langen 7. Zelle. Das Startgewicht der ersten Stufe betrug 3100 kg; bei einer Brenndauer von vier Sekunden erzeugte es eine Schubkraft von 1500 kN. Die Kombination aus vier Feststoffboostern und einem Flüssigkeits-Marschtriebwerk ermöglichte einen kurzzeitig hohen Schub beim Start und den für den Flug mit Überschallgeschwindigkeit notwendigen Schub während der gesamten Zeit, der allmählich von 9000 auf 2520 km/h absank (2500 auf 700 m/s).

Die Düse jedes FSB war gegenüber der Rumpflängsachse geneigt, sodass der Schubvektor im Bereich des Schwerpunkts der Rakete verlief und die Schubdifferenz der diametral angeordneten Booster keine zu großen Nick- und Gierbewegungen erzeugte. Im düsennahen Teil war jeder FSB mit zwei Auslegerstützen an der 7. Zelle, einem Gussring, befestigt, der nach dem Abtrennen der FSB ebenfalls abgeworfen wurde. Im vorderen Teil verband eine Stütze den FSB mit dem Fla-Raketenkörper. Sie enthielt eine Pyropatrone zum Absprengen des FSB. Die Befestigungspunkte an der 7. Zelle sorgten nach der Trennung der FSB für die anschließende Drehung weg von der Rakete. Auf jedem FSB befand sich ein Stabilisator, der erst nach dem Start der Rakete in Arbeitslage klappte.

Die zweite Stufe, die Marschstufe der Rakete, bestand aus der 1. bis 6. Zelle. Die 1. Zelle mit einer Länge von 1793 mm vereinte die HF-Impulstransparente Verkleidung mit dem Zielsuch-Lenkkopf für die Zielortung zu einer Einheit. Die Bordausrüstung der Rakete mit dem Bordrechner, dem Autopiloten und dem Funkzünder befand sich in der 2. Zelle mit einer Länge von 1085 mm. Die 3. Zelle mit einer Länge von 1270 mm diente der Aufnahme des Gefechtskopfes sowie des Treibstofftanks für das Bordnetz (Бортовой Источник Питания – БИП = Bordnetz – BIP).

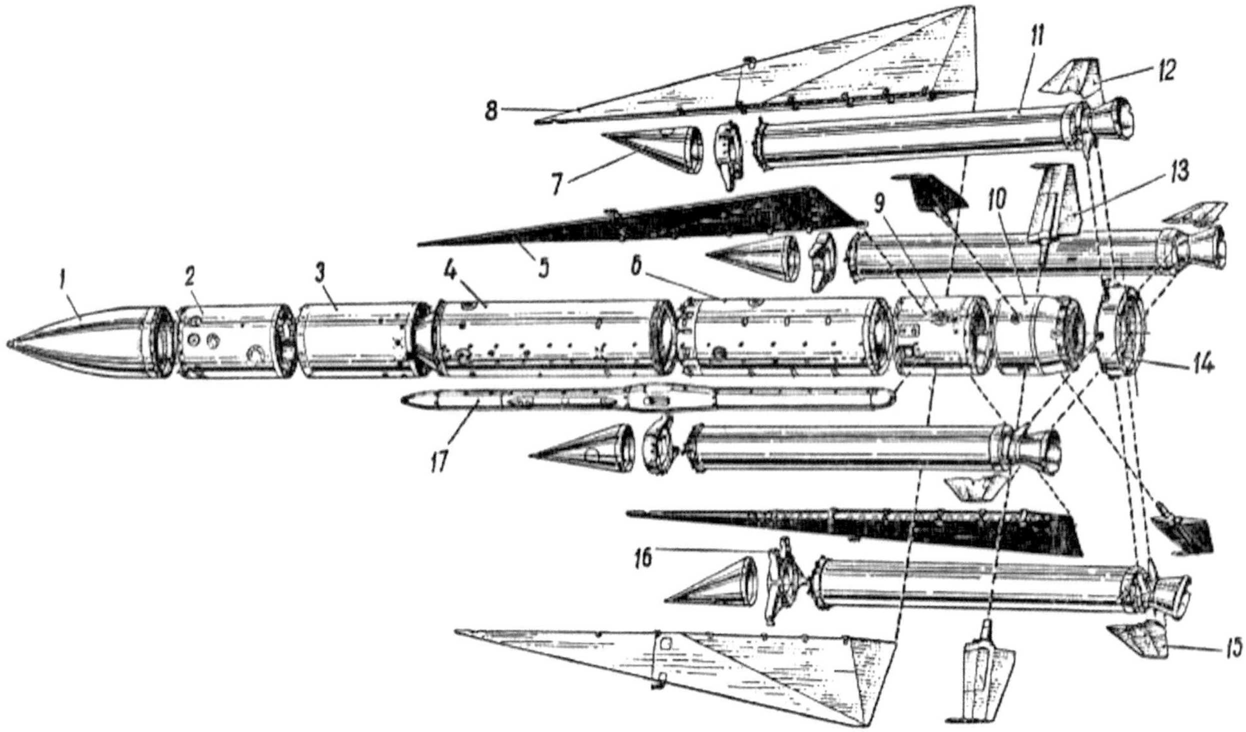

Hauptteile der Rakete W880

1 - 1. Zelle	**2 - 2. Zelle**	**3 - 3. Zelle**
4 - Tank Oxidator	**5 - Flügel**	**6 - Tank Brennstoff**
7 - Verkleidung Feststoffbooster	**8 - Flügel**	**9 - 5. Zelle**
10 - 6. Zelle	**11 - Feststoff-Starttriebwerk**	**12 - Stabilisator**
13 - Seitenruder-Querruder	**14 - 7. Zelle**	**15 - klappbarer Stabilisator**
16 - vordere Befestigung FSST	**17 - Verkleidung**	

Die 4. Zelle mit einer Länge von 2440 mm enthielt die Tanks für 550 kg Oxidator, für Druckluft und für 596 kg Brennstoff.
Die Teile des Bordnetzes mit zwei Generatoren und Transformator sowie die Hydraulikanlage mit den Antrieben der Rudermaschine befanden sich in der 5. Zelle mit einer Länge von 2104 mm. Die1320 mm lange 6. Zelle nahm das Flüssigkeits-Marschtriebwerk mit Turbopumpen-Kraftstoffversorgung und die Steuermaschine der Ruder auf. Das FMTW wurde mit Salpetersäure unter Zusatz von Stickstoff-Tetraoxid als Oxidator AK-27P und Triethylamin-Xilidin als Brennstoff TG-02 betrieben. Beim Zusammentreffen von Oxidator und Brennstoff entzündeten sich die beiden Komponenten selbständig. Das Flüssigkeits-Marschtriebwerk erzeugte je nach Flugprogramm eine Schubkraft von 32 bis 100 kN und arbeitete 44 bis 100 Sekunden lang.

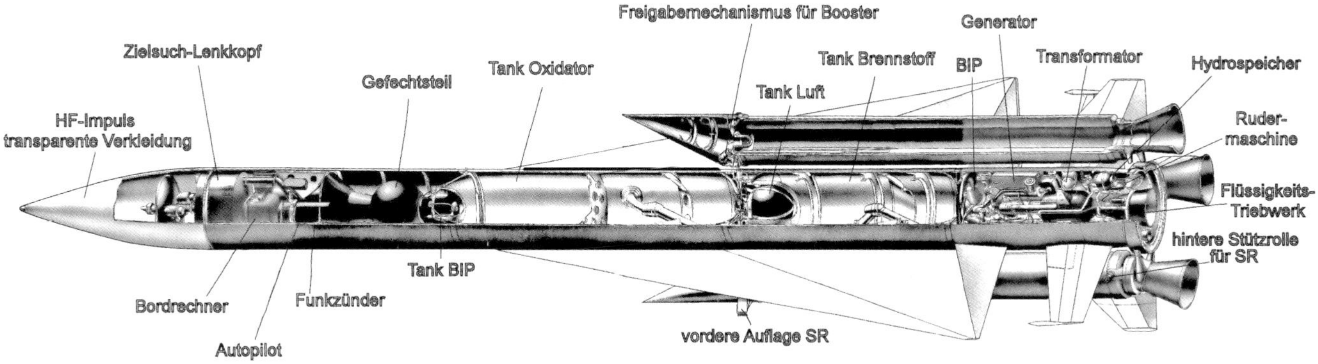

Die wichtigsten Baugruppen der Rakete W880.

Mehrere Triebwerks-Betriebsprogramme sollten die maximale Reichweite der Rakete oder die maximale Geschwindigkeit beim Beschuss von Zielen auf kurze Distanz gewährleisten. Dafür errechnete der in der Raketenleitstation eingebaute digitale Bordcomputer PLAMJA-KM die Einstellung des Schubreglers am Triebwerk, die vor dem Start der Rakete vorgenommen wurde. Die Triebwerks-Betriebsprogramme sorgten für die Einhaltung konstanter maximaler (100 ± 0,3 kN) oder minimaler (32 ± 0,18 kN) Schubwerte.

Beim Beschuss eines fliegenden Radarsystems (AWACS) war eine maximale Reichweite der Rakete von 255 km möglich, was allerdings die Zerstörungswahrscheinlichkeit deutlich reduzierte.

Um die Rakete vor der aerodynamischen Erwärmung zu schützen, die während eines Fluges mit Überschallgeschwindigkeit auftrat, bedeckte ein Hitzeschild die am stärksten erhitzten Bereiche.

Die Flügel wiesen als geschweißte Rahmenkonstruktion bei einer Spannweite von 2610 mm eine geringe Streckung und eine positive Neigung von 75° entlang der Eintrittskante und eine negative Neigung von 11° an der Hinterkante auf.

Das autonome Bordnetz (BIP) versorgte die Bordausrüstung während des langen gesteuerten Fluges mit elektrischer Energie. Das BIP bestand aus einer Turbine, gekoppelt mit zwei elektrischen Generatoren und einem Transformator. Die Brennkammer der Turbine erzeugte durch Verbrennen von Treibstoff einen hohen Gasdruckt, der die Turbine und somit den Generator antrieb. Damit war die Erzeugung von Gleich- und Wechselstrom während des gesamten Fluges gesichert, was gleichzeitig den erforderlichen Druck im Hydrauliksystem für den Betrieb der Lenkgetriebe garantierte. Die Energieversorgung wurde gestartet, indem ein elektrischer Impuls an eine Pyropatrone gelegt wurde, die eine Pulverladung zündete. Die Verbrennungsprodukte der Pulverladung (mit charakteristisch dunklem Rauch senkrecht zur Fla-Raketenkörperachse) verliehen dem Schaufelrad der Turbine einen einmaligen Impuls und beschleunigten sie schlagartig auf die notwendige Nenndrehzahl von ca. 38.200 U/min. Nach 0,5 Sekunden zündete eine weitere Pyropatrone und gab den Weg für Druckluft frei, die Treibstoff aus dem Tank BIP in die Brennkammer der Turbine drückte, der sich entzündete. Gleichzeitig wurde der Rotor der Turbopumpeneinheit der Hydraulikanlage gestartet. Nachdem die Turbine ihre maximale Leistung von 65 PS erreicht hatte, wurde die Rakete gestartet. Das Bordnetz wurde 200 bis 295 Sekunden lang unabhängig vom Betrieb des Flüssigkeits-Marschtriebwerks betrieben.

Rakete	
GRAU-Index Rakete	W880
GRAU-Index Gefechtskopf	5B14Sch
Bezeichnung in der NVA	5W28Ä
Beginn der Einführung in die NVA	1984
NATO-Bezeichnung	SA-5 GAMMON
Einsatzebene	Fla-Raketenbrigade
Maximale Schussentfernung (km)	240
Minimale Schussentfernung (km)	17
Maximale Flughöhe (km)	40
Minimale Flughöhe (km)	0,3
Länge Rakete (mm)	10.764
Durchmesser mit Flügeln (mm)	3348
Durchmesser ohne Flügel (mm)	752
Art des Starttriebwerks	4 Feststoff-Booster
Art des Marschtriebwerks	Flüssigkeit
Maximale Zielgeschwindigkeit (km/h)	4320
Höchstgeschwindigkeit Rakete (km/h)	5040
Brennstoff	TG-02
Oxidator	AK-27P
Masse Rakete betankt (kg)	7018
Masse Gefechtskopf (kg)	217
Masse Starttriebwerk (kg)	3100
Startrampe	5P72W

Flugverlauf

Das angewandte Lenkverfahren – semi-aktive Steuerung der Rakete anhand des reflektierten Signals von der Zielaufhellstation – erforderte das Ausrichten der Rakete und vor allem des Zielsuch-Lenkkopfs mit an-

schließender Zielaufschaltung bereits am Boden. Für Aufbereitung und Kontrolle der notwendigen Daten sorgte die Startleitkabine K3W als Bestandteil der Zielaufhell- und Leitstation 5N62W.
Nachdem die Rakete vorbereitet und auf den Startwinkel von 48° angehoben war, übermittelte ihr die Kabine K3W die Zieldaten. Sie richtete sich im Seitenwinkel durch Drehen der Startrampe auf das Ziel und der Zielsuch-Lenkkopf begann mit der Zielsuche. Nachdem er es erfasst hatte, schaltete er die Rakete in AUTOMATISCHE BEGLEITUNG. Da in der Regel immer mehrere Raketen gleichzeitig das Ziel suchten, konnte in der Kabine K3W die Rakete mit den besten Empfangsbedingungen für das Schießen ausgewählt werden. Kriterium hierfür war das auf einem Sichtgerät dargestellte Signal-Rausch-Verhältnis des jeweiligen Zielsuch-Lenkkopfs. Für bestimmte Ziele (sehr langsame Ziele; Ziel ist für die Zielaufhellstation nicht, aber für die Rakete sichtbar) konnte auf die Betriebsart ERFASSEN IM FLUG geschaltet werden. Dadurch konnte die Rakete ohne Zielaufschaltung am Boden starten. Der Start erfolgte nach den Angaben der RLS, Zielsuche und Aufschaltung setzten ca. 6 s nach dem Start in der Luft ein.
Nach dem Befehl START wurde die elektrische Verbindung Startrampe-Rakete getrennt, die Energieversorgung aktiviert, die Kreisel des Autopiloten auf Nenndrehzahl gebracht und die Pyropatronen der Feststoffbooster mit Energie versorgt. Druckluft wurde durch das pneumatisch-mechanische System gedrückt, öffnete den Zugang zu den Kraftstofftanks Oxidator und Brennstoff sowie zum Tank BIP. Nach einer bestimmten Förderhöhe gaben Druckdetektoren den Befehl, die Pyropatronen der FSB zu zünden. Der Start der Rakete erfolgte ausschließlich mithilfe der vier Feststoffbooster. Das Abtrennen der Feststoffbooster erfolgte 3 bis 5 Sekunden nach dem Start bei einer Fluggeschwindigkeit von ca. 650 m/s in einer Entfernung von etwa 1 km zur Startrampe. Jeweils zwei sich gegenüberliegende FSB trennten sich gleichzeitig vom Fla-Raketenrumpf. Um den sicheren Abwurf der FSB von der Marschstufe zu gewährleisten, verfügten sie über abgeschrägte Nasen. Sobald die Halterungen nach Zündung der jeweiligen Pyropatrone gelöst wurden, drehten sich die FSB um die Befestigungspunkte an der 7. Zelle. Die Abtrennung der 7. Zelle erfolgte unter dem Einfluss axialer aerodynamischer Kräfte nach dem Abtrennen des letzten Boosterpaars. Die FSB fielen in einer Entfernung von bis zu 4 km von der Rakete herunter. Zu diesem Zeitpunkt war das Schwenken der Rakete auf die kinematische Flugbahn abgeschlossen, die Rakete war voll steuerbar und das Flüssigkeits-Marschtriebwerk wurde gezündet. Ab jetzt arbeitete die Rakete völlig autonom, eine Übermittlung von Kommandos durch die Zielaufhellstation war nicht möglich.
Eine Sekunde nach dem Abwurf der FSB schaltete der Autopilot ein und die Flugsteuerung der Rakete begann. 30 Sekunden nach dem Start schaltete sie von der Leitmethode KONSTANTER STEIGUNGSWINKEL auf die Leitmethode PROPORTIONALER ANFLUG um. Mithilfe von Druckluft wurden Oxidator und Brennstoff dem Flüssigkeits-Marschtriebwerk zugeführt, bis der Druck im Tank LUFT auf 50 kg/cm^2 gesunken war. Danach wurde nur noch der Tank BIP mit Luft versorgt, um die Stromversorgung zu gewährleisten.
Verlor der Zielsuch-Lenkkopf das Ziel, suchte er ca. vier Sekunden nach dem Ziel, bevor er es VERLOREN einstufte. In diesen vier Sekunden arbeitete der Raketenantwortsender und informierte die Zielaufhell- und Leitstationen 5N62W über die momentane Situation. Die Rakete flog weiter, bis die letzten Treibstoffreste die automatische Selbstzerstörung auslösten.
Bei ordnungsgemäßem Flugverlauf erfolgte die Detonation des Gefechtsteils in der Nähe des Zieles durch den Annäherungszünder.
Für jede Startrampe bevorratete die NVA fünf Kampfsätze. Bei 24 Startrampen ergab sich ein Vorrat von 120 Raketen, über den die NVA im Januar 1990 verfügte. Die Planungen zur Entwicklung der NVA 1991 bis 1995 sahen die Zufuhr weiterer zehn Raketen W880 vor.

Startrampe

5П72В – пусковая установка СМ-99А ЗРК С-200 = 5P72W – Startmechanismus SM-99A FRK S-200

Die **Startrampe 5P72W** (Werksbezeichnung SM99A) diente der Startvorbereitung, dem Richten und dem Start der Rakete. Sie stand in ausgebauten Feuerstellungen und war fest mit dem Betonfundament verbunden. Das allgemeine Konstruktionsschema ähnelte der Startrampe SM63 des FRS SA75 DWINA. Die wesentlichen Unterschiede bestanden in zwei leistungsstarken Hydraulikzylindern zum Heben des Auslegers mit der 7 t schweren Rakete sowie in einem abklappbaren Rahmen mit elektrischen Anschlüssen, der im vorderen Bereich die Rakete mit der Startrampe verband. In den frühen Stadien der Entwicklung der Startrampe wurden verschiedene Optionen für Gasabweiser untersucht. Der Einsatz der Feststoffbooster mit von der Rakete wegweisenden Düsen und das verzögerte Zünden des Flüssigkeits-Marschtriebwerks reduzierten die Zerstörung der Bodenoberfläche gegen Null. Ein Gasabweiser erübrigte sich.
Die sechs zum FRK gehörenden Startrampen wurden kreisförmig um die RLS angeordnet. Das Beladen erfolgte in horizontaler Lage des Beladebalkens, der Abschuss der Rakete in Richtung Ziel bei konstantem Startwinkel von 48°.
Die wichtigsten Elemente der SR bildeten der elektrische Seitenwinkelantrieb und der hydraulische Höhenwinkel-Richtmechanismus. Beide Mechanismen wurden aus der Startleitkabine K3W gesteuert.
Bei der Auswahl der Stellung des FRK galt es zu berücksichtigen, dass sich die Feststoffbooster 3 bis 5 Sekunden nach dem Start von der Rakete trennten und in einer Entfernung von ca. 4 km zu Boden gingen. Um diesen Raum einzugrenzen, wurde der konstante Startwinkel festgelegt.

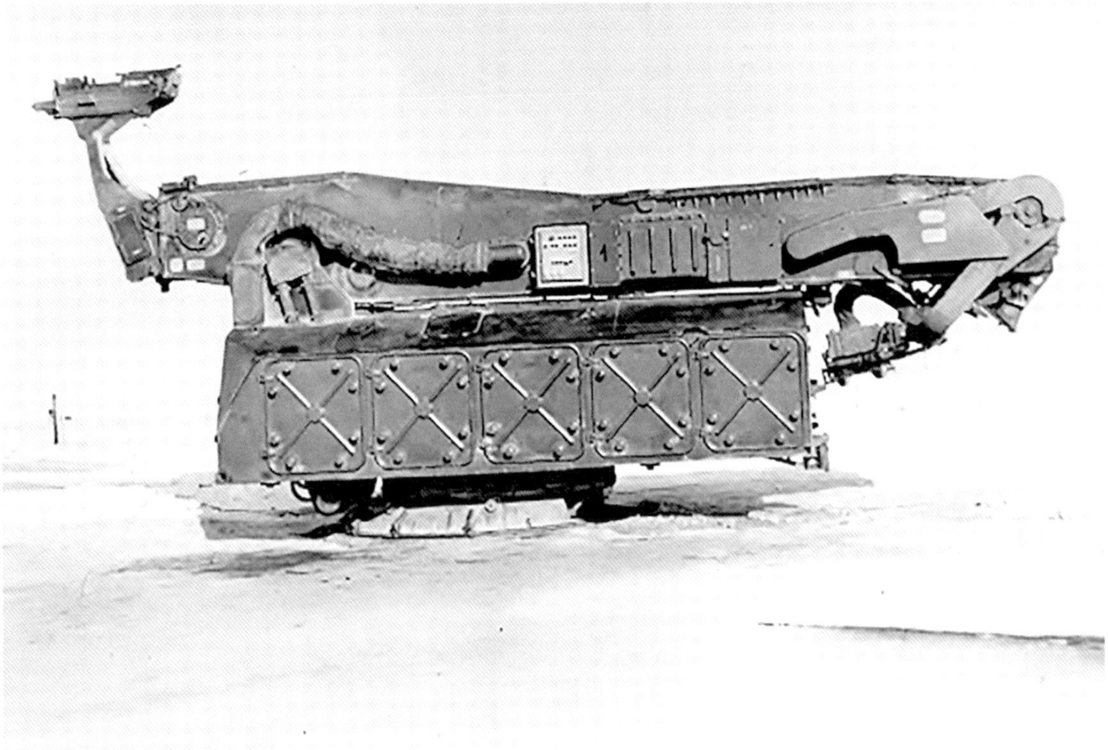

Startrampe 5P72W unbeladen (oberes Bild) und beladen mit der Rakete W880.

In der Startstellung war die Startrampe 5P72W fest mit dem Betonfundament verbunden. Die Rakete ist mit der Startrampe über einen abklappbaren Rahmen elektrisch verbunden.

Der Beladevorgang wurde ebenfalls aus der Startleitkabine K3W mithilfe eines Startleitsystems ferngesteuert oder örtlich mithilfe eines Steuerpults ausgeführt. Das Startleitsystem steuerte u. a. das Einschalten der Stromversorgung und das automatische Beladen der Startrampen. Bei der Fernsteuerung arbeiteten die Antriebe der Lademaschine nach einem festgelegten Programm, das durch die Endausschalter der Lademaschine und der Startrampe gesteuert wurde..

Das Be- und Entladen der Startrampe 5P72W konnte direkt mit der Transportanlage 8T82M1 erfolgen, wie dies bei einer Lehrvorführung demonstriert wurde.

Das Beladen der Startrampe erfolgte mithilfe der Lademaschine 5Ju24M. Alternativ dazu bestand die Möglichkeit, die Startrampe, ohne weitere Hebezeuge, direkt von der Transportanlage 5T82M1 zu beladen. Bei der dritten Methode der Beladung kamen der Hubstapler Typ 4051A oder ein Autodrehkran K162A zum Einsatz.
Als innovative Neuheit galt das automatisierte Beladen der Startrampe mithilfe der **Lademaschine 5Ju24M**. Dank der automatisierten Beladung der Startrampe war kein Personal erforderlich, sodass das Beladen der Startrampe zeitnah unter allen Witterungsbedingungen und unter KCB-Bedingungen erfolgen konnte. Auf der Lademaschine befand sich eine gefechtsbereite Rakete. Zu jeder Startrampe gehörten zwei Lademaschinen, sie waren in Hangars innerhalb der Feuerstellung, ca. 40 m von der Rampe entfernt, untergebracht. Die Lademaschinen bewegten sich selbständig auf Gleisen, auf die sie mit dem Autodrehkran K162A aufgesetzt wurden. Die Ausmaße der Lademaschine 5Ju24M (L x B x H) betrugen 8213 x 2390 x 3298 mm bei einer Leermasse von 4800 kg. Zum Transport der Lademaschinen konnte der Lastzug 5T53M mit Zugmittel KrAZ260W herangezogen werden.

Die Lademaschine 5Ju24M unbeladen (linkes Bild) und die Übergabe der Rakete W880 von der Lademaschine 5Ju24M an die Startrampe 5P72W.

Die Startrampe 5P72W war in der Feuerstellung fest verankert und stand etwa 40 m vor dem Lademaschinenbunker. Zwei beladene Lademaschinen 5Ju24M konnten nacheinander mithilfe der Gleise an die Startrampe heranfahren.

Das Be- und Entladen der Lademaschine erfolgte mittels geeigneter Hebezeuge. Des Weiteren bestand die Möglichkeit, die Rakete von der Transportanlage 5T82M1 auf die Startrampe und von der Startrampe auf die Lademaschine zu verschieben.
Die Masse der Lademaschine in der Transportlage betrug etwa 8000 kg. Das Startleitsystem der Kabine K3W öffnete die Hangartore des Lademaschinenbunkers. Eine Lademaschine fuhr heraus und transportierte die Rakete automatisch zur ausgerichteten Startrampe. Anschließend wurde sie mit der Startrampe verriegelt und die Rakete mithilfe eines Schlittens auf die Rampe geschoben. Danach wurde die Verriegelung aufgehoben, die Lademaschine zurückgefahren und das Bunkertor wieder geschlossen. Im Anschluss konnte die Rakete in den Vorbereitungsmodus geschaltet werden. Das Nachladen der Startrampe mithilfe der Lademaschine dauerte maximal 2 Min.

Führungstechnik

Die Führung des Fla-Raketensystems S200 WEGA erfolgte über den Gefechtsstand der FRAG mit der **Führungs- und Zielzuweisungskabine K9M** (Kabine K9M). Mithilfe des Richtfunk-GS 5Ja63(1) und einer Kopplungskabine hielt sie Verbindung zum Gefechtsstand der FRBr oder zum AFS. Gleichzeitig war sie mit den Aufklärungs- und Zielzuweisungsmitteln, den beiden Fla-Raketenabteilungen (Schießkanälen) und der Technischen Abteilung verbunden. Somit war der direkte Kontakt zu den beiden Elementen der Schießkanäle, zu den beiden Startleitkabine K3W und den Zielaufhell- und Leitstationen 5N62W, gewährleistet. Im FRS großer Reichweite wurde für den Informationsaustausch erstmals ein digitaler Computer mit Halbleiterbauelementen eingesetzt. Um die Entwicklung des Computers zu beschleunigen, wurde der bereits für den Einbau in Flugzeuge entwickelte digitale Bordcomputer PLAMJA (**Бортовая цифровая вычислительная машина – БЦВМ = digitaler Bordcomputer – BZWM)** modifiziert und in das FRS integriert.

Im Dezember 1961 begann die Entwicklung, Erprobung und Einführung der notwendigen Computerprogramme. Die Software des digitalen Bordcomputers PLAMJA-K ermöglichte die Steuerung jedes einzelnen Schießkanals, die Übertragung der Informationen von der RLS zur Rakete, die Übermittlung aller Ziel-Koordinaten und die Abstimmung der Trägerfrequenz. Durch Drehen der Startrampe wurde der Zielsuch-Lenkkopf der Rakete in Richtung Ziel ausgerichtet und die Zielentfernung und -geschwindigkeit ständig abgeglichen. Die Betriebsart des Zielsuch-Lenkkopfs wurde auf AUTOMATISCHE BEGLEITUNG nach Winkelkoordinaten, Entfernung und Geschwindigkeit umgestellt, wenn die Zielechosignale im Zielsuch-Lenkkopf eine ausreichende Signalstärke erreicht hatten.

Die Apparatur der Kabine K9M sorgte für den Empfang der Alarmierungssignale und deren Weiterleitung an die Schießkanäle. Sie empfing die Zielzuweisungen vom AFS, die Aufklärungsergebnisse von den AZM sowie von den beiden Zielaufhell- und Leitstationen 5N62W. Sie dokumentierte die Informationen vom AFS, imitierte die Informationen des AFS bei der Funktionskontrolle der Zielaufhell- und Leitstationen 5N62W über den Kontrollmast K-7 und stellte das Training der Gefechtsbesatzungen der FRAG sicher. Die Besatzung der Kabine K9M stellte u. a. die Luftlage auf der Luftlagekarte dar und beurteilte sie. Die Informationen stammten aus den Benachrichtigungsnetzen der Funktechnischen Truppen oder von den eigenen Aufklärungs- und Zielzuweisungsmitteln. Es erfolgte die Auswahl der zu bekämpfenden Ziele. Die Besatzung legte die Möglichkeiten zur Bekämpfung der Ziele in der Bekämpfungs- und Vernichtungszone, die Verteilung der Ziele, die Wahl der Methode zur Bekämpfung der Ziele und die Feuerart fest. Sie überwachte den Verbrauch der Raketen, die Arbeit der AZM sowie der Nachrichtenzentrale und der Stromversorgungsanlage.

Die Elemente der Führungs- und Zielzuweisungskabine K9M waren in einem Sattelauflieger OdAZ-828 mit einer Sattelzugmaschine vom Typ KrAZ-255W1 untergebracht. Die Ausmaße des SAL (L x B x H) betrugen 8760 x 2570 x 3480 mm bei einer Masse von 9500 kg.

Der **Kontrollturm K7** wurde in der Nähe der Kabine K9M aufgestellt. Er diente der Funktionskontrolle der beiden Antennenposten K1W und der Führungs- und Zielzuweisungskabine K9M.

Die **Apparaturkabine K2W** (Kabine K2W) bildete den Gefechtsstand der Zielaufhell- und Leitstation 5N62W und somit einen Bestandteil des Schießkanals (FRA). Die Hauptaufgabe der Bedienung bestand darin, das zugewiesene Ziel zu erfassen und zu begleiten. Dazu empfing sie die Zielzuweisung aus der Kabine K9M. In der Apparaturkabine K2W befand sich das Startsichtgerät mit der Anzeige der Vernichtungszone und den Signalen vom Zielsuch-Lenkkopf der Rakete. Von hier aus wurden die Betriebsarten und die Arbeitsregime des Antennenposten K1W festgelegt, alle anfallenden Zieldaten dargestellt und der Prozess der Zielsuche, des Auffassens und der ständigen Zielbegleitung gesteuert. Von dieser Station aus wurden alle Zielinformationen an die Startleitkabine K3W in der Startbatterie übermittelt. Von hier erfolgte der Start der Rakete und die Beobachtung der Zielvernichtung. Die Zielbegleitung erfolgte ausschließlich automatisiert unter ständiger Ermittlung der drei Koordinaten Seitenwinkel, Höhenwinkel und Geschwindigkeit. War die Zielzuweisung ungenau, bestand die Möglichkeit, zwei mechanische Suchprogramme, die automatisch abliefen, zu schalten. Beim KONISCHEN SUCHEN erfolgte eine kreisförmige Schwenkung des Strahls und eine damit verbundene Verdoppelung des Öffnungswinkels der Sendeantenne. Bei der SEKTORENSUCHE erfolgte die Raumabtastung nacheinander mit zwei unterschiedlichen Öffnungswinkeln.

Alle Geräte waren in einem Sattelauflieger OdAZ-828 verbaut. Als Zugmittel diente eine Sattelzugmaschine Typ KrAZ-255W1. Die Ausmaße des SAL (L x B x H) betrugen 8920 x 2570 x 3480 mm bei einer Masse von 6000 kg.

Die Führungs- und Zielzuweisungskabine K9M (linkes Bild) und die Apparaturkabine K2W.

Raketenleitstation

5H62B – радиолокатор подсвета цели ЗРС С-200 = 5N62W – Zielbeleuchtungsradar FRS S-200

Die Raketenleitstation, im FRS S200 WEGA als **Antennenposten K1W** bezeichnet, war Bestandteil der Zielaufhell- und Leitstationen 5N62W. Sie erfüllte zwei wichtige Funktionen. Zum einen diente sie der Formierung, Verstärkung und Aussendung der HF-Impulse im 4,5 cm-Wellenbereich mit einer Dauerleistung von 3 kW, die zum Beleuchten (Aufhellen) eines potenziellen Zieles benötigt wurden. Da ihre Reichweite mit 250 bis 380 km (je nach Zielgröße) über der Reichweite der Rakete mit 240 km lag, konnte bei rechtzeitiger Zielzuweisung und -erfassung das Ziel bereits beim Passieren des äußersten Bekämpfungsrands der Rakete angegriffen werden. Flog das Ziel mit 3 / 3,5-facher Schallgeschwindigkeit (3700/4300 km/h), erreichte es das Zentrum der FRA nach 3 Min. 54 Sek. / 3 Min. 21 Sek. Ziele mit sehr kleinen Reflektionsflächen wie die amerikanische F-16 ließen sich erst bei Entfernungen unter 195 km erfolgreich bekämpfen.
War keine oder nur eine ungenaue Zielzuweisung durch den vorgesetzten Gefechtsstand, das AFS oder die eigenen AZM möglich, ließ sich die RLS zur Zielsuche einsetzen. Dabei kamen zwei Betriebsarten zum Einsatz, die in Abhängigkeit von der Entfernung zum möglichen Ziel gewählt werden mussten. Sie unterschieden sich in der Breite der abgestrahlten Sendeimpulse und unterteilten sich in BREITER STRAHL und SCHMALER STRAHL. In der Betriebsart BREITER STRAHL betrug der Öffnungswinkel der Sendeantenne 1,4° und wurde für Ziele bis 200 km verwendet. War die Zielentfernung größer als 200 km, wurde die Betriebsart SCHMALER STRAHL mit einem Öffnungswinkel der Sendeantenne von 0,7° verwendet.
Die Bündelung der Energie des HF-Impulses für die Zielbeleuchtung in einen schmalen Strahl erforderte eine große Öffnungsfläche der Sendeantenne. Unter Berücksichtigung der Anforderungen für den Transport der RLS und ihrer De- bzw. Montage, wählte man ein dreiteiliges Antennendesign mit einer Fläche von ca. 25 m^2.
Die Öffnungsfläche der Empfangsantenne der RLS war viermal kleiner als die der Sendeantenne. Hier erfolgte der Empfang des reflektierten Zielsignals und des Signals des Fla-Raketenantwortsenders.
Für das FRS war es wichtig, ständig über den mehrere Minuten dauernden Flug der Rakete und die Position des Ziels informiert zu sein. Aus diesen Daten ließen sich Rückschlüsse auf die Funktion der Rakete oder ihr Versagen ziehen. Im letzteren Fall konnte schnell eine zweite Rakete gestartet werden. Durch den Empfang der Zielsignale wurde durch ständiges mechanisches Nachrichten des Antennensystems das Ziel ständig im Suchsektor der RLS gehalten.
Der Antennenposten K1W erfasste das von der Führungs- und Zielzuweisungskabine K9M zugewiesene Ziel. Wurde das Ziel nicht erfasst, ging die Station in den Suchmodus über, was bei dem stark gebündelten HF-Impuls wenig Erfolg versprach. Nach erfolgter Zielerfassung wurde mit dem Freund-Feind-Kennungsgerät PAROL die Kennung des Luftziels abgefragt, seine Koordinaten bestimmt, das Ziel permanent angestrahlt (aufhellen) und begleitet. Die maximale Auffassentfernung in einer Höhe von 10 km betrug für strategische Bomber ca. 400 km, für Jagdbombenflugzeuge ca. 300 km und für Marschflugkörper ca. 170 km. Die Station berechnete die Informationen für die Kabine K9M und die Angaben für die Startautomatik. Sie bestimmte die Angaben für den Zielsuch-Lenkkopf der Raketen, kontrollierte den Flug der Raketen und beurteilte die Schießergebnisse.
Im Falle des Einsatzes eines Störträgers wurde die Rakete auf das Zentrum der Strahlungsquelle gerichtet. Dabei musste das Ziel nicht beleuchtet werden (Arbeit im passiven Modus), die Entfernung wurde manuell eingegeben.
Reichte die Leistung des reflektierten Signals zur Zielerfassung nicht aus, war ein Start mit der Zielerfassung während des Fluges, Betriebsart ERFASSEN IM FLUG, vorgesehen.
Ging während des Fluges der Rakete die Verbindung zum Ziel verloren, sendete die Rakete ein Signal an die RLS, das die Empfangsantenne Raketenantwortsender empfing.

In der FRAG-411 waren die beiden Antennenposten K1W und der HM PRW171 unter drei kugelförmigen Traglufthallen (Ballons) auf kreisrunden Wänden, wettergeschützt untergebracht. Gebläse und Schleusen sorgten für den nötigen Überdruck. In einem vierten Ballon verbarg sich ein für die Ausstrahlung von Dauerstrichimpulsen modifizierter HM PRW9; ein fünfter Ballon war leer. Die letzten beiden dienten als Täuschsender/Attrappe. Die Traglufthallen besaßen einen Durchmesser von über 20 m und eine Höhe von ca. 12 m und waren weithin sichtbar.
Die Apparatur des Antennenposten K1W befand sich in einer fahrbaren Kabine mit montierter Antennenanlage. Die Antennenanlage bestand aus der Sendeantenne (großer Spiegel) und der Empfangsantenne (kleiner Spiegel). Beide waren elektromagnetisch voneinander getrennt. Über diese beiden Antennen erfolgte das Senden und das Empfangen der Kennungssignale. Die runde Antenne am Ausleger rechts stellte die Empfangsantenne des Raketenantwortsenders dar. Der gesamte Antennenposten ließ sich horizontal um 360° drehen, der obere Teil in der Höhe um 180° kippen, was aber nur zu Kontrollzwecken notwendig war. Zum Transport der Kabine diente das zwillingsbereifte Zweiachs-Fahrgestell BR227 und als Zugmittel der schwere Lkw KrAZ-255B1.

Antennenposten K1W in Gefechtslage, links die große Sendeantenne, rechts die kleinere Empfangsantenne, am Ausleger die runde Empfangsantenne des Raketenantwortsenders. Die Traglufthalle wurde abgebaut, die kreisförmige Wand ist gut erkennbar. Zwischen der Sende- und der Empfangsantenne der Träger für die Hornstrahler und die Antenne für die Freund-Feind-Abfrage.

Die weithin sichtbare Traglufthalle beherbergte entweder ein Antennenposten K1W, den Höhenmesser PRW17-1, den Täuschsender auf Basis des Höhenmessers PRW9 oder war einfach leer (linkes Bild). Die für den Transport vorbereitete Container der Kabine des Antennenpostens K1W auf dem Zweiachs-Fahrgestell BR227.

Für den Transport der Antennenanlage gab es vier spezielle Antennenanhänger. Die beiden Spezialanhänger P1 und P2 waren Anhänger der Größenklasse 2-PN-10. Die Spezialanhänger P3 und P4 nutzten das Fahrgestell 925W.

Die Spezialanhänger P2 und P1.

Der **Startleitkabine K3W** als Bestandteil der Zielaufhell- und Leitstationen 5N62W kam die Aufgabe zu, die Raketen für den Start vorzubereiten. Da die Steuerung der Rakete über die vom Ziel reflektierten HF-Impulse erfolgte, musste der Zielsuch-Lenkkopf bereits am Boden vor dem Start ausgerichtet werden. Außerdem musste die Kabine K3W automatisch die Empfänger der Zielsuch-Lenkköpfe und die Sendefrequenz der RLS unter Berücksichtigung der Dopplerfrequenz der Zielgeschwindigkeit automatisch nachjustieren. Für die Startvorbereitung der sechs Raketen bildete die Apparatur der Startleitkabine K3W sechs Steuerkanäle. Waren alle Startvorbereitungen abgeschlossen, gab die Kabine K3W das Signal STARTERLAUBNIS.

Die Kabine verfügte über eigene Schalteinrichtungen zum Einschalten der Stromversorgung, eine Wechselsprechanlage, ein Kühl- und Heizsystem sowie eine Filterventilationsanlage. Ein Kabel verband die Kabine mit der RLS, den Startrampen und der Diesel-Elektrostation. Als Basis für die Kabine diente ein Sattelauflieger vom Typ OdAZ-828 mit einem KrAZ-255B1 als Zugmittel. Die Ausmaße der Kabine (L x B x H) betrugen 8900 x 2570 x 3480 mm bei einer Masse von 11.550 kg.

Die Spezialanhänger P3 und P4.

Startleitkabine K3W.

Stromversorgungsanlage

5C91 – подвижная трансформаторная подстанция ПТП-320 =
5S91 – mobiles Umspannwerk PTP-320
5E97 – передвижная дизель-электростанция ЭСД-200 =
5E97 – mobiles Dieselkraftwerk ESD-200

Die Versorgung des Fla-Raketensystems mit elektrischer Energie erfolgte durch die Entnahme aus dem öffentlichen Netz und Umwandlung in eine Spannung von 380 V / 50 Hz mithilfe der **Transformatorenstation 5S91.** Der hohe Energiebedarf der Kabinen K1W, K2W und K3W sowie der sechs Startrampen ließ sich andernfalls durch die systemeigene Stromversorgung decken, und zwar mit fünf **Diesel-Elektrostationen 5E97 – Kabinen K20M**. Jede FRA nutzte eine und die TA zwei Diesel-Elektrostationen; die fünfte Station wurde als Reserve abgestellt.

Die Diesel-Elektrostation 5E97 erreichte eine Leistung von 200 kW und war für die Versorgung von Verbrauchern mit elektrischem Wechselstrom mit einer Spannung von 380 V / 50 Hz und von Drehstrom mit einer Spannung von 230 V mit einer Frequenz von 400 Hz ausgelegt. Die Station nutzte einen Anhänger der Größenklasse 2-PN-10 mit Fahrgestell MAZ-5224W und Koffer KUNG-P10 als Basis; als Zugmittel einen schweren Lkw KrAZ-255B1. In Aufbau und Wirkungsweise ähnelte sie der Diesel-Elektrostation 5E96.

Die **Umformerkabine K22M** und die **Verteilerkabine K21M** wandelten die Energie, 380 V / 50 Hz, mithilfe von Frequenzumformern in 230 V / 400 Hz um und verteilten diese an die Verbraucher. Als Basis für die Kabinen K21M und K22M diente jeweils ein Anhänger der Größenklasse 2-PN-2 mit Koffer KUNG-P2.

Die Verteilerkabine K21M (linkes Bild) und die Umformerkabine K22M

Ein **Diesel-Elektro-Aggregat ESD-30-WS/400-M2** stellte den Energiebedarf des FRS während der Verlegung sicher.

Automatisierte Führungssysteme

5Я75 – кабина сопряжения Спираль ЗРС С-200 =
5Ja75 – Kopplungskabine SPIRALE FRS S-200
52Л6 – кабина сопряжения и связи с КП группы дивизионов ЗРК С-200 =
52L6 – Kabine für die Schnittstelle und Kommunikation mit dem Kommandoposten der Divisionsgruppe FRK S-200

Zeitpunkt	Einheit	AFS	Kopplungskabine	Richtfunk-GS
1979	43. FRBr	5N35Ä VEKTOR-2WÄ	1 x 5Ja75	1 x 5Ja63 / 1 x 5Ja62
1984	41. FRBr	5S99Ä SENESH-Ä	1 x 52L6Ä	1 x 5Ja63
1987	43. FRBr	5S99MÄ SENESH-MÄ	1 x 52L6Ä	1 x 5Ja63

Bereits 1979 erhielt die 43. FRBr das **AFS 5N35Ä VEKTOR-2WÄ.** Für die Kopplung des ab 1984 eingeführten FRS S200 WEGA dienten eine **Kopplungskabine 5Ja75** und jeweils ein Richtfunk-GS 5Ja62(1) und **5Ja63**(1). 1987 erfolgte die Ablösung des AFS 5N35Ä VEKTOR-2WÄ durch das **AFS 5S99MÄ SENESH-MÄ**. Die Kopplung des FRS S200 WEGA an das AFS bewerkstelligten eine **Kopplungskabine 52L6Ä** und zwei **Richtfunk-GS 5Ja63**(1).
In der 41. FRBr wurde 1986 das FRS S200 WEGA durch das **AFS 5S99Ä SENESH-Ä** geführt. Der Datenaustausch zwischen dem AFS und dem FRS erfolgte mithilfe von einer **Kopplungskabine 52L6Ä** und zwei **Richtfunk-GS 5Ja63**(1).

Mittel der Gefechtssicherstellung

Радиолокационная станция П14Ф Фургон =
Radarlokalisierungsstation P14F PLANWAGEN
Подвижный радиовысотомер – ПРВ13 НАДЕЖНОСТЬ =
Beweglicher Funkhöhenmesser – PRW13 ZUVERLÄSSIGKEIT
Радиолокационная станция Оборона 14 =
Radarlokalisierungsstation OBORONA 14
Подвижный радиовысотомер – ПРВ17-1 Линейка =
Beweglicher Funkhöhenmesser – PRW17-1 LINEAL
Dem Fla-Raketensystem S200 WEGA waren für die Fernaufklärung eine **Funkmess-Station P14F** und ein **Höhenmesser PRW13** zugeordnet. Deren Aufklärungsergebnisse dienten u. a. der Zielzuweisung für die beiden Antennenposten K1W. Die Übermittlung der Aufklärungsergebnisse erfolgte mit einer Funkübertragungslinie RL-30-1 PHASA. Ab 1986 übernahmen diese Aufgaben eine **FuMS OBORONA 14** und ein **Höhenmesser PRW17-1**.

Mittel der technischen Sicherstellung
Transporttechnik

5T53M – транспортная машина ЗРС С-200 =
5T53M – Transportfahrzeug FRS S-200
5T82M1 – транспортно-заряжающая машина ЗРС С-200 =
5T82M1 – Transport-Ladefahrzeug FRS S-200
Zwei Raketen W880 wurden in Containern mit der **Transportanlage 5T53M** von den zentralen Lagern zur Technischen Abteilung der jeweiligen FRAG transportiert. Den Lastzug nutzte man auch für den Transport eines Transportgestells für Raketen oder für den Transport einer Startrampe.
Der Lastzug bestand aus dem SAL 5T53M und dem Zugmittel KrAZ-260W und hatte eine Masse im beladenen Zustand von ca. 28.000 kg. Zum Fla-Raketensystem gehörten acht Lastzüge 5T53M.

Lastzug 5T53M mit Raketencontainern, der Beladevorgang erfolgte mit einem ADK125.

Sattelauflieger 5T53M mit mechanisiertem Lagergestell für Raketen (linkes Bild). Lastzug 5T53M als Transportmittel für die Startrampe 5P72W mit einem schweren Lkw KrAZ-260W als Zugmittel.

Zehn **Transportanlagen 5T82M1**, bestehend aus dem SAL 5T82M1 und dem Zugmittel KrAZ-260W, transportierten die fertig montierten und bestückten Raketen zum Platz der Betankung und anschließend zur Startstellung.

Da Montage und Bestückung viel Zeit erforderten, wurde ein Teil der Raketen fertig montiert und bestückt, aber unbetankt auf fahrbaren **mechanisierten Lagergestellen für Raketen** gelagert. Diese Gestelle konnten auf den Lastzügen transportiert und zur Betankung gefahren werden.

Abb. rechts: Transportanlage 5T82M1 mit fertig montierter und bestückter Rakete W880.

Krantechnik

Zur Montage der Raketen kamen jeweils vier **ADK125** oder **Autodrehkran K162A** zum Einsatz. Transportaufgaben innerhalb des Fla-Raketensystems übernahmen zwei **Hubstapler 4051A** und zwei **Selbstlader 5912** (Lkw VI mit Ladehilfsmittel) auf Basis des schweren Lkw KrAZ-255B1

Selbstlader 5912 und Hubstapler 4051A

Transport- und Tanktechnik für Brennstoff

Für die Betankung der Raketen mit Brennstoff nutzte man zwei **Auftankanlagen Brennstoff 5L22A**[1]. Als Transportmittel für Brennstoff sollten laut *„Bestätigungsdokument des Verzeichnisses der Bewaffnung und Ausrüstung für den Fla-Raketenkomplex S200 vom Mai 1982“* zwei **Transportanlagen Brennstoff ZAK44Z** dienen. Die Transportanlage bestand aus dem SAL ZAK44Z mit großem Tank und dem Zugmittel ZIL-131W. Diese Transportanlage tauchte allerdings in den STAN-Unterlagen der FRBr nicht auf. Stattdessen kamen **Transportanlagen für Brennstoff AZG 5-375**[1] zum Einsatz.

Nach den Planungsunterlagen der 43. Fla-Raketenbrigade arbeiteten ab 1986 zwei **Auftankanlagen Brennstoff 5L22A** mit zwei **Transportanlagen Brennstoff AZG 5-4320**[1] zusammen.

Transport- und Tanktechnik für Oxidator

Für die Betankung der Raketen mit Oxidator nutzten die beiden Fla-Raketenbrigaden je zwei **Auftankanlagen Oxidator 5L62A**[1] und je zwei **Transportanlagen Oxidator AKZ 4-255W**[1].

Wasch- und Neutralisationsfahrzeug

Zur feuerwehrtechnischen Sicherstellung und zur Unterstützung der Betankung mit Oxidator setzte die FRAG ein **Wasch- und Neutralisationsfahrzeug 8T311M**[1] ein.

Erzeuger und Transporttechnik für Druckluft

Für die Versorgung der Druckluftsysteme der Raketen kamen zwei **Kompressorstationen UKS400W-131**[1] mit drei **Lufttankanlagen 5L94**, gezogen von je einem mittleren Lkw URAL-375D, als Transport- und Speichermittel in der TA/FRAG zum Einsatz.

Kontroll- und Prüfstation

Автоматизированная Контрольно-Испытательная Передвижная Станция 5К23 – АКИПС 5К43 =
Mobile Station für automatisierte Kontrolle und Prüfung 5K23 – AKIPS 5K43

Zwei mobile, automatisierte Kontroll- und Prüfstationen 5K43Ä dienten der Kontrolle der Apparaturen und der Elektroausrüstung der Rakete W880 sowie der Kontrolle der Funksender, des Blocks Funklenkung/Funkortung und des Autopiloten. Die Kontroll- und Prüfstation gewährleistete die Kontrolle der Apparaturen der Rakete unabhängig von deren Vorbereitungszeit. Die Elemente der KPS waren in einem Sattelauflieger OdAZ-828 mit Zugmittel ZIL-131W montiert. Zur AKIPS gehörten weiterhin zwei mittlere Lkw vom Typ URAL-375D mit Kofferaufbau zum Transport von notwendigem EWZ.

Werkstätten

Die **Werkstattkabine PRM200** transportierte den Ersatzteil-, Werkzeug- und Zubehör-Satz 1. Der EWZ-Satz 1 war für die Ergänzung der Havarie-EWZ-Sätze und für planmäßige Instandsetzungsarbeiten im FRS S200 WEGA vorgesehen. Zum Transport diente ein Sattelauflieger OdAZ-828 mit einem ZIL-131W als Zugmittel. Zum Fla-Raketensystem gehörte eine Werkstattkabine PRM200.

Die Werkstattkabine PRM200 nutzte einen Sattelauflieger OdAZ-828 als Basis.

Verbleib

Im Rahmen der 1990 mit der UdSSR geführten Verhandlungen zur Reduzierung von speziellen Importen für die bewaffneten Organe der DDR wurde auch über „1 Satz Fla-Raketensystem S200" verhandelt. Die sowjetische Seite stimmte nach zähen Verhandlungen u. a. folgender Vereinbarung zu: „... *Zustimmung zur Annullierung des Lieferanteils 1990 des Fla-Raketenkomplex S200 (54,3 Mio. Mark) bei kostenloser Rücklieferung des im Jahre 1989 gelieferten und berechneten Lieferumfangs (157 Mio. Mark)*".

Dabei handelte es sich um die Ausrüstung der Fla-Raketenabteilungsgruppe 511, die ursprünglich 1988 den Betrieb in der 51. Fla-Raketenbrigade (Eckolstädt) aufnehmen sollte. Die bereits gelieferten Elemente des FRS S200 WEGA mussten entsprechend der Anordnung 24/90 vom Chef LSK/LV in der Zeit vom 21.10. bis 01.12.1990 in Frankfurt/Oder an die Sowjetunion übergeben werden.

Dabei handelte es sich u. a. um 41 Raketen W880, 24 Lademaschinen 5Ju24M, eine Kontroll- und Prüfstation 5K43Ä, jeweils sechs Lastzüge 5T53M und Transportanlagen 5T82M1, einen Hubstapler 4051A sowie verschiedene technologische Geräte.

Die Bundeswehr übernahm die beiden Fla-Raketensysteme S200 WEGA von der NVA und beschloss eine befristete Nutzung. Es fand eine Umstrukturierung der FRS statt. So wurden die zwei Komplexe der FRAG-411 in die 1. und 2. FlaRakG 52 umgesetzt. Die FuMS OBORONA14 wurde außer Dienst gestellt. Sie arbeitete auf den Frequenzen der Deutschen Bundespost und störte u. a. den Fernsehempfang. Dafür wurde eine FuMS P37 eingesetzt, die mit einer maximalen Auffassentfernung von 250 km die Einsatzreichweite des FRS S200 WEGA abdeckte. Zum 16.09.1992 erfolgte die Außerdienststellung der Fla-Raketenkomplexe S200 WEGA in der FlaRakG 52.

Eine Startrampe 5P72W auf dem Außengelände des Militärhistorischen Museums Flugplatz Berlin-Gatow. Links daneben die Startrampe 5P71 des Fla-Raketensystems S125 NEWA.

Rakete W500 des Fla-Raketensystems S300 ANGARA

Der Beschreibung der Rakete W500 liegt der STAN der 43. Fla-Raketenbrigade, gültig ab dem 1. November 1988, zugrunde.

Die Entwicklung der Flugzeugtechnik in den 1960er- und 1970er-Jahren ermöglichte es den gegnerischen Luftkampfmitteln, ein breites Spektrum an Kampfaufgaben zu erfüllen. Es wurden Aufklärungsflugzeuge entwickelt, die mit bis zu dreifacher Schallgeschwindigkeit in Höhen von über 20 km operierten und taktische Kampfflugzeuge, die unter Ausnutzung des Geländereliefs in niedrigen und niedrigsten Höhen flogen. Jagdbombenflugzeuge mit selbst lenkenden Raketen und reflexionsarmen Oberflächen, strategische Bomber mit nuklearen Einsatzmitteln, kleine unbemannte Aufklärungsdrohnen sowie Kampfhubschrauber, die auch aus der Standschwebe operierten, kamen zum Einsatz.

Die gesammelten Erfahrungen aus den Kampfhandlungen in Vietnam und im Nahen Osten zeigten bereits Ende der 1960er-Jahre wichtige Gründe für die Schaffung eines neuen mobilen Fla-Raketenkomplexes mittlerer Reichweite. Zum einen reduzierte die äußerst kurze Zeitspanne zwischen dem Empfang des Signals über die Entdeckung feindlicher Luftangriffswaffen und deren Abflug aus der effektiven Kampfzone der bodengestützten Fla-Raketensysteme die Bekämpfungswahrscheinlichkeit. Hinzu kam die Notwendigkeit, nach einem Beschuss möglichst schnell die Feuerstellung zu wechseln, bevor die nächste feindliche Kampffliegergruppe angriff oder zuvor beschossene Flugzeuge erneut zum Angriff übergingen.

Um diesen neuen Bedingungen gerecht zu werden, musste ein grundlegend neues Fla-Raketensystem geschaffen werden. Es sollte in der Lage sein, mehrere Ziele gleichzeitig zu bekämpfen und konzentrierte Angriffe aus allen Angriffsrichtungen und -höhen abzuwehren, ohne die Startrampe wie bisher horizontal oder vertikal auf einen vorgegebenen Winkel ausrichten zu müssen. Überdies sollten die Startrampen, geschützt vor feindlicher Aufklärung, zwischen Gebäuden, in engen Schluchten oder in dichten Wäldern, ohne Verlust der stabilen Verbindung zu den Führungsstellen entfaltet und in kürzester Zeit von der Marsch- in die Gefechtslage (und umgekehrt) überführt werden können.

Die Entwicklung der Elektronik ab Mitte der 1960er-Jahre ermöglichte den Einsatz immer schnellerer Rechner, die die aufeinander und parallel eintreffenden Informationen verschiedener Funkmessmittel und automatisierte Führungssysteme in immer kürzerer Zeit verarbeiten konnten. Dies verringerte den Zeitbedarf für die Zielzuweisung, das Anrichten und den Beschuss des Ziels erheblich.

1969 begann auf Beschluss des Ministerrats der UdSSR die Entwicklung des neuen Fla-Raketensystems S300. Es wurde erstmals als S300P für die Luftverteidigung, als S300W für die TLA der LaSK und S300F für die Flotte konzipiert. Die mobile Variante des Fla-Raketensystems S300P erhielt die Bezeichnung S300PM, die davon abgeleitete Exportvariante S300PMU. Der mobile Komplex wurde ab 1982 in die Bewaffnung der Luftverteidigung der UdSSR aufgenommen.

Im Herbst 1985 begannen die Vorbereitungen zur Einführung des Fla-Raketensystems S300PMU ANGARA in die 3. LVD der NVA. Die eigens für das neue FRS aufgestellte Fla-Raketenabteilung 4351 der 43. Fla-Raketenbrigade, erhielt Retschow im Bezirk Rostock als Standort zugewiesen. Im Verteidigungsfall wäre die FRA-4351 für den Schutz der Stadt Rostock und der dort stationierten Flotte zuständig gewesen. (Ein optimaler Schutz wäre durch die Entfaltung eines Fla-Raketensystems S125M NEWA-M als Bestandteil der 43. FRBr in unmittelbarer Nähe der FRA-4351 erreicht worden). Zur Erfüllung dieser Aufgabe verfügte die 43. FRBr u. a. über das Fla-Raketensystem S200 WEGA, das Ziele bis 400 km aufklären und bis 240 km bekämpfen konnte. Zur Vernichtung solch weitreichender Fla-Raketensysteme wurden hauptsächlich extrem tieffliegende Marschflugkörper entwickelt und eingesetzt. Da nur das FRS S300PMU ANGARA Marschflugkörper bekämpfen konnte, kam ihm der Schutz des FRS S200 WEGA als zweite wesentliche Aufgabe zu.

Im September 1987 wurde für die Chefs der Fla-Raketentruppen der Warschauer Vertragsstaaten in der UdSSR eine instruktiv-methodische Ausbildung zum Fla-Raketensystem S300 ANGARA durchgeführt.

Im Februar 1989 erfolgte die Entladung des Fla-Raketensystems S300PMU ANGARA im Ostseehafen Mukran und der Transport nach Prangendorf. Mitte März übergaben sowjetische Spezialisten die Technik an die NVA. Im Mai erfolgte die Zulassung zum Diensthabenden System durch die 3. LVD. Im Juni 1989 fand das erste und einzige Prüfungsschießen mit realem Start von Raketen auf dem Staatspolygon in ASCHULUK statt.

Für 1994 war die Lieferung eines zweiten Fla-Raketensystems S300PMU ANGARA mit 150 Raketen geplant.

Fla-Raketensystem

С-300ПМУ АНГАРА – Зенитный ракетный комплекс = S300PMU ANGARA – Flugabwehr-Raketenkomplex

Das Fla-Raketensystem S300PMU ANGARA diente der Suche und Begleitung von Zielen nach der Zielzuweisung durch ein automatisiertes Führungssystem in einem befohlenen Sektor oder in eigener Zuständigkeit. Es war in der Lage, hoch und schnell fliegende Ziele im gesamten Höhenbereich zu bekämpfen. Neben tief fliegenden Flugzeugen mit geringen Reflexionsflächen konnte es Gruppenziele, Hubschrauber, ballistische Raketen und alle Arten von Marschflugkörpern bekämpfen. Es war möglich, die Kennung des Zieles zu überprüfen und die Anfangsangaben für das Schießen zu errechnen. Nach erfolgtem Start wurden eine oder mehrere Raketen mithilfe ihrer Bordapparatur zum Ziel gelenkt und das Ergebnis des Schießens beurteilt. Des weiteren wurden kontinuierlich Informationen über den Zustand des FRS und die Gefechtsarbeit der einzelnen Startkomplexe an das AFS weitergeleitet. Der Einsatz gegen Erd- und Wasserziele war möglich. Mithilfe des Triangulationsmodus ließen sich über zwei Aufhell- und Leitstationen die exakten Daten eines mit aktiven und passiven Störsendern ausgerüsteten Flugzeugs bestimmen.

Wesentliche Bestandteile des FRS bildeten eine Aufhell- und Leitstation 30N6, vier Startkomplexe, die Raketen der Typenreihe W500 (5W55) und

eine Stromversorgungsanlage. Das Fla-Raketensystem verfügte zusätzlich über eine Aufklärungs-Funkmess-Station für geringe Höhen 76N6 auf Antennenmastanlage 40W6M. Zur Luftraumaufklärung und Bedrohungsanalyse wurde eine Funkmess-Station ST68UÄ zugeordnet. Alle Komponenten des Fla-Raketenkomplexes S300PMU ANGARA bauten auf schwerer Kfz-Technik auf. Diese Bauweise und das schnelle Herstellen der Marsch- und Gefechtslage verschaffte dieser neuen Generation der Fla-Raketentechnik eine enorm hohe Beweglichkeit. Damit war erstmals ein Fla-Raketensystem der LV manövrierfähig und konnte innerhalb von 24 h an jeden beliebigen Ort im Umkreis von 400 km verlegt werden.
Die Verwendung eines Feststoff-Triebwerks erübrigte die aufwendige und gefährliche Betankung der Rakete mit Oxidator und Brennstoff. Die Verwendung von Transport- und Startcontainern ermöglichte die Lagerung der einsatzbereiten Raketen zehn Jahre lang ohne Überprüfung. Beide Maßnahmen reduzierten die Technische Kompanie auf Transportaufgaben, was zu erheblichen Einsparungen von Personal und Technik führte.
Die Zeit für die Entfaltung der Aufhell- und Leitstation und der Startkomplexe sowie für die Überführung von der Marsch- in die Gefechtslage betrug maximal 5 min. Alle Operationen konnte das Personal aus den Fahrzeugkabinen durchführen. Alle Basisfahrzeuge MAZ-543M verfügten über Nachtsichtgeräte und Funkstationen für die Verbindung während des Marsches.
Der Einsatz des FRS konnte autonom oder im Bestand der Fla-Raketenbrigade mithilfe des Automatisierten Führungssystems 5S99MÄ SENESH-MÄ erfolgen. Die minimalen und maximalen Grenzen der Vernichtungszone lagen zwischen 5 km und 75 km, in der Höhe zwischen 25 m und 27 km. Ziele mit Geschwindigkeiten von bis zu 4680 km/h (1300 m/s) konnten bekämpft werden. Nach 24 Stunden ununterbrochener Arbeit war eine Pause von einer Stunde erforderlich. Der Betrieb der Anlagen war bis zu Windgeschwindigkeiten von 180 km/h (50 m/s), bei Temperaturen von +50 bis -50 °C und in Höhen bis zu 3 km möglich. Den Schutz von Personal und Technik vor Massenvernichtungsmitteln und elektromagnetischen Impulsen gewährleisteten eine verlässliche Isolation und der Überdruck in den Fahrzeugkabinen. Das FRS konnte im Eisenbahn-, See- und Lufttransport verlegt werden.
Das Fla-Raketensystem, dessen militärische Basis eine Fla-Raketenabteilung bildete, bestand aus einer Führungskompanie, die u. a. mithilfe einer Kopplungskabine und eines Richtfunk-GS die Verbindung zum GS der FRBr sicherstellte. Zur Aufklärung von Luftzielen mit geringer Reflexionsfläche in geringer Höhe setzte sie die Funkmess-Station zur Ortung von Zielen in geringer Höhe 76N6 ein. Die Funktechnische Kompanie wies die Ziele der Startbatterie (zwei Feuerzüge, ein Transport- und Nachladezug) mit einer Aufhell- und Leitstation 30N6 zu. Jeder Feuerzug setzte sich aus zwei Startkomplexen mit jeweils einer Hauptstartrampe 5P85SU und zwei Nebenstartrampen 5P85DU sowie den Raketen W500K (5W55K) und W500R (5W55R) zusammen. Die Technische Kompanie versorgte mit einem zweiten Transport- und Nachladezug die Startrampen mit den Raketen. Der Stromversorgungszug mit den Diesel-Elektrostationen und den Verteiler-Umformerkabinen stellte die elektrische Energieversorgung der FRA sicher.

In die NVA gelieferten Fla-Raketensysteme S300PMU ANGARA und Raketen W500K / W500R:

	Systeme	Komplexe	Startrampen	Raketen
1989	1	2	12	72/0
1990				6/22
Gesamt	**1**	**2**	**12**	**78/22**

Rakete

5B55К – зенитная управляемая ракета В500К (командная) для ЗРС С-300ПТ =
5W55K – Flugabwehrrakete W500K (Kommando) für das Luftverteidigungssystem S-300PT
5B55Р – зенитная управляемая ракета В500Р (радийная) для ЗРС С-300ПТ =
5W55R – Flugabwehrrakete W500R (Funk) für das Luftverteidigungssystem S-300PT

Die **Rakete W500K (5W55K)** und die **Rakete W500R (5W55R)** stellten die Kampfmittel des Fla-Raketensystem S300PMU ANGARA dar.
Der Rumpf der Rakete W500 und ihrer Modifikationen bestand aus einer hochfesten Aluminiumlegierung, die eine hohe Belastbarkeit, insbesondere bei der Verfolgung schnell manövrierender Ziele, erlaubte. Sie verfügte über ein einstufiges Feststoff-Triebwerk mit einer Laufzeit von 8 bis 10 Sekunden. Strukturell setzte sie sich aus vier Stufen (Funkmessanlage, Gefechtsteil, Bordausrüstung, Feststoff-Triebwerk mit Rudermaschine) zusammen. Der Hersteller lieferte die Raketen in Transport- und Startcontainern; sie benötigten zehn Jahre lang weder Inspektionen noch Wartung. Die Rakete W500 verfügte über einen Funkmess-Annäherungszünder und einen Aufschlagzünder, mittels Trägheitsnavigation erfolgte die Lenkung. Bei diesem Lenkverfahren sendete der halb aktive Suchkopf der Rakete die erfassten Zieldaten ständig an die Aufhell- und Leitkabine, wo sie ein Hochleistungsrechner abglich, neu berechnete und an die Rakete zurücksendete. Die Rakete führte die notwendigen Flugbahnkorrekturen aus. Bei direktem Treffer oder auf Kommando des bordeigenen Funkzünders erfolgte die Detonation des Gefechtsteils. Die Art der Zündung des Gefechtskopfes wurde in Abhängigkeit vom Ziel und der Zielbewegung durch die Aufhell- und Leitstation übermittelt, der Vernichtungsradius lag bei etwa 40 m.

Obwohl beide in der NVA eingesetzten Fla-Raketenmodifikationen das gleiche Feststofftriebwerk nutzten, unterschieden sie sich im Aufbau der Flugbahn und in der maximalen Schussweite, was sich auf die unterschiedlichen Lenkmethoden zurückführte.
Die Flugbahn der Rakete W500K bestand aus zwei Abschnitten, dem Start und dem ungelenkten Flug (erster Abschnitt) bis zur Erfassung durch die Aufhell- und Leitstation. Danach schloss sich der zweite Abschnitt, der gelenkte Flug, an. Die Rakete W500K wurde bis zum Rendezvouspunkt (Schussentfernung maximal 47 km) mit dem Ziel gelenkt.

Grafik der Rakete W500

Die Arbeiten an den Raketen des FRS S75 WOLCHOW zeigten, dass die sichere Lenkung einer Rakete ins Ziel mittels Funksignalen bis zu einer Entfernung von ca. 50 km Erfolg versprach. Für größere Zielentfernungen musste ein anderes Lenkverfahren, wie beim Fla-Raketensystem S200 WEGA, eingesetzt werden. Demzufolge gliederte sich die Flugbahn der Rakete W500R in drei Abschnitte.

Um Ziele, die weiter als 47 km entfernt waren, zu bekämpfen, wurde die Flugbahn der Rakete W500R in drei Abschnitte unterteilt. Dem ungelenkten Startabschnitt gliederte sich der durch die Aufhell- und Leitstation geführte zweite Abschnitt an. Nach ca. 45 km erfolgte der nahtlose Übergang zur Zielverfolgung durch die Rakete (dritter Abschnitt), die Rakete steuerte sich selbst ins Ziel. Dazu nutzte sie über ihre eingebaute Funkmessanlage die vom Ziel reflektierten HF-Impulse der Aufhell- und Leitstation.

Durch Vergleich der Informationen in der Aufhell- und Leitstation und der beteiligten Funkmess-Stationen über den Flug der Rakete ließen sich Ziele identifizieren, die mit Funkstörungen operierten. Diese Lenkungsmethode ermöglichte eine hohe Effizienz der Zielbekämpfung unter Bedingungen aktiver Störungen verschiedener Art. Dieses Lenkungsprinzip machte das gesamte Fla-Raketensystem praktisch unempfindlich gegen verschiedene funkelektronische Gegenmaßnahmen. Es ermöglichte einen optimalen Flug der Rakete entlang der Flugbahnen mit geringem kinetischem Energieverbrauch und gewährleistete eine hohe Effizienz der Zielbekämpfung.

Bei der Bekämpfung tieffliegender Ziele wurde die Rakete über die gedachte Linie zwischen Rakete und Ziel geschossen. Dadurch erhielt der Suchkopf optimale Sicht und die Rakete traf das Ziel steil von oben.

Die Abschussfrequenz betrug 3 bis 5 Sekunden; bis zu sechs Ziele konnten gleichzeitig von zwölf Raketen beschossen werden, wobei bis zu zwei Raketen auf ein Ziel gerichtet werden konnten.

Ablauf des Starts

Die Rakete W500 startete aus dem vertikal aufgestellten Transport- und Startcontainer (TSC). Nach dem 15 s dauernden Vorbereitungszyklus, in dem das Bordsystem der Rakete überprüft und die Parameter des ersten Abschnitts der Flugbahn bis zum Rendezvouspunkt mit der Aufhell- und Leitstation in den Autopiloten eingegeben wurden, erfolgte der Start. Der TSC wurde mithilfe eines Pulverdruckspeichers aufgeblasen, wobei der Containerdeckel aus Verbundwerkstoffen abgesprengt wurde. Die Rakete startete mit einem Katapult, das der aktivierte Pulverdruckspeicher antrieb. Der Druck in den Katapultzylindern, die sich im TSC entlang der Rakete befanden, trieb die unter der Rakete angebrachte Stange an, die das Katapult in eine Höhe von ca. 20 bis 30 m schleuderte. Gleichzeitig mit dem Austritt der Rakete aus dem TSC öffneten sich die aerodynamischen Ruder. Hatte die Rakete fast die Geschwindigkeit Null erreicht, zündeten die Steuerdüsen entsprechend dem vor dem Start im AP festgelegten Programm. Sie drückten das Heck der Rakete in die erforderliche Richtung, um nach dem Zünden des Feststoff-Triebwerks die Erfassung durch die Aufhell- und Leitstation zu ermöglichen. Auf diese Weise wurde verhindert, dass der Gasstrahl des Triebwerks Teile der Startrampe beschädigte. Entsprechend den im AP eingestellten Parametern für den Anfangsabschnitt der Flugbahn flog die Rakete, bis sie von der Aufhell- und Leitstation erfasst und gelenkt werden konnte.

Trainingsrakete W500K

Rakete		
GRAU-Index Rakete	5W55K	5W55R
Produktionsbezeichnung	W500K	W500R
Bezeichnung in der NVA	5W55K	5W55R
Beginn der Einführung in die NVA	1989	
NATO-Bezeichnung	SA-10 GRUMBLE	
Einsatzebene	Fla-Raketenabteilung	
Maximale Schussentfernung (km)	47	75
Minimale Schussentfernung (km)	5	
Maximale Flughöhe (km)	27	
Minimale Flughöhe (km)	0,025	
Länge Rakete (mm)	7250	
Durchmesser mit Flügeln (mm)	1124	
Durchmesser ohne Flügel (mm)	508	
Art des Triebwerks	Feststoff-Triebwerk	
Maximale Fluggeschwindigkeit Ziel (km/h)	7920 - 4300	
Maximale Brenndauer des Triebwerks (s)	8 - 10	
Masse Rakete (kg)	1480	1665
Masse Gefechtskopf (kg)	133	196
Geschwindigkeit der Rakete (km/h)	7200	
Lenkung	Funk	aktiver Lenkkopf
Lagerung im Container ohne Kontrollen (Jahr)	10	
Startrampe	5P85SU / 5P85DU	

Die *Meldung über die Sicherstellung der NVA mit Raketen und Munition sowie deren Lagerung* vom Januar 1990 listete zwölf Startrampen (8 x 5P85DU und 4 x 5P85SU) als Bestand auf. Ein Kampfsatz bestand aus vier Raketen der Typen W500K oder W500R; pro Startrampe wurden drei KS benötigt. Daraus ergab sich ein Gesamtbedarf von 144 Raketen (12 x 4 x 3). Im Januar 1990 befanden sich 72 Raketen im Bestand der NVA, was einem Grad der Sicherstellung von 50 % entsprach. Im selben Jahr lieferte die Sowjetunion weitere 28 Raketen W500.

Der *Plan der Maßnahmen in Verbindung mit der Reorganisation der NVA* vom 10.08.1990 sah u. a. die Auflösung der auf den Schießplätzen der UdSSR lagernden Vorräte an Gefechtsmitteln vor. In ASCHULUK lagerten z. B. *sechs Raketen S300*, die den Streitkräften der UdSSR unentgeltlich oder als Reexport zurückgegeben oder an Länder verkauft werden sollten, die auf diesem Schießplatz weiterhin Gefechtsschießen durchführten.

Startrampe

ПУ 5П85СУ – Пусковая установка 5П85СУ = PU 5P85SU – Werfer 5P85SU

ДПУ 5П85ДУ – Дополнительная Пусковая установка 5П85СУ = DPU 5P85DU – Zusätzlicher Werfer 5P85DU

ПК 83П6 – Пускови Комплекс 83П6 = PK 83P6 – Startkomplex 83P6

5С19 система электропитания ПУ 5П85 = 5S19 Stromversorgungssystem PU 5P85

Die für die Raketen W500 benötigten Startrampen waren in Startkomplexen 83P6 zusammengefasst. Ein Startkomplex setzte sich aus einer Hauptstartrampe 5P85SU und zwei Nebenstartrampen 5P85DU zusammen.

Die Startrampe 5P85 diente der zeitweiligen Lagerung, dem Transport und dem Verschuss der Raketen. Um die Kosten für einen Startkomplex zu senken, wurden die Startrampen in zwei Versionen entwickelt; zum Einsatz kamen die Hauptstartrampe 5P85SU und die zusätzliche Nebenstartrampe 5P85DU.

Die **Hauptstartrampe 5P85SU** verfügte über einen hinter dem Fahrerhaus des Basisfahrzeuges angeordneten Apparatecontainer F3U, der die Verbindung zur Aufhell- und Leitstation sicherstellte und die Führung der Nebenstartrampen gewährleistete. Auf dem hinteren Teil des Fahrwerks lagerten die vier Transport- und Startcontainer (TSC) mit je einer Rakete W500K oder W500R sowie das System der autonomen Energieversorgung 5S18.

Hinter dem Fahrerhaus der Nebenstartrampe 5P85DU befand sich ein Transportgestell für EWZ und ein Reserverad sowie das System der autonomen Energieversorgung 5S19.

Hauptstartrampe 5P85SU. Hinter dem Fahrerhaus befanden sich der Apparatecontainer F3U und das System der autonomen Energieversorgung 5S18; das Paket mit den vier Transport- und Startcontainern schloss sich an.

Die beiden **Nebenstartrampen 5P85DU** auf Basisfahrzeug MAZ-543 waren mit jeweils vier TSC und der autonomen Stromversorgungsanlage 5S19 ausgerüstet.
Der zur Anwendung kommende Vertikalstart und die Anzahl der mitgeführten Raketen gestatteten eine deutliche Erhöhung der Schussfolge des Startkomplexes. Es wurde möglich, Ziele von einer beliebigen Startrampe aus zu beschießen. Die Startrampen mussten nicht in Angriffsrichtung gedreht werden; verbotene Startsektoren waren nicht vorhanden. Der Start der Rakete aus einem TSC mithilfe eines Katapults erforderte keinerlei Maßnahmen zur Vorbereitung der Startstellung. Es bedurfte keiner Bodenschutzschilde zur Verhütung der Einwirkung des Gasstrahls auf die Feuerstellung. Alle Startrampen nutzten das Fahrgestell des schweren Lkw MAZ-543M. Die Masse der Hauptstartrampe 5P85SU betrug 42.150 kg, die Ausmaße (L x B x H) lagen bei 13.110 x 3150 x 3800 mm. Die Verbindung der Hauptstartrampen 5P85SU mit der Aufhell- und Leitstation stellten Funkverbindungen mithilfe des Containers F3U sicher. Kabel verbanden den Container F3U mit beiden Nebenstartrampen. Somit ließen sich an die Aufhell- und Leitstation bis zu zwölf Startrampen anschließen; für den ersten Angriff standen 48 gefechtsbereite Raketen zur Verfügung.
Das Aufrichten der TSC nach dem Einfahren in die Startposition dauerte maximal 85 Sekunden.

Raketenleitstation

РПН 30Н6 – Радиолокатор подсвета и наведения =
RPN 30N6 – Aufhell- und Leitstation
5С17 система электропитания =
5S17 Stromversorgungssystem
Универсальная передвижная вышка 40В6М =
Universal-Mobilmast 40W6M

Das Hauptelement des Fla-Raketensystems S300PMU ANGARA bildete die **Aufhell- und Leitstation 30N6** (ALS). Sie bestand aus der Aufhell- und Leitkabine mit der Antennenanlage im Container F1U und der Gefechtsführungskabine mit dem Container F2U. Die ALS baute auf dem Fahrgestell des schweren Lkw MAZ-543M auf. Zur Station gehörten ferner die Elemente der Nachrichtenverbindung FL20U und das autonome System der Energieversorgung 5S17, bestehend aus zwei Gasturbinenaggregaten und einem mit dem Motor des Basisfahrzeuges verbundenen Generator. Die Konstruktion des Chassis ermöglichte Gefechtshandlungen direkt aus dem Stand, nachdem das Fahrzeug mit hydraulischen Stützen angehoben wurde. Die beim Anheben des Fahrzeuges auftretenden Nivel-

Abb. rechts: Aufhell- und Leitstation 30N6, bestehend aus der Aufhell- und Leitkabine mit der aufgerichteten Antennenanlage im Container F1U und die Gefechtsführungskabine mit dem Container F2U. Zwischen der Fahrerkabine und dem Container F1U befanden sich die Elemente der Nachrichtenverbindung FL20U und das autonome System der Energieversorgung 5S17.

lierungsfehler in der Horizontalen glich ein besonderer Rechnerblock im Container F1U aus.

Die Aufhell- und Leitstation 30N6 bildete eine Mehrzweck-Funkmess-Station mit nur einer Antenne für die gesamte Sende- und Empfangseinrichtung. Die Antennenanlage arbeitete mit einer Leistung von 130 kW bei einer Frequenz von ca. 10 GHz. Das keulenförmige Antennendiagramm arbeitete im Regime SCHMALER STRAHL oder BREITER STRAHL und ermöglichte eine Ortungsreichweite von 180 km.
Die Hauptteile der Antennenanlage befanden sich auf dem Dach des Containers F1U; sie war mit einer Neigung von 32° zur Vertikalen auf dem Kabinendach montiert. Sie ließ sich hydraulisch in 2 Min. aus der Marschlage aufrichten und um 360° schwenken. Sie suchte Ziele entsprechend den Zielzuweisungen vom automatisierten Führungssystem, der zugeordneten Funkmess-Station ST68UÄ oder von der zum System gehörenden Aufklärungs-Funkmess-Station für geringe Höhen 76N6. Weiterhin ermöglichte sie das Orten, das Erfassen und die automatische Begleitung der Ziele sowie das Ermitteln der Staatszugehörigkeit der Ziele durch die Kennungsabfrage. Die Kennungsabfrage erfolgte nach der Zielerfassung, nach der Übernahme der Begleitung durch die Aufhell- und Leitstation und unmittelbar vor dem Start der Rakete. Wurde das Ziel nicht eindeutig als Gegner identifiziert, wurde der Start der Rakete blockiert. Zur Erfüllung der Aufgaben konnten in Abhängigkeit von der Luftlage verschiedene automatisierte Suchmethoden (Sektoren mit unterschiedlichen Ausmaßen nach Seiten- und Höhenwinkeln) eingesetzt werden, die durch elektronische Abtastung realisiert wurden. Abschließend wurden die Schießergebnisse beurteilt und Informationen über den Zustand und die Gefechtsarbeit an das AFS übermittelt.

Aufhell- und Leitstation 30N6 in Gefechtslage, dahinter die universelle hydraulische Antennenmastanlage 40W6M in Marschlage, links die Diesel-Elektrostation 5I57A und die Verteiler- und Umformerkabine 63T6A.

Die Überführung der Aufhell- und Leitkabine in die Gefechtslage nahm aus dem ausgeschalteten Zustand 3 Min., aus dem diensthabenden Regime 40 s und aus der Marschlage nicht mehr als 5 Min in Anspruch. Die Aufhell- und Leitkabine verfügte über 14 Frequenzbereiche, die Sendeleistung betrug nicht weniger als 5 kW. Der Informationsaustausch mit dem AFS erfolgte über die hinter dem Fahrerhaus montierte Nachrichteneinheit FL20U. Die Gefechtsführungskabine mit dem Container F2U gewährleistete den ständigen Informationsaustausch über die Luftlage und die Führung von Gefechtshandlungen. Sie sorgte für die Vorbereitung der Startkomplexe durch Einschalten der Stromversorgung und steuerte das Aufrichten der Raketencontainer. Von der Gefechtsführungskabine aus wurden die Raketen ausgewählt und IN VORBEREITUNG geschaltet. Hatte das Ziel die Startzone erreicht, erfolgte der Start der Rakete.
Der erdnahe Horizont wurde automatisch beobachtet, um Angriffe von tief fliegenden Zielen abzuwehren. Der Zentralrechner der ALS bewertete die Störungslage und gewährleistete die Unterdrückung von passiven und aktiven Störungen.
Die Aufhell- und Leitkabine mit der Antennenanlage im Container F1U ließ sich mit der universellen hydraulischen Antennenmastanlage 40W6M auf eine Höhe von 23,5 m anheben.

Das Antennensystem des FRS S300PMU ANGARA

Die Antenne der Sende- und Empfangseinrichtung ermöglichte das Senden und Empfangen für die Zielortung, erfasste und begleitete die Raketen nach dem Start, kompensierte Störungen und realisierte die Kennungsabfrage.
Bei den Fla-Raketensystemen S-75 WOLCHOW und S-125 NEWA erfolgte die Raumabtastung mit fächerförmigen Richtdiagrammen in zwei um 90° versetzten Ebenen, deren Schwenkung elektromechanisch und in einem relativ kleinen Sektor von 7° x 7° erfolgte. Ziel und Rakete wurden mit derselben Antenne begleitet, was eine hohe Genauigkeit der Koordinatenbestimmung gewährleistete. Beim Fla-Raketensystem S-200 WEGA musste wegen der großen Reichweite ein nadelförmiges Richtdiagramm verwendet werden, das ebenfalls elektromechanisch bewegt wurde. Durch Verwendung der Phasengitterantenne ließen sich beide Verfahren kombinieren. Die Arbeit mit einem elektronisch formierten und gesteuerten nadelförmigen Richtdiagramm in einem Abtastbereich von 105° im Seitenwinkel und 70° im Höhenwinkel ermöglichte die Begleitung und Bekämpfung von maximal sechs Zielen mit je zwei Raketen. Zur Verbesserung der Ortung und Bekämpfung von tief und schnell fliegenden Marschflugkörpern ließ sich der Container F1U mit der Antenne auf einen universellen hydraulischen Antennenmast 40W6M montieren. Zusätzlich wurde das bewährte Prinzip der Arbeit in um 45° geneigten Abtastsektoren angewendet. Alle Vorgänge wurden rechnergestützt im Mikrosekundenbereich durchgeführt.
Das Antennensystem des FRS S300PMU ANGARA erfüllte seine Aufgaben mit mehreren, in einem gemeinsamen Antennenblock angeordneten Antennen. Große Reflektoren zur Bestimmung der Abstrahlrichtung und zur Formierung des Richtdiagramms waren nicht erforderlich. Da der Antennenblock nur auf- und abgeklappt werden musste, entfielen aufwendige Montage- und Justierarbeiten. Er war auf dem Container F1U

montiert und ließ sich mit diesem um 360° schwenken. Das Antennensystem bestand aus sieben eigenständigen Antennen. Die Sende- und Empfangsantenne FA110, ein phasengesteuertes Antennengitter, diente der Zielortung. Die vier Empfangsantennen FA130-1 bis -4 erfassten und begleiteten die Rakete nach dem Start. Die Empfangsantennen FA130-1 bis -3 kompensierten verschiedene funkelektronische Gegenmaßnahmen. Zur Freund-Feind-Kennung dienten die beiden Kennungsantennen FA140.

Die **Sende- und Empfangsantenne FA110** verfügte über zwei Sende- und Empfangskanäle mit jeweils gleichen oder unterschiedlichen Frequenzen, wodurch eine hohe Einsatzbereitschaft und ein bestimmter Störschutz gewährleistet waren. Zu den wesentlichen Bestandteilen zählten das Antennengitter, ein Sende- und ein Empfangshornstrahler, der Polarisator sowie das Polarisationsfilter. Die Sende- und Empfangsantenne bestand aus 11.664 Einzelelementen, die in Form einer Matrix in Zeilen und Spalten auf einer ebenen Fläche angebracht waren (In der Mathematik versteht man unter einer Matrix eine rechteckige Anordnung von Elementen. Rechteckig bedeutet, dass die Anordnung der Elemente in Zeilen und Spalten stattfindet). Jedes Element verfügte über einen Empfangs- und einen Sendestrahler sowie über einen steuerbaren Phasenschieber. Die Steuerung der Phasenlage der einzelnen Elemente der Antenne erfolgte durch Steuersignale von einem Phasenrechner, der seine Anfangsangaben vom Zentralrechner aus der Gefechtsführungskabine, Container F2U, erhielt. Den Phasencode, der gezielt für jedes Einzelelement eine Aufgabe zur Bildung eines Antennenrichtdiagramms im Raum enthielt, erzeugte der Phasenrechner. Der Phasenrechner berücksichtigte eventuelle unterschiedliche Frequenzen in den beiden Kanälen. Die Sende- und Empfangsantenne FA110 verfügte über einen Sende- und einen Empfangshornstrahler. Die achteckige Ausführung des Feldes sowie die Drehung der Zeilen und Spalten um 45° führten zu einer hohen Energiedichte bei kleinen Höhenwinkeln. Des weiteren ermöglichte diese Methode die Unterdrückung der Spiegelsignale von der Erdoberfläche. In der Arbeitslage betrug der Anstellwinkel der Antenne 58°. Die HF-Energie strahlte als horizontal polarisierte Welle durch den Polarisationsfilter in Ausstrahlrichtung ab. Beim Durchgang durch den Polarisator wurde sie in eine kreisförmig polarisierte Welle umgewandelt. Die vom Ziel reflektierte Welle war ebenfalls kreisförmig polarisiert, jedoch in umgekehrter Drehrichtung. Außerdem erfolgte bei der Rückstrahlung vom Ziel eine Phasendrehung um 180°. Beim Durchgang durch den Polarisator wurde die rückkehrende Welle wieder in eine horizontal polarisierte umgewandelt. Dadurch ging sie ungehindert durch den Polarisationsfilter hindurch und auf die Empfangsmatrix. Dieses Verfahren gewährleistete eine saubere energetische Trennung des Sendekanals vom Empfangskanal ohne große Energieverluste. Eine Doppler-Filterung trennte die beweglichen Ziele sicher von sich langsam bewegenden „Zielen" wie Wolken oder Vögeln.

Strahlten alle Elemente der Antenne FA110 elektromagnetische Wellen auf der gleichen Frequenz und mit derselben Phasenlage ab, entstand ein senkrecht zur Fläche des Phasengitters stehendes nadelförmiges Richtdiagramm. Durch genau definierte Signale (Phasencode) für jedes Element konnte das Richtdiagramm innerhalb eines Raumsegments eine beliebige Position einnehmen. Durch dieses System der Steuerung der Ausstrahlung ließen sich beliebige Richtdiagramme formieren und eine gezielte Abtastung in einem definierten Sektor erzeugen. Die Steuerung durch den Rechner erfolgte nach Algorithmen, die jederzeit geändert werden konnten. Die verwendeten Bauelemente für jedes einzelne Element der Phasengitterantenne mussten sehr klein und mit höchster Präzision hergestellt werden, um die Abläufe im Mikrosekundenbereich sicherzustellen. Die Breite des Richtdiagramms betrug im Regime SCHMALER STRAHL 0,7° bis 0,8° und im Regime BREITER STRAHL 1,4° bis 1,6°.

Aufhell- und Leitstation 30N6 in Marschlage. Die Aufnahmen entstanden kurz vor der Übergabe des Fla-Raketensystems S300PMU ANGARA an die Westgruppe.

Die vier **Empfangsantennen FA130-1 bis -4** funktionierten im Prinzip wie die Sende- und Empfangsantenne FA-110, jedoch nur als Empfangsantennen. Sie bestanden aus wesentlich weniger Elementen (676 in 26 Spalten und 26 Zeilen).

Der Öffnungswinkel des Antennenrichtdiagramms der Antenne FA130-4 betrug 4°. Die Antennen FA130-1 bis 3 verwendeten einen Öffnungswinkel von 8°, der sich bei Handlungen unter funkelektronischen Störungen durch Abschalten der äußeren Elemente auf 4° verringern ließ. Die vier Empfangsantennen waren baugleich; jede Antenne bestand aus einem Empfangshornstrahler, einem Reflektor und einem Polarisator zur Umwandlung der kreispolarisierten in eine linear polarisierte Welle. Bei der Erfassung der Rakete wurden alle vier Empfangsantennen ausgerichtet und der Antwortsender der Raketen abgefragt. Als Ergebnis wurde eine räumliche Matrix gebildet, Fehlersignale zur Steuerung der Matrix erzeugt und die Rakete in der Mitte der vier Antennenrichtdiagramme positioniert; der Erfassungsprozess war damit abgeschlossen.

Mit den beiden **Kennungsantennen FA140** wurde die allgemeine und die garantierte Freund-Feind-Kennung durchgeführt. Die Luftziele konnten mit dem veralteten Kennungssystem KREMNI-2 oder dem modernen System PAROL identifiziert werden. Die beiden Antennenflächen waren um 2° gegeneinander geneigt, sodass sich ein geschlossenes Antennenrichtdiagramm für den gesamten Arbeitsbereich ergab.

Stromversorgungsanlage

ДЭС – Дизельная электростанция 5И57А =
DES – Diesel-Elektrostation 5I57A
РПУ – распределительно-преобразовательное устройство 63Т6А = RPU – Verteiler- und Umformereinrichtung 63T6A

Für die Energieversorgung in vorbereiteten und nicht vorbereiteten Startstellungen, bei Wartungs- und Reparaturarbeiten sowie zur Sicherstellung der Ausbildung verfügte das Fla-Raketensystem über eine eigene Stromversorgungsanlage (SVA). Durch Verwendung der SVA ließ sich der Einsatz der treibstoffintensiven autonomen Energieversorgungssysteme 5S17, 5S18 und 5S19 vermeiden und Treibstoff und Einsatzzeit der autonomen Energieversorgungssysteme einsparen.

Die SVA bestand aus drei **Diesel-Elektrostationen 5I57A** und vier **Verteiler- und Umformerkabinen 63T6A**. Zwei Diesel-Elektrostationen versorgten hauptsächlich die Aufhell- und Leitstation 30N6 und die Haupt- und Nebenstartrampen, die dritte die Funkmess-Station zur Ortung von Zielen in geringen Höhen 76N6.

Mithilfe der vier Verteiler- und Umformerkabinen 63T6A konnten ebenfalls die Kopplungskabine 5F20Ä und der Richtfunk-GS 5Ja63(1) mit der entsprechenden Energie versorgt werden. Die Masse der Diesel-Elektrostation 5I57A betrug 13.600 kg, die Masse der Verteiler- und Umformerkabine 63T6A lag bei 11.930 kg. Die Ausmaße der Anhänger (L x B x H) betrugen 9013 x 2900 x 3272 mm; als Zugmittel diente der schwere Lkw KrAZ-260. Transportable Trafostationen ermöglichten den Anschluss an das öffentliche Stromnetz während der Unterbringung in vorbereiteten Feuerstellungen.

Diesel-Elektrostation 5I57A (linkes Bild) und Verteiler- und Umformerkabine 63T6A.

Automatisierte Führungssysteme

Zeitpunkt	Einheit	AFS	Kopplungs-kabine	Richtfunk-GS
1987	43. FRBr	SENESH-MÄ	1 x 5F20Ä	1 x 5Ja63

Automatisiertes Führungssystem 5S99MÄ SENESH-MÄ

5C99M – автоматизированная система управления зенитной ракетной бригадой СЕНЕЖ-М = 5S99M – automatisiertes Steuerungssystem für die Flugabwehrraketenbrigade SENESH-M

Die Führung des Fla-Raketensystems S300PMU ANGARA in der 43. FRBr erfolgte entweder zentral über den Gefechtsstand der FRBr mithilfe des Automatisierten **Führungssystems 5S99MÄ SENESH-MÄ**[1] (AFS) oder autonom. Den Informationsaustausch mit dem AFS bewerkstelligten eine **Kopplungskabine 5F20Ä**[1] und ein **Richtfunk-GS 5Ja63**[1]. Der Richtfunk-GS 5Ja63 gewährleistete Richtfunkverbindungen in drei Richtungen. Die Stromversorgung erfolgte primär durch das öffentliche Stromnetz oder durch die zum Gerätesatz gehörenden Diesel-Elektrostationen. In jeder Richtung konnten 24 Fernsprechkanäle, ein Dienstkanal und zwei Zirkularkanäle aufgebaut werden. Zur Sicherstellung der Verbindung war der Richtfunk-GS 5Ja63 mit drei Halbkomplexen der Richtfunkgeräte R-405 ausgerüstet.

Mittel der Gefechtssicherstellung

НВО – Низковысотный обнаружитель 76Н6 = NWO – Detektor für niedrige Höhenlagen 76N6

Zur Optimierung der Aufklärung und Begleitung von sich annähernden und abfliegenden Luftzielen mit geringer Reflexionsfläche in geringen Höhen wurde speziell für das Fla-Raketensystem S300PMU ANGARA die **Funkmess-Station zur Ortung von Zielen in geringen Höhen 76N6** entwickelt. Die universelle hydraulische Antennenmastanlage 40W6M, der Antennenkopf F5MU der Funkmess-Station und die Gerätekabine F52MU bildeten die Bestandteile der Anlage. Ihre Hauptaufgabe bestand in der rechtzeitigen Ortung von Marschflugkörpern, da diese hauptsächlich zur Niederhaltung der Luftverteidigung eingesetzt werden sollten. Die von der Station erfassten Ziele wurden automatisch an die Aufhell- und Leitstation 30N6 übergeben. Die Funkmess-Station zur Ortung von Zielen in geringen Höhen 76N6 arbeitete im Dauerstrichbetrieb. Ihre Funktion bestand in der Bestimmung der Entfernung, des Seitenwinkels und der Geschwindigkeit für Ziele im Höhenbereich bis 1000 m. Ziele mit einer Flughöhe von 50 m wurden bereits bei einer Entfernung von 50 km aufgeklärt. Bei einer Flughöhe von 1 km lag die Aufklärungsentfernung bei 110 km. Zur Erfüllung der Aufklärungsaufgaben wurde der Antennenkopf F5MU mithilfe der universellen hydraulischen Antennenmastanlage 40W6M auf eine Höhe von 23,5 m gehoben.

Die Funkmess-Station war in der Lage, Störsektoren zu ermitteln und gleichzeitig bis zu 15 Ziele zu überwachen, zu begleiten und ihre Werte an die Aufhell- und Leitstation 30N6 zu übermitteln. Die Funkmess-Station arbeitete mit sechs verschiedenen Frequenzen. Ihre Sendeleistung betrug ca. 1,4 kW. Sie wurde in Marschlage durch zwei Lastzüge des Typs 5T58 mit Zugmittel KrAZ-260 transportiert. Einer der Lastzüge diente dem Transport des Antennenkopfs F5MU der Funkmess-Station, der zweite dem Transport der Gerätekabine F52MU mit Kabelsatz.

Funkmess-Station zur Ortung von Zielen in geringen Höhen 76N6 in Gefechtslage (linkes Bild). Der verpackte Antennenkopf F5MU der Funkmess-Station für geringe Höhen 76N6 in Marschlage auf einem Lastzug 5T58.

Die **universelle hydraulische Antennenmastanlage 40W6M** wurde ab Mitte der 1970er-Jahre für das Fla-Raketensystems S300PMU ANGARA entwickelt, um die Aufklärung und Zielverfolgung in geringen und außerordentlich geringen Höhen auch in bewaldetem oder unwegsamem Gelände zu verbessern.

Der auf einem zweiachsigen Sattelauflieger montierte Antennenmast wurde von der Sattelzugmaschine MAZ537G gezogen. Das Fahrgestell und zwei nach rechts und links ausgeklappte Ausleger bildeten die Basis für die Grundplatte, auf der der Antennenmast gelenkartig befestigt war. Mithilfe der anhängereigenen Hydraulikanlage wurde der 20 m lange Mast mit zwei Gelenkstreben aufgerichtet, nachdem der Antennenkopf F5MU montiert war. Das Herstellen der Gefechtslage dauerte ca. eine Stunde. Nach Angaben des Herstellers sollte der Antennenmast auch bei Windstärken von 10 m/s noch stabil stehen.

Neben der Funkmess-Station zur Ortung von Zielen in geringen Höhen 76N6 ließ sich auch der Container F1U der Aufhell- und Leitstation mit Antennenanlage mithilfe einer universellen hydraulischen Antennenmastanlage 40W6M auf 23 m anheben. Dazu bedurfte es allerdings eines zusätzlichen Kranfahrzeuges.

Die universelle hydraulische Antennenmastanlage 40W6M der Funkmess-Station zur Ortung von Zielen in geringen Höhen 76N6 in Marschlage mit dem schweren Lkw MAZ-537G als Zugmittel (unteres Bild). Der Container F1U der Aufhell- und Leitstation 30N6 wurde mithilfe der universellen hydraulischen Antennenmastanlage 40W6M auf 23 m gehoben.

Im Bestand der 43. FRBr befand sich eine **Funkmess-Station ST68UÄ** zur Aufklärung von Flugkörpern mit kleiner Reflexionsfläche und geringer Flughöhe, die der Funktechnischen Abteilung zugeordnet war. Die 3D-Funkmess-Station konnte die drei Parameter Entfernung, Richtung und Höhe eines Ziels eigenständig bestimmen. Die Weiterleitung aller Funkmessinformationen an das Automatisierte Führungssystem 5S99MÄ SENESH-MÄ, an das Objekt 9D51 PORI oder das Automatisierte System der Benachrichtigung, Führung und Leitung WOSDUCH-1M war möglich.

Die Sende- und Empfangsanlage der Funkmess-Station ST68UÄ in Arbeitslage.

Im Rahmen der Aufklärung, insbesondere von Marschflugkörpern, wurden ab Anfang der 1980er-Jahre acht Funkmess-Stationen ST68UÄ entlang der Staatsgrenze der DDR aufgestellt.
Die Apparatekabine sowie der elektromechanisch aufrichtbare zylindrische Antennenreflektor mit dem Drehmechanismus waren auf einem Sattelauflieger 6UFÄ (Geräteanhänger) mit Fahrgestell MAZ-938B und Kofferaufbau SPP15 aufgebaut, den eine Sattelzugmaschine KrAZ-255W1 zog. Die Ausmaße des Geräteanhängers in Marschlage (L x B x H) beliefen sich auf 13.800 x 2900 x 3400 mm bei einer Masse von 20.800 kg. Zwei lineare phasengesteuerte Antennengitter bildeten die Strahlerelemente, die sowohl die Ortung im unteren Höhenwinkelbereich als auch das Umschalten zur Luftraumüberwachung mit großem Öffnungswinkel der Antenne ermöglichten. Der Sender erzeugte ein Sondierungssignal aus vier aufeinander folgenden Impulsen mit unterschiedlicher Frequenz. Diese Signale formierten nacheinander vier partielle Diagramme zur Höhenabtastung. In der Empfangs- und Bearbeitungsapparatur erfolgte die getrennte Bearbeitung in jedem Frequenzkanal. Beim Auftreten von Störungen wurde die automatische Autokompensation aktiviert, sodass die Zielerkennung weiterhin möglich war. Die anschließende automatische Koordinatenbestimmung ermittelte die Zieldaten Entfernung, Richtung und Höhe und ordnete die Ergebnisse der Kennungsabfrage zu. Die Primär- und Sekundärdaten der Ziele sowie zusätzliche taktische Informationen ließen sich auf jeweils zwei Bildschirmen des Sichtgerätes in der Kabine und des abgesetzten Tochtersichtgerätes dargestellen. Zusätzlich wurden digitalisierte Zieldaten für die Übertragung über Telekanäle bereitgestellt. Die Station zeichnete sich durch einen hohen Störschutz und ein hohes energetisches Potenzial aus, wodurch sich auch Ziele mit kleiner effektiver Reflexionsfläche mit hoher Wahrscheinlichkeit erkennen ließen.

Der Stromversorgungsanhänger 6BPÄ, ein Anhänger der Größenklasse 2-PN-10 mit Fahrgestell MAZ5224W und Koffer KP10, diente der Unterbringung der Elektrostation 99Ch6. Die Ausmaße des Anhängers (L x B x H) betrugen 7500 x 2900 x 3300 mm bei einer Masse von 14.300 kg. Auf dem Anhänger befanden sich zwei Elektroaggregate DGM60 (3 x 220 V, 400 Hz, 60 kW) sowie ein Frequenzumformer PSTsch-100. Der Frequenzumformer kam zum Einsatz, wenn als Energiequelle das öffentliche Stromnetz genutzt wurde. Er wandelte die Frequenz von 50 Hz in 400 Hz um. Als Zugmittel diente ein schwerer Lkw KrAZ-255B1, gleichzeitig Transportmittel für das transportable Tochtersichtgerät, die Kabeltrommeln, die Antennenteile und den EWZ-Satz. Das transportable Tochtersichtgerät konnte bis zu einer Entfernung von 300 m von der Funkmess-Station ST68UÄ aufgestellt werden.

Die Sende- und Empfangsanlage in Marschlage mit der Sattelzugmaschine KrAZ-255W1 als Zugmittel. Die Elektrostation 99Ch6 nutzte einen Anhänger der Größenklasse 2-PN-10 mit Fahrgestell MAZ-5442W und Koffer KP10 als Basis.

Die Planung vom November 1988 sah vor, die Funkmess-Station ST68UÄ mit einer universellen hydraulischen Antennenmastanlage 40W6M auszurüsten. Damit ließ sich die Antennenanlage bis auf eine Höhe von ca. 24 m anheben, was ihren Einsatz in hügeligem oder bewaldetem Gelände ermöglichte.

Die Planungsunterlagen für den Zeitraum 1991 bis 1995 sahen die Beschaffung weiterer 13 Funkmess-Stationen ST68UM vor.

Die Bundeswehr übernahm neun Stationen, die Weiternutzung einer Station bis Oktober 1991 bei der Radarführungskompanie 323 ist belegt.

Mittel der technischen Sicherstellung Transporttechnik

TM – Транспортная машина 5Т58-2У = TM – Transportfahrzeug 5T58-2U

Der Transport von jeweils vier Raketen erfolgte in einem **Containerpaket 5P32**, transportiert von einem **Lastzug 5T58-2U**, bestehend aus dem Sattelauflieger 2-PP15 und der Zugmaschine KrAZ-260W. Der Bestand des Fla-Raketensystems S300PMU ANGARA umfasste 15 Lastzüge 5T58-2U. Damit ließen sich zwölf Containerpakete mit Raketen, der

Sattelauflieger 2-PP15 mit Containerpaket 5P32

Ladefahrzeug 5T99M in Arbeitslage.

verpackte Antennenkopf F5MU der Funkmess-Station für geringe Höhen 76N6 sowie die Gerätekabine F52MU transportieren. Ein Lastzug wurde als Reserve zurückbehalten.

Krantechnik

ЗМ – Заряжающая машина 5Т99М =
SM – Beschickungsmaschine 5T99M

Zum Be- und Nachladen der Haupt- und Nebenstartrampen sorgten im FRS zwei **Ladefahrzeuge 5T99M** auf Basis des schweren Lkw KrAZ-260. Die Reichweite des Auslegers lag zwischen 2500 und 7870 mm, die maximale Hubhöhe bei 5500 mm. Mit dem Ausleger ließen sich Lasten bis 6000 kg bewegen; die Ausmaße (L x B x H) betrugen ca. 10.000 x 3014 x 3068 mm bei einer Gesamtmasse von 22.400 kg.

Die Fla-Raketenabteilung nutzte für Verladearbeiten jeglicher Art einen **Autodrehkran III** (ADK TATRA-148 AD160, ADK TATRA-148 AD20 oder K162A).

Kontroll- und Prüfstation

12Ю6 – станция ремонта и обслуживания вычислительного комплекса 5Э26, 13Ю6 лаборатория ремонта вычислительного комплекса 5Э26 =

12Ju6 – Reparatur- und Wartungsstation für den Rechnerkomplex 5E26, 13Ju6 Labor zur Reparatur des Rechnerkomplexes 5E26

Die Wartung und Instandsetzung der im Fla-Raketensystem S300PMU ANGARA eingesetzten elektronischen Rechenmaschinen übernahm eine Elektronik- und mechanische Werkstatt. Die Werkstatt bestand aus zwei Elementen, der Reparatur- und Wartungsstation 12Ju6 und dem Reparaturlabor 13Ju6 für den Rechnerkomplex 5E26. Jede Reparatureinheit war in einem SAL MAZ-828 mit Zugmittel ZIL-131W untergebracht. Ein Spezialanhänger mit dem Zugmittel KrAZ-260W transportierte das notwendige EWZ und die Elemente der Notstromversorgung.

Der **Rechnerkomplex 5E26** war der erste Hochleistungsrechnerkomplex mit mobiler Steuerung in der UdSSR, der auf einer modularen Bauweise basierte. Ausgestattet mit einem leistungsfähigen automatischen Redundanzsystem ermöglichte der Rechnerkomplex die Wiederherstellung des Rechenprozesses im Falle des Ausfalls von Geräten, die unter einer Vielzahl von klimatischen und mechanischen Einflüssen arbeiteten. Die Rechnerleistung betrug maximal 1,5 Mio. Operationen pro Sekunde, der Arbeitsspeicher/Hauptspeicher hatte eine maximale Kapazität von 34/256 KB. Die Leistungsaufnahme des Rechnerkomplexes lag zwischen 5 und 9 kW, sein Volumen erreichte 4,5 m^3.

Allgemeine Sicherstellungsmittel

Die für den Betrieb, die Wartung oder die Instandsetzung notwendige Dokumentation wurde in einer **mobilen VS-Stelle** auf einem Sattelauflieger OdAZ-828M mit Zugmittel ZIL-131W transportiert.

Zur genauen Bestimmung der Koordinaten der einzelnen Elemente des Fla-Raketensystems kam bei der Einnahme und dem Wechsel der Feuerstellung ein **Topografischer Anhänger 1T-12-2M,** eine Version des Vermessungsfahrzeugs GAZ-66T, zum Einsatz. Er diente dem automatischen Vermessen von Elementen der Gefechtsordnung der Fla-Raketenbrigaden, wie von Startstellungen, dem Führen von Marschkolonnen bei

Der Topografische Anbinder 1T-12-2M auf Basis des Spezial-Kfz GAZ-66. Das Messrad zum Bestimmen der zurückgelegten Strecke befand sich in Marschlage, hinten rechts durch eine Metallplatte geschützt.

Nacht und im Gelände mit wenig Geländepunkten sowie dem Aufklären von Marschstraßen. Das Vermessungsfahrzeug bestand aus dem Spezial-Kfz GAZ-66-05 und dem Koffer K66. Wesentliche Elemente der Navigationsausrüstung bildeten ein Kurstisch, ein Rundblickvisier, der Zusatz-Streckenübertrager und ein Kursanzeiger. Der Zusatz-Streckenübertrager erfasste mithilfe eines Rades die vom Vermessungsfahrzeug zurückgelegte Strecke und übertrug diese über eine biegsame Welle auf den Kurstisch. Für den Bodenkontakt musste das Rad durch einen mechanischen Hubmechanismus gehoben und gesenkt werden. Der Messfehler bei der Koordinatenbestimmung betrug nicht mehr als 0,7 % des zurückgelegten Weges. Die Stromversorgung des Vermessungsfahrzeugs übernahm der fahrzeugeigene Generator.

In einiger Entfernung vom Zentrum der Stellung des Fla-Raketensystems wurden zwei SAL OdAZ-828M mit dem **EWZ-Satz 1B** (ZIP-1BP3 und ZIP-1BP4) aufgestellt.

Den **EWZ-Satz 2** transportierten vier SAL OdAZ-828M und ein Spezialanhänger. Mit den beiden EWZ-Sätzen wurden die feldmäßigen Wartungs-, Instandsetzungs- und Reparaturarbeiten durchgeführt. Als Zugmittel für die SAL dienten Sattelzugmaschinen ZIL-131W, als Zugmittel für den Spezialanhänger ein Spezial-Kfz KrAZ-260B.

Verbleib

Am 31. August 1990 endete das Diensthabende System für die Fla-Raketentruppen der NVA. Einen Tag später begannen die Vorbereitungen für die Rückgabe des Fla-Raketensystems S300PMU ANGARA als sogenannte sensitive Technik an die UdSSR. In der Zeit vom 15. bis 21. September 1990 erhielt die sowjetische Westgruppe die gesamte Technik und die Dokumentationen des Fla-Raketensystems.

Raketen der Truppenluftabwehr der Landstreitkräfte

In diesem Kapitel werden wichtige Begriffe, Elemente und Verfahren, die für den erfolgreichen Einsatz von Raketen erforderlich sind, grundsätzlich erläutert. Da sie mehr oder weniger für alle Raketen gültig sind, werden sie in den einzelnen Kapiteln nur erwähnt.

Die **Fla-Raketentruppen der Truppenluftabwehr** (TLA) der Landstreitkräfte wurden entsprechend der Basiseinheit mit Raketen ausgerüstet. Das Fla-Raketenregiment des Militärbezirks erhielt Raketen mittlerer Reichweite, das Fla-Raketenregiment der MSD/PD Raketen geringer Reichweite. Auf Regimentsebene wurden Raketen geringer Reichweite auf Gefechtsfahrzeugen oder in tragbaren Fla-Raketenkomplexen eingesetzt.

Das **Fla-Raketenregiment (FRR)** bildete den Verband, der den Einsatz der Raketen sicherstellte. Es war der am Boden operierende Truppenteil mit den Aufgaben der Aufklärung und Identifizierung von Luftfahrzeugen, der Darstellung und Auswertung von Luftlagedaten, der Ermittlung von Zieldaten sowie der Bekämpfung von Flugzielen in den möglichen Höhenbereichen.

Die Fla-Raketenregimenter der Militärbezirke gliederten sich in **Fla-Raketenabteilungen (FRA)** und Technische Batterien, die FRR der Divisionen in **Fla-Raketenbatterien (FRBttr)** und Technische Batterien.
In den Regimentern erfolgte der Einsatz der Raketen in einer Fla-Raketenbatterie (Gefechtsfahrzeug) und in den Bataillonen (tragbarer Fla-Raketenkomplex).

Die in den FRR der TLA eingesetzten Raketen bildeten die Hauptkomponenten des jeweiligen **Fla-Raketensystems (FRS),** das die Gesamtheit aller zur Vernichtung von Luftzielen erforderlichen, miteinander verbundenen Elemente darstellte. Ein FRS bestand aus einem Führungselement, mehreren Fla-Raketenkomplexen, den Mitteln der Gefechts-, der technischen und rückwärtigen Sicherstellung sowie den Mitteln der Sicherung.
Der **Fla-Raketenkomplex (FRK)** diente der unmittelbaren Vernichtung von Luftzielen und bestand aus einer Raketenleitstation, mehreren Startmitteln mit einsatzbereiten Raketen und den Elementen der Stromversorgung.

Die Aufstellung der Truppenluftabwehr der Landstreitkräfte der NVA als eigenständige Waffengattung erfolgte durch Anordnung des Chefs des Hauptstabes 38/60 mit Wirkung vom 1. Januar 1961. Ihre vorrangige Aufgabe bestand im unmittelbaren Schutz der Panzer- und Mot-Schützen-Einheiten in den Objekten, in den Bereitstellungsräumen, im Gefecht und während des Marsches vor gegnerischen Luftangriffen zu jeder Tages- und Nachtzeit.
Bis Anfang der 1970er-Jahre waren die Einheiten der TLA mit funkmessgesteuerter Flak-Artillerie ausgerüstet. Mit der Erhöhung der Effektivität der Luftangriffsmittel der NATO in diesem Zeitraum wurde eine Modernisierung der Flugabwehrmittel der TLA der NVA zwingend erforderlich. Der erste Schritt dazu erfolgte 1968 mit der Einführung der **23-mm Fla-SFL 23/4 SCHILKA**. Die Fla-SFL verfügte über eine hochwirksame 4 x 23-mm Maschinenkanone, die in der Lage war, den ihr zugewiesenen Abschnitt wirkungsvoll zu decken. Die Fla-SFL konnte gänzlich autark operieren. Dazu standen alle Geräte für die Rundsicht- oder Sektorensuche, die Zielsuche und -begleitung sowie die Waffenführung zur Verfügung. Die Zielzuweisung konnte durch Datenübermittlung von einer vorgesetzten Führungsstelle aus erfolgen. Damit war die 23-mm Fla-SFL 23/4 SCHILKA das erste Waffensystem der TLA, das den Luftgegner bekämpfen, d. h. gezielt vernichten, konnte. Dank ihres Kettenfahrgestells konnte sie den Kampfeinheiten der MSR/PR problemlos im Gelände folgen.

Bereits im Juli 1966 unterbreitete der Leiter der Abteilung Truppenluftabwehr dem Stellvertreter des Chefs des Hauptstabes für operative Fragen im Kontext der Entwicklung der NVA für den Zeitraum 1971 bis 1975 folgende Vorschläge:
In Auswertung der zu erwartenden Handlungen des Luftgegners auf die Verbände und Objekte der Landstreitkräfte sowie unter Berücksichtigung der Erfahrungen aus den Handlungen der USA-Luftstreitkräfte in Vietnam ergibt sich, daß die derzeitige Ausrüstung und die Anzahl der Kräfte und Mittel der Truppenluftabwehr nicht im vollen Maße den Anforderungen des modernen Gefechtes entsprechen. Daraus ergeben sich für die Truppenluftabwehr folgende Vorschläge:
Aufstellung eines Fla-Raketenregimentes (3 Fla-Raketen-Abteilungen und 1 Technische Abteilung) in jedem Militärbezirk für das Armee- bzw. Armeekorpskommando …

Auf Grundlage dieses Vorschlags beschloss die Abteilung TLA der LaSK im August 1967, die Beschaffung des Fla-Raketensystems S125 NEWA zu beantragen. Im Dezember 1968 wurde dieses Vorhaben nach mehreren Konsultationen mit der UdSSR über die *„Einführung des FRS S125 NEWA für die TLA“* aufgegeben. Da die Beweglichkeit des FRS S125 NEWA nicht den schnellen Bewegungen der Panzer- und Mot-Schützeneinheiten entsprach, war es notwendig … *die Möglichkeiten der Lieferung von speziell für die Truppenluftabwehr konstruierten Fla-Raketenkomplexe zu überprüfen.*

Der tiefgreifende Modernisierungsprozess begann 1974 mit der Einführung des ersten FRS der TLA, dem **Fla-Raketensystem 2K11M KRUG-M,** und war 1981 im Wesentlichen abgeschlossen.
Die Flak-Regimenter der MSD/PD wurden ab 1976 in Fla-Raketenregimenter umgewandelt und mit dem **Fla-Raketensystem 2K12M2 KUB-M2** ausgerüstet. Die Wirksamkeit der Flugabwehr der Panzerregimenter wurde durch die Einführung des **Fla-Raketenkomplexes 9K31M STRELA-1M** ab 1975 verbessert. Ab 1981 konnte die TLA den Nachfolger des

FRK 9K31M STRELA-1M, den **Fla-Raketenkomplex 9K35M STRELA-10M**, in einzelnen Fla-Raketenbatterien einsetzen. In den grenznahen MSD erfolgte ab 1983 die Umrüstung der Fla-Raketensysteme 2K12 KUB auf das wesentlich leistungsfähigere **Fla-Raketensystem 9K33M OSA-AK**.

Ein wesentlicher Bestandteil der TLA in den MSR/PR war ab 1974 der tragbare **Fla-Raketenkomplex 9K32 STRELA-2,** der ab 1989 teilweise durch den moderneren **Fla-Raketenkomplex 9K310Ä IGLA-1Ä** ersetzt wurde.

Übersicht über den zeitlichen Ablauf der Aufstellung der wichtigsten Fla-Raketeneinheiten der TLA der LaSK und deren Ausrüstung

Militärbezirk V		Standort	Bestand	Befehl
1975	Fla-Raketenregiment 5	Basepohl	9 SR KRUG	
1977	Fla-Raketenregiment 5		18 SR KRUG	
1976	Fla-Raketenregiment 8	Schwerin	16 SR KUB	
1977	Fla-Raketenregiment 9	Eggesin	16 SR KUB	Befehl 69/77
1980	Fla-Raketenregiment 1	Brück	16 SR KUB	Befehl 49/80
1983	Umrüstung FRR-8		20 SR OSA-AK	
1986	Ausrüstung 8. MSD		4 SR STRELA-10	
1987	Ausrüstung 9. PD		16 SR STRELA-10	

Militärbezirk III				
1979	Fla-Raketenregiment 3	Hohenmölsen	18 SR KRUG	Befehl 66/79
1978	Fla-Raketenregiment 4	Erfurt	16 SR KUB	Befehl 45/78
1981	Fla-Raketenregiment 7	Zeithain	20 SR KUB	Befehl 81/81
1979	Fla-Raketenregiment 11	Weißenfels	16 SR KUB	Befehl 66/79
1987	Umrüstung FRR-11		20 SR OSA-AK	
1975	Ausrüstung 7. PD		9 SR STRELA-1	9 SR STRELA-1
1986	Ausrüstung 7. PD		16 SR STRELA-10	

Rakete 3M8M des Fla-Raketensystems 2K11 KRUG

Der Beschreibung der Rakete 3M8M liegt der STAN des FRR-5, gültig ab dem 1. November 1974, zugrunde.

Der Beschluss des Ministerrates der UdSSR vom 13. Februar 1958 legte den Beginn der Entwicklungsarbeiten für das Fla-Raketensystem 2K11 KRUG (deutsch = Kreis) für die TLA der LaSK fest. Ziel der Entwicklung des FRS war der Schutz der Truppe gegen Luftfahrzeuge mittlerer Reichweite. Um diesen Schutz jederzeit gewährleisten zu können, wurden für die wichtigsten Elemente des FRS Kettenfahrwerke festgelegt. Nach langwierigen Versuchen, insbesondere mit der Rakete 3M8, konnte 1963 ein Versuchssystem fertiggestellt werden.

Als wichtigster taktisch-technischer Eckwert wurde eine Einsatzreichweite von 11 km bis 45 km bei einer Flughöhe des Luftgegners von 3 km bis 20 km festgelegt. Die Wahrscheinlichkeit, den Gegner in diesem Bereich erfolgreich zu bekämpfen, sollte bei 80 % liegen. Ein Ziel, mit einer effektiven Reflektionsfläche entsprechend der MiG-15, sollte ab einer Entfernung von 115 km aufgeklärt werden.

Als am 1. Mai 1964 acht Startrampen 2P24 des Fla-Raketensystems 2K11 KRUG über den Roten Platz in Moskau rollten, waren erstmals Elemente eines mobilen FRS der TLA zu sehen. Es war in der Lage, die mit hohem Marsch- und Gefechtstempo operierenden Truppen der LaSK zuverlässig gegen Angriffe aus der Luft zu schützen. Das FRS 2K11 KRUG wurde mit Beschluss des Ministerrates der UdSSR vom 26. November 1964 in Dienst gestellt.

Mit der Übernahme des Fla-Raketensystems in den Truppendienst begannen die Arbeiten an seiner Modernisierung, die in mehreren Etappen erfolgte. Unter Berücksichtigung der Erfahrungen aus dem Vietnamkrieg wurden Veränderungen vorgenommen, die primär auf die Verbesserung der technischen Parameter abzielten.

1967 wurde das Fla-Raketensystem 2K11A Krug-A in Dienst gestellt, die Einsatzreichweite wurde auf 250 m und die untere Bekämpfungshöhe auf 9 km reduziert. Die maximale Reichweite konnte auf 50 km, die Flughöhe auf 24,5 km erhöht werden.

1971 wurde das FRS 2K11M Krug-M, 1974 das FRS 2K11M1 KRUG-M1 in Dienst gestellt, beide FRS wurden von der NVA übernommen. So begann 1974 mit der Indienststellung des ersten FRK des **Fla-Raketensystems 2K11M KRUG-M** ein neuer Abschnitt in der Geschichte der TLA der LaSK. Seine Verwendung erfolgte im neu aufgestellten Fla-Raketenregiment 5 des Militärbezirks V (Basis bildete das Flak-Regiment-5). 1976 erhielt das FRR-5 einen zweiten, verbesserten FRK der Modellreihe **2K11M1 KRUG-M1**.

1979 begann die Aufstellung des FRR-3 im MB-3 auf Basis des Flak-Regiments 3. Das FRR-3 wurde bis 1982 komplett mit dem Fla-Raketensystem 2K11M1 KRUG-M1 ausgerüstet.

Zur Versorgung der beiden FRR mit gefechtsbereiten Raketen stellte die NVA 1978 und 1979 die Beweglichen Fla-Raketentechnischen Basen-5 und -3 (BFRTB) sowie die Raketentechnische Basis 2 (RTeB) mit entsprechender Technik auf.

Ab 1981 erfolgte die Modernisierung der Hauptkomponenten des FRS 2K11M KRUG-M durch sowjetische Spezialisten.

Da die technische Einsatzbereitschaft der Raketen der Typenreihe 3M8M bis zum Jahr 2000 auslief und ihre taktisch-technischen Parameter für die 1990er-Jahre nicht mehr ausreichten, berücksichtigte die Planung der Entwicklung der NVA für den Zeitraum 1991 bis 1995 die Einführung des **Fla-Raketensystems 9K37M1 BUK-M1** in das FRR-5. Zu diesem Zweck nahm bereits im April 1989 eine Delegation der NVA an einer Konsultation über das genannte FRS an der MAK der TLA der Sowjetarmee in KIEW teil.

Der NVA gelieferte Fla-Raketensysteme 2K11 KRUG und Raketen 3M8M2 / 3M8M3:

	Systeme	Komplexe	Startrampen	Raketen
1974	1	1	12	22 / 0
1975				23 / 0
1976		1	8	36 / 0
1977				54 / 0
1978			1	0 / 70
1979			3	0 / 0
1980	1	1	6	0 / 54
1981		1	9	0 / 40
1982			3	0 / 61
Gesamt	**2**	**4**	**42**	**135/225**

Fla-Raketensystem

2К11 КРУГ– самоходный зенитный ракетный комплекс = 2K11 KRUG – Selbstfahrender Flugabwehr-Raketenkomplex

Zu jedem Fla-Raketensystem 2K11 KRUG gehörten der Stab, zwei Fla-Raketenkomplexe und eine Technische Batterie.

Zum Bestand jedes Fla-Raketenkomplexes gehörte u. a. eine Empfangskabine 9S417 (Bestandteil des Automatisierten Feuerleitkomplexes K-1 KRABBE (9S44)), zwei Aufklärungs- und Zielzuweisungsstationen 1S12, drei Raketenleitstationen 1S32, neun Startrampen 2P24 und ein Kampfsatz von je zwei Raketen 3M8 pro Startrampe.

Der Fla-Raketenkomplex wurde so entfaltet, dass sich um die drei Raketenleitstationen jeweils drei Startrampen mit einem Abstand von 150 bis 200 m (bei der SR 2P24M1 100 bis 280 m) anordneten. Mithilfe des Navigationsgerätes wurde jede SR in Grundrichtung (Südrichtung) orientiert. Das Navigationsgerät ermittelte die Werte des Stellungsunterschiedes zwischen den SR und der RLS. Von der RLS gelangten die Kommandos zur Vorstartvorbereitung sowie zur Vorstartkontrolle der Rakete über das Telekodegerät 1S63 an die Startrampen, die diese Kommandos automatisch ausführten. Die Signale über die Ausführung der übermittelten

Kommandos sowie über die Einsatzbereitschaft der Rakete gelangten von der Startrampe über das Telekodegerät 1S63 zurück zur RLS.
Beim Erscheinen von Luftzielen übergab die AZS 1S12 über das Telekodegerät 1S62 jeder RLS die Koordinaten des Ziels. Nachdem die RLS das Ziel erfasst und begleitet hatte, übermittelte sie gleichzeitig an jede der drei SR die Vorhaltekoordinaten. Die Vorhaltekoordinaten wurden für jede der drei Startrampen verschieden kodiert. Dort wurden sie im Rechner der Startrampe mit den Werten des Stellungsunterschiedes SR – RLS, dem Neigungswinkel, dem Wegewinkel und dem Kurswinkel koordiniert und der Richtwinkel berechnet. Diese Richtwinkel wurden automatisch an die Stellmotoren des Seiten- und Höhenrichtantriebs des Artillerieteils übertragen. Diese richteten den Artillerieteil jeder Startrampe auf den Einschießpunkt aus, dessen Lage sich in Abhängigkeit von der Zielgeschwindigkeit ständig änderte. Der Einschießpunkt, der sich in einer konstanten Schrägentfernung von 3,5 km von der RLS befand, lag auf einer Linie, die die RLS mit dem Vorhaltepunkt für das Ziel verband.

Bei der Bezeichnung der einzelnen Fahrzeuge, die in den Fla-Raketensystemen 2K11M KRUG-M und 2K11M1 KRUG-M1 Verwendung fanden, gab es in der Nachweisführung Unterschiede. Dies war darauf zurückzuführen, dass das Basisfahrgestell 123 der Startrampe 2P24 in den Verantwortungsbereich des Bedarfsträgers Panzerdienst fiel, der waffentechnische Teil jedoch vom Bedarfsträger Raketen- und waffentechnischer Dienst verwaltet wurde. Während der Panzerdienst aufgrund technischer Änderungen am Fahrgestell die Bezeichnungen *Startrampe 2P24, 2P24M1* und *2P24M2* führte, gab es beim RWD aufgrund von Änderungen am waffentechnischen Teil nur die Bezeichnungen *Startrampe 2P24* und *2P24M1*. Hier werden die Bezeichnungen des RWD verwendet.

Rakete

Зенитная управляемая ракета 3M8 = Flugabwehrrakete 3M8

Die **Rakete 3M8M2 / 3M8M3** bestand aus dem Raketenkörper, dem Leitwerk, dem Triebwerk, der pneumohydroelektrischen Anlage, der Elektroanlage, dem Gefechtsteil, dem Block Funklenkung/Funkortung, dem Autopiloten, dem Funkzünder und der Sicherungs- und Zündeinrichtung. Der aerodynamische Raketenkörper unterteilte sich in den zentralen Teil, den Körper und das Leitwerk. Das Zentrum bildete ein mit dem Körper verbundener Rotationskörper. Der innere Kern des Körpers – ein Hohlkörper mit 850 mm Außendurchmesser – diente als Luftleitung für die Brennkammer des Staustrahl-Triebwerks (SST). Das Leitwerk bestand aus vier kreuzförmig angeordneten Schwenkflügeln und vier kreuzförmig angeordneten Stabilisierungsflächen. Schwenkflügel und Stabilisierungsflächen waren in einem Winkel von 45° zueinander angeordnet.

Der Antrieb der Rakete erfolgte durch eine Kombination aus einem Feststoff-Starttriebwerk und einem als Staustrahl-Triebwerk ausgelegten Flüssigkeits-Marschtriebwerk. Das **Staustrahl-Triebwerk** nutzte den in der Atmosphäre vorhandenen Sauerstoff als Oxidator. Der für den Betrieb des SST erforderliche Druck entstand durch Abbremsen und Stauen des Luftstroms innerhalb der Rakete. Der relativ einfache Aufbau des SST hatte den Nachteil, dass es bei niedrigen Fluggeschwindigkeiten nicht funktionierte und nicht ohne fremde Hilfe gestartet werden konnte.
Da das SST den für die Verbrennung des Treibstoffs benötigten Sauerstoff aus der Atmosphäre bezog, musste die Rakete nur mit einer Treibstoffkomponente befüllt werden. Der Nachteil dieser Triebwerkskonstruktion bestand darin, dass mit zunehmender Flughöhe der in der Atmosphäre vorhandene Sauerstoff abnahm.

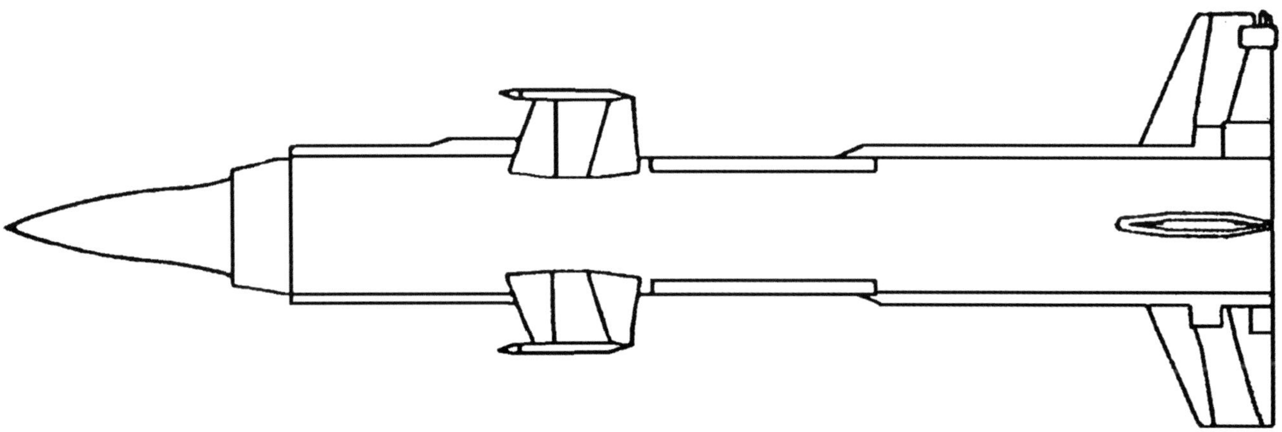

Grafik der Rakete 3M8M2 nach Abwurf des Feststoff-Starttriebwerks.

Für den Start des SST war ein Starttriebwerk erforderlich, in der Regel ein Feststoff-Starttriebwerk.
Zur Vereinfachung der Herstellung und der Unterbringung der Ausrüstung unterteilte sich der Raketenkörper in sieben Zellen.
Die 1. Zelle bildete den Kopfteil der Rakete. Sie enthielt die Sicherungs- und Zündeinrichtung (SZE), die am vorderen Flansch des Gefechtsteils befestigt war.
In der 2. Zelle befanden sich das Gefechtsteil und die Sendeantennen des Funkzünders.
Die 3. Zelle bildete den Diffusor für das SST. Er verteilte die einströmende Luft gleichmäßig im Raum. Der mittlere Teil der 3. Zelle beherbergte den Funkzünder und den Druckluftbehälter. Im Ringteil befand sich die Druckluftausrüstung. Der Luftansaugstutzen war mit einer Abdeckung versehen, die den Luftkanal vor Feuchtigkeit und Staub schützte. An der Außenhülle der Zelle befanden sich u. a. die Empfangsantennen des Funkzünders.
Die 4. Zelle war ein ringförmiger Treibstoffbehälter für den Brennstoff T-1 KEROSIN (270 kg). Damit der Treibstoff während der Manöver der Rakete kontinuierlich dem Marschtriebwerk zugeführt werden konnte, war ein Verdrängungssystem vorhanden.
In der 5. Zelle befanden sich der Treibstoffförderblock, das Startventil für die Rudermaschinen, der Behälter für den Treibstoff OT-155 und der Schwenkflügelantrieb, bestehend aus vier hydraulischen Rudermaschinen. Am vorderen Spant waren die Zapfen der vier Schwenkflügel und der vordere Stützhalter für die Befestigung der Rakete an der Startrampe angeordnet.
In der 6. Zelle befanden sich im Wesentlichen der Treibstoffzufuhrregler, der Autopilot, der Block Funklenkung/Funkortung, die Ampullenbatterie, der Umformer mit Steuerblock, der Schaltblock, das Druckrelais des AP und die Druckgeber. Am Vorderteil des Zellengehäuses befanden sich die vorderen Halterungen zur Befestigung der Feststoff-Starttriebwerke.
Die 7. Zelle war die Brennkammer des SST. Am Gehäuse der Zelle befanden sich vier Stabilisierungsflächen, eine mit dem Antennenblock der Funklenkung/Funkortung.

Ein Schnittmodell der Rakete 3M8M2, der zentrale Teil befand sich im Körper (850 mm Durchmesser), beide Teile bildeten den inneren Kanal zur Luftleitung, die Öffnung des inneren Kanals wurde mit der Abdeckung des Luftansaugstutzens verschlossen, die hier fehlt. Am Boden drei der vier Triebwerke des Feststoff-Starttriebwerks.

Das **Feststoff-Starttriebwerk** beschleunigte die Rakete im Anfangsabschnitt auf die zum Starten und normalen Betrieb des SST erforderliche Geschwindigkeit. Es gewährleistete das Drehen der Rakete im ungelenkten Anfangsabschnitt, um die Genauigkeit des Einschießens in den Leitstrahl der RLS zu erhöhen. Es bestand aus vier Triebwerken (TW), angeordnet am Körper der zweiten Stufe in den Ebenen der Schwenkflügel. Die Länge eines Triebwerks betrug 2,60 m, seine Masse 173 kg. Am vorderen Teil des TW befand sich eine ballistische Haube in Form eines unregelmäßigen Kegels, die den aerodynamischen Widerstand verringerte und beim Abstoßen des Feststoff-Starttriebwerks Auftrieb erzeugte. Der Düsenblock des Feststoff-Starttriebwerks war gegenüber der Rakete um einen Winkel von 3°54′ gedreht, wodurch das Drehmoment erreicht wurde. Mit dem Beginn der Arbeit des Feststoff-Starttriebwerks verzögerte ein Ventil die Drehbewegung um 0,2 bis 0,4 s, so dass ein normales Abheben der Rakete von der Startrampe gewährleistet war.
Nach dem Kommando START wurde von der Startrampe der Befehl zur Sprengung des Sprengbolzens in der Abdeckung des Luftansaugstutzens gegeben, woraufhin die Abdeckung abgeworfen wurde. Nachdem die Rakete die Startrampe verlassen hatte, wurde der Treibstoffförderblock angelassen. Der zerstäubte Treibstoff strömte unter Druck in die Brennkammer. Der durch den Luftansaugstutzen geleitete Luftstrom gelangte ebenfalls in die Brennkammer. Hier wurde der Luftstrom geteilt; der Hauptteil strömte in den Betriebsraum der Brennkammer, die restliche Luft in den ringförmigen Zwischenraum, wo sie das Gehäuse der Brennkammer vor Überhitzung schützte. Das Treibstoff-Luft-Gemisch wurde in der Vorkammer gezündet und bildete bei der Verbrennung einen starken ringförmigen Flammenstrahl, die Zündfackel. Erreichte die Rakete die Fluggeschwindigkeit von 835 bis 1669 km/h, war die Bildung des Treibstoff-Luft-Gemischs und dessen stabile Verbrennung über den gesamten Querschnitt der Brennkammer gewährleistet. Die beim Verbrennen des Treibstoffes frei werdende Wärmeenergie wandelte die Überschalldüse des SST in kinetische Energie um.
Die **pneumohydraulische Anlage** der Rakete gewährleistete das Aktivieren der Ampullenbatterie, den Betrieb des SST, des hydraulischen Antriebs des Autopiloten und das Aufheben der 2. Sicherungsstufe der Sicherungs- und Zündeinrichtung (SZE).
Der Druckluftbehälter (DLB) diente der Aufbewahrung der Druckluftreserve. Sein Fassungsvermögen betrug 17,4 l, der Betriebsdruck je nach Umgebungstemperatur und Betankungsart 210 bis 350 kp/cm^2.
Beim Kommando START wurde ein elektrischer Impuls an die Pyropatrone des DLB gegeben. Das Pyroventil des DLB öffnete den Zugang zum zweistufigen Druckminderventil, das den Luftdruck auf verschiedene Betriebsdrücke reduzierte. Vom Druckminderventil gelangte die Druckluft in den Block der Rudermaschinen, in die Ampullenbatterie und in die SZE. Die Ampullenbatterie und der Umformer begannen zu arbeiten, die Bordapparatur schaltete von den Bodenstromquellen auf die Bordstromquellen um, der freie Kreisel des AP wurde entarretiert. Ein elektrischer Impuls von der Startrampe zündete das Feststoff-Starttriebwerk und die Zündfackel des SST. Das FSTW entwickelte einen Schub und die Rakete hob von der Startrampe ab. Dabei löste sich die elektrische Verbindung Startrampe – Rakete und der Zünder zündete die Pulverstange in der Startkammer des Gasgenerators. Die Pulvergase schufen im Gasgenerator die Bedingungen (Druck und Temperatur) für das Verbrennen des Treibstoffs OT-155, gelangten auf die Turbinenschaufeln des Turbopumpenaggregates (TPA) und setzten den Rotor des Treibstoffförderblocks in Bewegung. Mithilfe der Druckluft wurde dann der OT-155 in den Gasgenerator des Treibstoffförderblocks gepresst. Durch die Verbrennung des OT-155 stieg der Druck im Gasgenerator auf den Betriebsdruck an. Die Verbrennungsprodukte gelangten zusammen mit den Pulvergasen auf die Schaufeln des TPA, wodurch der Rotor seine Nenndrehzahl erreichte.
Vom TPA gelangte der Brennstoff T-1 über den Filter zum Eingang des Treibstoffzufuhrreglers, wobei der Druckregler des Treibstoffförderblocks einen Druck von 62 kp/cm^2 aufrecht erhielt. Der Treibstoffzufuhrregler dosierte die Brennstoffzufuhr zum SST in Abhängigkeit von seinem Arbeitsverfahren (entsprechend der Art der Flugbahn).
Wurde am Eingang der Brennkammer des SST ein statischer Druck von 1,5 kp/cm^2 erreicht, erfolgte der Abwurf des FSTW, in der SZE wurde die Aufhebung der 2. Sicherungsstufe vorbereitet. 0,1 bis 0,35 s nach dem Abtrennen des Feststoff-Starttriebwerks entarretierten die Flügelsperren der Schwenkflügel, die Rudermaschinen fingen an zu arbeiten (der gelenkte Flug der Rakete begann) und die 2. Sicherungsstufe des SZE wurde aufgehoben.
Die **Elektroanlage** stellte die Kontrolle der Parameter und die Stromversorgung der Bordapparatur mithilfe der Bodenstromquelle (über die Startrampen) sicher. Sie gewährleistete die Stromversorgung durch die Bordstromquellen während des Startvorgangs und die Stromversorgung der Bordapparatur während des Starts und des Fluges. Sie steuerte die pneumohydraulische Anlage und den Raketenstart, übermittelte die erforderlichen Kommandos des Start- und Flugvorganges an die Blöcke der Bordfunkapparatur und sicherte das Zusammenwirken und die Arbeit der Bordapparatur während des gelenkten Fluges.
Die Elektroanlage bestand aus der Ampullenbatterie, dem Umformer, den Elementen der Pyrotechnik, dem Schaltblock mit Kabeln und Steckverbindungen sowie dem Kabelnetz.
Die Ampullenbatterie stellte die Hauptstromquelle an Bord der Rakete dar und versorgte die Bordapparatur während des Starts und des Fluges mit einer Gleichspannung von 27 V. Nach Erreichen der Arbeitsbereitschaft gewährleistete die Ampullenbatterie für 0,2 s einen Stromstoß bis 300 A, wobei die Spannung dabei nicht festgelegt war. Der Entladestrom betrug 60 bis 75 A für 70 s.
Die **Rudermaschine** bildete das Stellorgan des Autopiloten. Sie schwenkte die Schwenkflügel entsprechend den im Steuerblock erzeugten Steuer- und Stabilisierungssignalen. Als Arbeitsflüssigkeit wurde Brennstoff T-1 mit einem Betriebsdruck von 120 kp/cm^2 verwendet. Der Druck der zugeführten Druckluft betrug 11 kp/cm^2.
Das Kommando START wurde gegeben und Spannung an das Pyroventil des Druckluftbehälters angelegt. Das Pyroventil sprach an und über das Druckminderventil, das den Druck auf 11 kp/cm^2 begrenzte, gelangte die Druckluft in die Rudermaschinen und die Ampullenbatterie. Die Ampullenbatterie begann zu arbeiten und versorgte den Umformer mit Spannung, der ebenfalls zu arbeiten begann. Die gesamte Apparatur der Rakete schaltete auf Stromversorgung durch die Bordstromquellen um.

Der AP erhielt das Kommando ENTARRETIEREN, der Kreisel wurde entarretiert. Mit dem Signal ENTARRETIERT schaltete in der Startrampe ein Relais, das den Zündstromkreis der Pyropatronen der Starttriebwerke schloss. Die Starttriebwerke entwickelten Schub und die Rakete startete. In den ersten vier Sekunden nach dem Start wurde die Rakete nicht gelenkt, die Schwenkflüge waren gesperrt, die Rudermaschinen wurden nicht mit Betriebsflüssigkeit versorgt, die Signale des AP wurden von den Rudermaschinen nicht verarbeitet. Die Rakete drehte sich zwangsweise um ihre Längsachse. In der fünften Sekunde des Fluges wurden die FSTW abgeworfen. 0,2 s später strömte die Betriebsflüssigkeit in die Rudermaschinen und in die Arretierungen der Schwenkflügel. Die Schwenkflügel wurden entarretiert, die Stabilisierung um die Längsachse begann. Die Schwenkflügel schwenkten gegenläufig aus, so dass ein aerodynamisches Moment entstand, das der Raketendrehung entgegenwirkte. Zwei bis drei Sekunden nach dem Abwurf der FSTW war die Stabilisierung hinsichtlich der Längsachse abgeschlossen. In der 7. bis 8. Sekunde des Fluges übertrug der Block Funklenkung/Funkortung das Kommando BEGINN FUNKLENKUNG an den Autopiloten und der Lenkvorgang setzte ein. Bei Abweichungen der Rakete von der kinematischen Flugbahn wurden automatisch Lenkkommandos erzeugt und vom Block FL/FO in den AP übertragen. Die Rudermaschinen schwenkten die Schwenkflügel proportional zu den Signalen, die an die Eingänge der Rudermaschinen gelangten. Ein Manöver wurde von der Rakete durchgeführt, um sie erneut auf die kinematische Flugbahn zu bringen.

Die von der RLS per Funk übertragenen Lenkkommandos erreichten den Block Funklenkung/Funkortung teilweise mit bedeutenden Unterbrechungen und Störungen. Ab einem bestimmten Störpegel sprach ein Relais im Block FL/FO an und schaltete die Spannung ab. Dadurch gelangten die Lenkkommandos nicht mehr an die Eingänge der Rudermaschinen. Die Rakete flog während der Unterbrechungen auf einer ballistischen Flugbahn als ungelenkte Rakete.

Beim Lenken der Rakete durch die RLS arbeitete der AP die automatisch erarbeiteten Kommandos ab. Kam die Rakete ohne Kommandos unter der Einwirkung von Störkräften von der Flugbahn ab, maßen die Geber für lineare Beschleunigungen die auftretende Querbeschleunigung. Die Signale bewirkten ein Schwenken der Schwenkflügel, was die Wirkung der Störkräfte ausglich und die Rakete wieder auf die vorherige Flugbahn zurückbrachte.

Der **Block Funklenkung/Funkortung** empfing die Abfragesignale und formierte die Antwortsignale. Er empfing die Lenkkommandos von der RLS und wandelte sie in Gleichspannungssignale um. Weiterhin formierte er das Kommando BEGINN FUNKLENKUNG, das im AP als Signal für den Anfang der Raketenlenkung verwendet wurde. Er bewertete die Annäherungsgeschwindigkeit der Rakete ans Ziel, empfing und formierte das Kommando für das Einschalten des Funkzünders und erstellte das Kommando für die Selbstzerlegung der Rakete.

Der **Funkzünder** (FZ) stellte eine im Impulsbetrieb arbeitende Funkmesseinrichtung dar, die einen elektrischen Impuls an die Sicherungs- und Zündeinrichtung abgab, sobald sich die Rakete dem Ziel so weit genähert hatte, dass die Vernichtung des Ziels durch das Gefechtsteil gewährleistet war. Der Funkzünder bestand im Wesentlichen aus dem Sende-Empfangsblock, zwei Sende- und zwei Empfangsantennen sowie den Hohlleiterverbindungen. Er bildete eine kleine, autonome Funkmesseinrichtung, die aktiv arbeitete. Das bedeutete, dass das Ziel angestrahlt und die reflektierten Signale empfangen wurden. Bei einer bestimmten Entfernung zum Ziel wurde das Kommando EINSTELLEN DES FZ gegeben, worauf der Sender zu arbeiten begann und der Funkzünder vollständig eingeschaltet wurde. Erreichte das Ziel den Ansprechbereich (als Ansprechbereich galt der Raum um die Rakete, in dem sich das angenommene Ziel zum Zeitpunkt des Ansprechens des Funkzünders befand), gab der Funkzünder einen Impuls an die SZE ab, das Gefechtsteil wurde gesprengt und das Ziel vernichtet.

Die **Sicherungs- und Zündeinrichtung** (SZE) war eine elektromechanische Sicherungseinrichtung mit mechanischer Entsicherung. Sie gewährleistete das Nichtansprechen des Detonationskreises bei zufälligem Anlegen eines elektrischen Impulses an die nicht scharf gemachte SZE. Sie sprengte das Gefechtsteil nach Ablauf der Sicherheitszeit, wenn ein elektrischer Impuls vom Funkzünder eintraf, und sie sprengte die Rakete nach Ablauf einer vorgegebenen Zeit.

Während des Starts aktivierten durch Einwirken der axialen Trägheitskraft zwei Trägheits-Kontaktgeber ein Uhrwerk. Die Achse des Uhrwerks mit Nocken wurde in Drehung versetzt, wodurch mehrere Stromkreise geschlossen wurden, die 1. und 2. Sicherungsstufe wurden aufgehoben. Nach weiteren Prozeduren wurde die 3. Sicherungsstufe aufgehoben und die SZE vollständig entsichert.

Näherte sich die Rakete dem Ziel auf eine Entfernung, die zum Ansprechen des Funkzünders führte, gab der Funkzünder einen elektrischen Impuls an den Gefechtsstromkreis der SZE. Dies führte zur Detonation der Übertragungsladungen, des Zünders und des Gefechtsteils der Rakete. Kam kein Signal vom Funkzünder, aktivierte das Uhrwerk nach 73 bis 83 s die Selbstzerlegung der Rakete.

Zündung des Feststoff-Starttriebwerks – die Rakete 3M8M2 hebt von der Startrampe ab.

Der Start der Rakete in Richtung Ziel erfolgte von der Startrampe 2P24. Etwa fünf bis sieben Sekunden flog die Rakete ungelenkt; die Flugbahn in dieser Phase bestimmte der von der Raketenleitstation vorgegebene Startwinkel. Vier Sekunden nach dem Start wurden die Feststoff-Starttriebwerke abgestoßen; die Rakete setzte ihren Flug mit arbeitendem SST fort, das bei einer Fluggeschwindigkeit von 2085 bis 2383 km/h (1,75 bis 2,0 Mach) zu arbeiten begann. 1,5 bis 2,5 s nach dem Abstoßen des Feststoff-Starttriebwerks setzte die Steuerung der Rakete durch die Raketenleitstation ein. Die Kommandos wurden vom Block FL/FO empfangen, vom AP umgewandelt und an die Schwenkflügel weitergeleitet.

In der RLS wurden zwei Leitmethoden angewandt; die DREIPUNKT-METHODE für Zielhöhen unter 16 km und die METHODE DER HALBEN BEGRADIGUNG für Zielhöhen über 16 km. Flog die Rakete das Ziel an, sprengte die Sicherungs- und Zündeinrichtung auf ein Kommando des Funkzünders den Gefechtsteil, der durch Splitter und Sprengwirkung das Ziel zerstörte. Gelangte das Kommando vom Funkzünder nicht an die Sicherungs- und Zündeinrichtung, löste sie die Sprengung des Gefechtsteils aus.

Rakete		
GRAU-Index Rakete	3M8M2	3M8M3
Bezeichnung des FRS	2K11M KRUG-M	2K11M1 KRUG-M1
GRAU-Index Gefechtskopf	3N11M	
Bezeichnung in der NVA	3M8M2	3M8M3
Beginn der Einführung in die NVA	1974	1977
NATO-Bezeichnung des FRS	SA-4 GANEF	
Einsatzebene	Fla-Raketenregiment des Militärbezirks	
Maximale Reichweite (km)	50	
Minimale Reichweite (km)	9	7
Maximale Flughöhe (km)	23,5	24,5
Minimale Flughöhe (km)	0,25	0,15
Länge Rakete (mm)	7843	
Durchmesser mit Stabilisatoren (mm)	2206	
Durchmesser 2. Stufe (mm)	850	
Zielgeschwindigkeit (km/h)	2880	
Art des Starttriebwerks	Feststoff-Starttriebwerk	
Art des Marschtriebwerks	Flüssigkeits-Marschtriebwerk	
Brennstoff	KEROSIN T-1	
Masse Rakete betankt (kg)	2435	
Masse Gefechtskopf mit Gefechtsladung (kg)	150	
Startrampe	2P24M	2P24M1

Die Rakete 3M8M2, zu erkennen zwei der vier Triebwerke des Feststoff-Startriebwerks.

Transport und Lagerung der Raketen 3M8M2 und 3M8M3 erfolgten in zwei hermetisch verschlossenen Containern. Im Container Nr. 1 befanden sich der Raketenkörper, die Schwenkflügel und die Stabilisierungsflächen. Der Container Nr. 2 enthielt das Feststoff-Starttriebwerk. Für den Autopiloten, den Block Funklenkung/Funkortung, den Funkzünder und die Sicherungs- und Zündeinrichtung wurden separate hermetische Stahlbehälter oder abgedichtete Verpackungskisten verwendet.

Container Nr. 1 und Container Nr. 2 für die Raketen 3M8M2 oder 3M8M3.

In beiden Containern befanden sich Auflager, auf denen der Block des Feststoff-Starttriebwerks (Container Nr. 2) oder der Raketenkörper fahrbar gelagert waren. Das Auflager war auf einer Schiene im Container aufgesetzt und gegen Verschieben gesichert. Für das Verladen der Rakete in den Containern befand sich im Satz Montagetechnik eine Vorholschiene, die, gekoppelt mit der Schiene im Container, das Ausfahren des Auflagers und damit den Zugang zur Rakete ermöglichte.

Im Januar 1990 verfügten die beiden FRR der Militärbezirke über 36 Startrampen. Der Kampfsatz einer Startrampe bestand aus zwei Raketen; für jede Startrampe wurden fünf Kampfsätze benötigt, insgesamt 360 Raketen. 72 Raketen befanden sich in den Truppenteilen, 144 waren als zentrale Reserve und 144 als Truppenvorrat eingelagert. Der Grad der Sicherstellung mit Raketen betrug 100 %.

Der Raketenkörper und der Block des Feststoff-Starttriebwerks wurden mithilfe der Auflager über die Vorholschiene aus den Containern gezogen.

Startrampe

2П24 – Самоходная пусковая установка Круг-М =
2P24 – Selbstfahrender Werfer KRUG-M

Die **Startrampen 2P24M** und **2P24M1** dienten dem Richten und Starten der Raketen 3M8M2/3M8M3 sowie deren Transport und der Aufbewahrung. Die SR richtete automatisch beide Raketen auf das Luftziel und startete sie auf Befehl der RLS. Im Falle eines Fehlschusses erfolgte ein Wiederholungsstart nach 10 s.

Da die wichtigsten Elemente für einen Raketenstart (Startrampe, Raketenleitstation, Aufklärungs- und Zielzuweisungsstation) mobil waren und aus der Bewegung heraus den Luftgegner bekämpfen mussten, erfolgte die Datenübertragung zwischen den einzelnen Elementen mithilfe von unterschiedlichen drahtlosen Telecodegeräten. Die Raketenstarts erfolgten aus dem Stand.

Die Startrampen 2P24M des Fla-Raketensystems 2K11M KRUG-M waren ab 1976 regelmäßig auf Paraden der NVA zu sehen. Auch auf den Waffenschauen der LaSK der NVA waren sie vertreten.

Die SR gliederte sich generell in das Basisfahrzeug und den Artillerieteil. Beim Basisfahrzeug (Bf) 123 handelte es sich um ein geschlossenes Kettenfahrzeug mit Stützrollenlaufwerk, das sich durch hohe Wendigkeit und Fahrgeschwindigkeit sowie gute Geländegängigkeit auszeichnete. Es bot der Besatzung und den Geräten Schutz vor der Einwirkung des Gasstrahls beim Raketenstart sowie vor Splittern und dem Feuer gegnerischer Schützenwaffen.

Der Artillerieteil diente der Aufnahme und Befestigung von zwei Raketen, dem Richten der Raketen beim Start sowie dem Transport und der Aufbewahrung der Raketen. Der Artillerieteil lagerte drehbar im Bf 123.

Zu einem Fla-Raketenkomplex gehörten drei Startrampen 2P24M/2P24M1. Von 1973 bis 1975 führte die NVA 15 SR 2P24M, von 1976 bis 1980 weitere 27 SR 2P24M1 ein. Jedes FRR verfügte über 18 SR, sechs SR dienten zu Ausbildungszwecken. Die Bundeswehr übernahm alle 42 Startrampen.

Raketenleitstation

Die **Raketenleitstation 1S32M** bildete zusammen mit der Bordausrüstung der Rakete das Lenksystem für den Flug. Sie besaß einen Ziel- und einen Raketenkanal, sodass jeweils nur ein Ziel durch eine Rakete bekämpft werden konnte. Die RLS führte die Zielsuche und -erfassung in einem bestimmten Sektor nach den Vorgaben der AZS 1S12 selbständig durch. Danach begleitete sie automatisch das zur Vernichtung ausgewählte Ziel. Sie übermittelte der SR die Kommandos zur Startvorbereitung und zur Vorstartkontrolle der Rakete sowie die Koordinaten des Vorhaltepunktes. Die RLS bestimmte den Startmoment der Rakete, lenkte sie während des Fluges und führte sie zum Ziel. Sie ermittelte die Werte der Annäherungsgeschwindigkeit, übertrug diese an den Funkzünder und aktivierte den Funkzünder. Die Zeit vom Beginn der Zielzuweisung bis zur automatischen Zielbegleitung betrug maximal 10 s. Die selbständige Zielsuche wurde nur im äußersten Notfall praktiziert, da diese Variante aufgrund des schmalen Funkmess-Strahls wenig Erfolg versprach.

Um das Aufgabenspektrum abzudecken, verfügte die RLS über ein Funkmessgerät ZIEL zum Bestimmen der Zielkoordinaten und ein Funkmessgerät RAKETE zur Steuerung der Rakete. Bei Ausfall der Funkmessgeräte oder zum Schutz vor Antifunk-Messraketen wurde ein Fernsehvisier eingesetzt. Der Funkkommandosender, die Antennensteuerung, die Telekodegeräte 1S62 und 1S63 sowie die Stromversorgungsanlage 1Ä3 gehörten ebenso zur Ausrüstung der Station wie das Synchronisations- und Horizontierungssystem.

Wurde ein Ziel von der Aufklärungs- und Zielzuweisungsstation 1S12 zugewiesen, erfolgte das automatische Richten der Antenne des Funkmessgeräts auf das Ziel. Die Begleitung der eigenen Rakete erfolgte automatisch durch die RLS nach den Koordinaten Entfernung, Seitenwinkel und Höhenwinkel. Das Störschutzsystem gewährleistete den Schutz der Station vor passiven und aktiven Störungen.

Zur Ausrüstung der RLS gehörten weiterhin ein Navigationsgerät, ein Nachtsichtgerät für den Fahrer und den Stationsleiter sowie eine Kernwaffenschutzanlage zum Überwinden aktivierter Geländeabschnitte. Die RLS war über Funk mit den anderen Elementen des Komplexes verbunden. Die technische Verbindung der RLS (Übertragung von Werten der Zielzuweisung, Richten der Startrampen, Übertragung der Lenkkommandos) mit der Aufklärungs- und Zielzuweisungsstation 1S12 erfolgte mit dem Telekodegerät 1S62, für die Verbindung zu den Startrampen 2P24 wurde das Telekodegerät 1S63 eingesetzt.

Raketenleitstation 1S32M in Gefechtslage, die wichtigsten sechs Elemente der Antennenanlage von links nach rechts: Der Antennenmast trug die Antenne des Telecodegerätes 1S62, es folgt die große runde Antenne für das Funkmessgerät ZIEL mit dem oben rechts angeordneten Fernsehvisier. Die drei kleinen runden Antennen des Funkmessgeräts RAKETE auf der rechten Seite dienten der Steuerung der Rakete und der Auslösung des Funkzünders.

Technische Verbesserungen der Ausrüstung schlugen sich in den unterschiedlichen Ausführungen der RLS nieder – den Versionen 1S32M (bis 1975 geliefert), **1S32M1** (1976 geliefert) und **1S32M2** (ab 1977 geliefert). Eine Dokumentation von 1981 über die Umrüstung aller RLS zählte fünf Stationen 1S32M, drei Stationen 1S32M1 und fünf Stationen 1S32M2 sowie zwei Lehrklassenvarianten der RLS auf. Mit diesen Umrüstungen, die sowjetische Spezialisten an den Standorten der Fla-Raketenregimenter durchführten, wurden alle RLS auf den modernsten Stand gebracht. Die Bundeswehr übernahm alle 15 Stationen.

Raketenleitstation 1S32M in Marschlage.

Die Stromversorgung der Fla-Raketenkomplexe stellte im Gefecht die bordeigene Stromversorgungsanlage sicher. Da diese Anlagen sehr kraftstoff- und verschleißintensiv waren, wurden für die Gefechtsausbildung und bei Wartungsarbeiten die **Elektrostation PÄS-100-T/230-Tsch/400-A1RK** und die **Transportable Verteilereinrichtung PRU1** eingesetzt. Jeder Fla-Raketenkomplex verfügte über zwei Elektroaggregate und eine Verteilereinrichtung. Ein siebtes Aggregat versorgte die Mittel der Technischen Sicherstellung mit Strom. Zur Ausrüstung gehörten zwei Verteilerkästen und ein Einzel-EWZ-Satz. Über die beiden Verteilerkästen wurde die Elektroenergie zu den Verbrauchern geleitet. Sie ermöglichten auch den Parallelbetrieb von zwei Elektroaggregaten. So konnten die Aufklärungs- und Zielzuweisungsstation 1S12, die Raketenleitstation 1S32 sowie die drei Startrampen 2P24 miteinander verbunden und mit elektrischer Energie versorgt werden.

Modernisierungsarbeiten

Ab 1981 modernisierten sowjetische Fachleute die Hauptkomponenten des Fla-Raketensystems 2K11M KRUG-M, die Raketenleitstation, die Startrampe und die Aufklärungs- und Zielzuweisungsstation. Ziel der Modernisierung war die Erhöhung der Zuverlässigkeit einzelner mechanischer Elemente, die Verbesserung des Entfernungsmesssystems und die Erhöhung der Zuverlässigkeit der Datenübertragung zwischen der Raketenleitstation und der Aufklärungs- und Zielzuweisungsstation 1S12. Weiterhin wurde die Stabilität der Raketenlenkung bei tief fliegenden Zielen erhöht sowie die Stromversorgung überarbeitet. Im Ergebnis der Modernisierungsarbeiten konnte u. a. die Auffassentfernung der AZS um 10 % erhöht werden.

Mittel der Führung

9С44 – комплекс К-1 КРАБ бригадой ЗРК 2К11, 2К12 =
9S44 – Komplex K-1 KRABBE der FRS 2K11, 2K12

Den **Automatisierten Feuerleitkomplex K-1 KRABBE** (AFK) verwendeten die Fla-Raketensysteme 2K11 KRUG und 2K12 KUB. Der AFK bestand hauptsächlich aus der Feuerleitkabine 9S416, der Empfangskabine 9S417 und dem Kabellegefahrzeug 9S441. Die Anzahl der Empfangskabinen 9K417 hing von der Struktur des FRS ab. Sie entsprach der Anzahl der Fla-Raketenkomplexe in den FRR der MB bzw. der Anzahl der Fla-Raketenkomplexe in den FRR der Divisionen. Der AFK diente der zentralisierten Feuerleitung der genannten Fla-Raketensysteme. Er wies den Fla-Raketenkomplexen die Ziele anhand der Angaben der Aufklärungs- und Zielzuweisungsmittel des Fla-Raketenregiments oder nach den Angaben der Funkmessmittel der Division zu.

Mittel der Gefechtssicherstellung

Die **Aufklärungs- und Zielzuweisungsstation 1S12A** klärte gegnerische Luftziele auf, identifizierte sie mit dem bordeigenen Kennungsgerät NRZ15K1MF1, übergab die Zielzuweisung an den AFK K-1 KRABBE und mithilfe des Telekodegeräts 1S62 an die RLS 1S32M. Die Aufklärungstiefe betrug bis zu 300 km. Das Richtdiagramm der Antenne unterteilte sich vertikal in vier Zonen, die in einer bestimmten Reihenfolge während vier Umdrehungen der Antenne durchlaufen wurden. Die Station verfügte über umfangreiche Störschutzeinrichtungen. Die AZS 1S12A nutzte das Basisfahrzeug 426U, eine um zwei Laufrollen verlängerte Ausführung des schweren Kettenzugmittels ATT.

Die beiden Fla-Raketenregimenter der NVA arbeiteten mit den Versionen **1S12A**, **1S12A1** und **1S12M1** der AZS. Für den Gefechtseinsatz benötigten die Führungsbatterien der FRA acht (2 x 4) Stationen. Zwei zusätzliche AZS dienten in der Offiziershochschule der LaSK und im Fla-Raketen-Ausbildungszentrum 40 der Ausbildung.

Die Aufklärungs- und Zielzuweisungsstation 1S12 in Marschlage (linkes Bild) und die Funkmess-Station P40 in Gefechtslage. Die AZS 1S12 ähnelte sehr stark der FuMS P40, verfügte aber über zwei Antennenhalterungen an den Außenseiten der Motorhaube.

Als zusätzliche Aufklärungs- und Zielzuweisungsmittel wurden in der Führungsbatterie des FRR für die Ortung und Zielzuweisung eine **FuMS P18** geplant. Da diese Station erst ab 1977 verfügbar war, kam eine **FuMS P12** zum Einsatz. Die Ortung tief fliegender Ziele übernahm eine Version der **FuMS P15**. Die Aufklärungs- und Zielortungsstation 1S12 übernahm die Aufgabe der Fernaufklärung.

Ab 1981 übernahm der **Funkmesskomplex P40**, bestehend aus der **FuMS P40M** und dem **HM PRW16B**, die Fernaufklärung. Die FuMS P15 wurde ab 1978 sukzessiv durch die **FuMS P19**, die FuMS P12 durch die **FuMS P18** abgelöst.

Mittel der technischen Sicherstellung

Transporttechnik

Für Transport und Lagerung der Rakete 3M8M2/3M8M3 wurde das **Raketentransportfahrzeug 9T25** (RTF) eingesetzt. Der Transport der Rakete konnte im verpackten Zustand in zwei Containern oder im montierten und geschärften Zustand ohne Container erfolgen. Zum Transport fand eine Sattelzugmaschine ZIL-157KW mit Spezialausrüstung und der mechanisch angetriebene Sattelauflieger 9T25 Verwendung. Die Drehmomentübertragung vom Zugmittel zur Zwischen- und Hinterachse des SAL erfolgte über Kardanwellen und Getriebe.

In jedem FRR befanden sich 36 RTF, in jeder BFRTB weitere 36 Fahrzeuge. Mit den in den RTrA-2 und 12 (je 27 Fahrzeuge) vorhandenen Fahrzeugen konnten pro Startrampe fünf Kampfsätze zugeführt werden.

Beim **Raketentransport-Ladefahrzeug 2T6** (RTLF) handelte es sich um einen selbstfahrenden, hydraulisch betriebenen Kran auf Grundlage des Lkw URAL-375E. Es diente zur Selbstbeladung, zum Transport und zur Verladung einer vorbereiteten Rakete 3M8M. Das RTLF konnte den Montagewagen 9T13, das Raketentransportfahrzeug 9T25 oder die Startrampe 2P24 beladen oder entladen. Zu jeder Startrampe gehörte ein RTLF. Aufgrund der konstruktiven Besonderheiten ließ sich das RTLF 2T6 sowohl zur Beladung der linken als auch der rechten Startschiene der Startrampen 2P24 einsetzen. Zwei hydraulische Stützen sicherten das Fahrzeug während der Verladearbeiten. Der Spezialkran hob Lasten bis 3500 kg. Jedes Fla-Raketenregiment verfügte über 18 RTLF 2T6.

Raketentransportfahrzeug 9T25, beladen mit je einem Container Nr. 1 und Nr. 2 sowie mit einer montierten Rakete 3M8M2.

Raketentransport-Ladefahrzeug 2T6 bei einer Parade in Berlin. Die Startrampe 2P24 mit einer Rakete 3M8M2, die Beladung konnte von rechts oder links erfolgen.

Krantechnik

9T31M1 – автомобильный кран = 9T31M1 – Autokran

Der **Autodrehkran 9T31M1** wurde für Entkonservierungs- und Montagearbeiten eingesetzt.

Der Autodrehkran 9T31M unterstützte die Montagearbeiten an der Rakete 3M8M2.

Transport- und Tanktechnik für Brennstoff

9Г28М – заправщик горючего ЗРК 2К11М = 9G28M – Kraftstofftanker FRK 2K11M

Die **Auftank- und Transportanlage Brennstoff 9G28M** diente zum Transport, Betanken und Umpumpen von Brennstoffen. Als Basisfahrzeug diente das Spezial-Kfz ZIL-131. Das Fahrzeug transportierte einen 2300-l-Behälter für den Treibstoff T-1 KEROSIN und einen 230-l-Behälter für den Treibstoff OT-155. Die Förderleistung der Brennstoff-Förderpumpe betrug beim Befüllen ca. 150 l/min. Der Treibstoff OT-155 wurde mit einer Handpumpe gefördert. Im FRR versahen vier Auftank- und Transportanlagen Brennstoff 9G28M ihren Dienst.

Die Auftank- und Transportanlage Brennstoff 9G28M (linkes Bild) und das Lufttankfahrzeug 9G22M1 wurden speziell für das Fla-Raketensystem 2K11 KRUG beschafft.

Erzeuger und Transporttechnik für Druckluft

Mit Einführung des FRS 2K11M KRUG-M sorgten zwei **Kompressorstationen UKS400W**[1] und zwei **Lufttankanlagen 5L91**[1] für die Erzeugung und den Transport von Druckluft. Zwei **Lufttankfahrzeuge 9G22M1-8** befüllten die Raketen mit Druckluft.

Das Lufttankfahrzeug 9G22M1 baute als mobile Tankanlage auf dem Fahrgestell des mittleren Lkw ZIL-131 auf. Die Anlage diente der Lagerung, dem Transport und der Abgabe von aufbereiteter Druckluft mit unterschiedlichen Drücken an die Verbraucher. Das Fahrzeug führte im Heckaufbau zehn Druckluftflaschen mit einem Volumen von je 80 l mit. Da das Lufttankfahrzeug in den Fla-Raketensystemen 2K11 KRUG (9G22M1-8) und 2K12 KUB (9G22M1-9) eingesetzt wurde, verfügte es über eine systemspezifische Ausrüstung.

Ab 1981 setzten die FRR jeweils zwei **Kompressorstationen UKS400W-131**[1] und zwei Lufttankfahrzeuge 9G22M1-8 für die Druckluftversorgung der Raketen 3M8M2 und 3M8M3 ein.

Kontroll- und Prüfstation

Im FRR befanden sich zwei **Kontroll- und Prüfstationen 2W9M** mit Elektroaggregate und Verdichteranlage 9W617. Sie ermöglichten eine Überprüfung des technischen Zustands der Bordapparatur der Rakete 3M8, ohne die Luken öffnen zu müssen. Die Rakete konnte sich dabei auf der Startrampe 2P24, dem Raketentransport-Ladefahrzeug 2T6 oder dem Lastzug 9T25 befinden. Geprüft wurden die Parameter des Blocks Funklenkung/Funkortung, des Autopiloten, des Funkzünders, des Umformers sowie die Schalt- und Stromkreise der Pyrotechnik. Die Versorgung der Station mit dem dazu notwendigen Dreiphasenwechselstrom und der erforderlichen Druckluft stellte das Elektroaggregat mit Verdichteranlage 9W617 sicher. Die hydraulische Versorgung der Bordgeräte der Rakete bei der Funktionskontrolle übernahm das bordeigene Hydroaggregat 9W66. Das Aggregat sorgte für das Ausschwenken der Flügel auf die geforderten Winkel bei Kontrolle sowie das Entarretieren und Arretieren der Flügel der Rakete. Dazu wurde die zu prüfende Rakete über Schläuche an das Hydroaggregat verbunden. Im Spezial-Kfz ZIL-131 mit Koffer KUNG1 kamen sämtliche Gerätesätze unter.

Die Kontroll- und Prüfstation 2W9M war gleichzeitig Zugmittel für das Elektroaggregat mit Verdichteranlage 9W617.

Eine **Kontroll- und Prüfstation 9W719/9W719M1** diente in den FRR als Trainings- und Kontrollgerät zur Funktionskontrolle der RLS und der Justiereinrichtung 9W21. Das Trainingsgerät simulierte Raketenstarts auf imitierte oder reale Luftziele. Als Basis der Kontroll- und Prüfstation 9W719 diente ein Lkw GAZ-66 mit Kofferaufbau. Mit der Modernisierung der RLS wurde auch die KPS umgerüstet und unter der Bezeichnung 9W719M1 geführt.

Die Kontroll- und Prüfstation 9W719 (linkes Bild) und die Kontroll- und Prüfstation 9W215 und Elektroaggregat mit Verdichteranlage 9W617.

Im Bestand jeder BFRTB befand sich eine **Kontroll- und Prüfstation 9W215M** mit **Elektroaggregat und Verdichteranlage 9W617.** Die KPS war für die autonome Prüfung der Geräteblöcke der Raketen 3M8M2 und 3M8M3, des Funkzünders, des Blocks FL/FO und des AP vorgesehen. Ferner ließen sich mit der KPS die Sicherungs- und Zündeinrichtung sowie die Pyrotechnik überprüfen. Die Arbeiten konnten sowohl an der Rakete als auch an den Geräteblöcken durchgeführt werden. Da die einzelnen Prüfpulte unabhängig voneinander arbeiteten, war eine autonome Kontrolle an verschiedenen Geräteblöcken gleichzeitig möglich.

Allgemeine Sicherstellungsmittel

Ein **Satz Montagetechnik**, aufgeteilt auf vier technologische Ausrüstungskomplexe (TAK), diente der Sicherstellung der Arbeiten im technologischen Durchlauf zur Vorbereitung der Raketen. Für ein FRS 2K11 KRUG fanden zwei Sätze Montagetechnik Verwendung, aufgeteilt auf das FRR und die BFRTB (ein fünfter in der RTeB-2). Als Basis für alle vier TAK diente jeweils ein modifizierter mittlerer Lkw ZIL-131 Pritsche. Jeder TAK nutzte für den Transport der Ausrüstung ein Transportgestell, das sich auch abgesetzt vom Basisfahrzeug einsetzen ließ.

Der **Technologische Ausrüstungskomplex MS1520AM** war für die Durchführung der Arbeiten zur Vorbereitung der Rakete 3M8 im technologischen Durchlauf bestimmt. Er bestand aus zwei Montagewagen 9T13 und einem Bockkran 9T33 sowie Transport- und Montagehilfsmitteln. Der Montagewagen 9T13 diente dem Transport der Rakete. Mit dem Bockkran 9T33 wurden Montage- und Instandsetzungsarbeiten an den Raketen durchgeführt.

Technologischer Ausrüstungskomplex MS1520AM, die Elemente des Bockkrans 9T33 ragten weit über das Heck hinaus.

Zum **Technologischen Ausrüstungskomplex MS1520BM** gehörten drei Vorholschienen, zwei Montagewagen 9T13 sowie drei Traversen und ein Greifer. Die Vorholschienen ermöglichten das Herausziehen der Auflager mit der Rakete aus den Containern. Dabei wurden zwei Vorholschienen für die Rakete und eine für das Feststoff-Starttriebwerk genutzt. Eine 3600 mm lange und 670 mm breite Schiene wog 70 kg. Der Greifer diente zur Montage und Demontage der Rakete.

Der **Technologische Ausrüstungskomplex MS1530M** bestand aus einer Traverse, mehreren Verteilern, sechs Ablagevorrichtungen, fünf Plattformen und einer Montagevorrichtung. Der TAK transportierte auch die für die nachrichtentechnische Verbindung der vier Komplexe erforderlichen Mittel.

Die Technologischen Ausrüstungskomplexe MS1520BM (linkes Bild) und MS1530M in Marschlage.

Der **Technologische Ausrüstungskomplex MS1525AM** sicherte den Betrieb der Kontroll- und Prüfstation 2W9M. Er bestand aus einem Zelt 8Ju12 mit einer Beleuchtungs- und einer Heizungsanlage. Im Zelt konnten gleichzeitig zwei Raketen überprüft werden.

Die Hauptaufgabe der **Justierstation 9W21M** bestand in der Überprüfung der elektrischen Antennenachsen der Raketenleitstation 1S32 unter feldmäßigen Bedingungen. Außerdem ließen sich die Entfernungsmesser RAKETE und ZIEL überprüfen. Alle Geräte waren auf der Ladefläche des Spezial-Kfz ZIL-131 untergebracht oder am Teleskopmast befestigt. Der Teleskopmast befand sich auf der hinteren Ladefläche des Fahrzeugs. In Arbeitslage wurde der Mast aufgerichtet und auf vier oder fünf Segmente ausgefahren. Am oberen Ende des Teleskopmastes war eine Justierplatte befestigt. Die Hauptbetriebsart der Justiereinrichtung bestand im Abstrahlen von HF-Impulsen in Richtung RLS, die die Ziel- und Antwortsignale imitierten. Anhand der imitierten Signale wurde die Abweichung zwischen den Antennenachsen gemessen und entsprechende Korrekturwerte eingestellt. Zudem ließ sich die optische Achse des Fernsehvisiers überprüfen, justieren und einstellen. Die Arbeitshöhe lag zwischen 20 und 25 m. Jedes FRR verfügte über eine Justierstation 9W21M.

Drei **EWZ-Fahrzeuge 9T422** dienten dem Transport und der Lagerung

Justierstation 9W21M in Marschlage.

von EWZ-Sätzen im FRS. Sie sicherten den Betrieb der Kontroll- und Prüfstationen 2W9M und 9W215 (je ein Fahrzeug im FRR-5, in der BFRTB-5 und in der RTeB-2). Nach der Modernisierung wesentlicher Elemente des FRS 2K11M KRUG-M wurde die Ausrüstung des EWZ-Fahrzeuges angepasst und es trug nun die Bezeichnung **EWZ-Fahrzeug 9T422M**.

Verbleib

Die Bundeswehr übernahm die Ausrüstung der FRR-3 und -5. Die UdSSR signalisierte in den Verhandlungen zur Stornierung von Waffenlieferungen Anfang 1990 Interesse an der unentgeltlichen Übernahme der Technik der Fla-Raketensysteme 2K11 KRUG. Die Bundeswehr stufte das System KRUG in die Kategorie III – Abgabe zur Verwertung – ein. Der Verbleib des Materials bedarf weiterer Klärung.

Rakete 3M9M des Fla-Raketensystems 2K12 KUB

Der Beschreibung der Rakete 3M9M liegen der STAN des FRR-8 vom Juni 1976 und der STAN des FRR-7 vom Dezember 1986 zugrunde.

Fast zeitgleich mit den Arbeiten am Fla-Raketensystem 2K11 KRUG begann die Projektierung des Fla-Raketensystems 2K12 KUB (deutsch = Würfel). Die Entwicklung des FRS 2K12 KUB legte ein Erlass des ZK der KPdSU und des Ministerrats der UdSSR vom Juli 1958 fest. Es sollte vor allem Panzerdivisionen gegen Luftangriffswaffen im mittleren und niedrigen Höhenbereich schützen und dabei Luftziele mit einer Geschwindigkeit von maximal 2160 km/h (600 m/s), die in Höhen von 100 m bis 7 km angriffen, in einer Entfernung von bis zu 20 km mit einer Wahrscheinlichkeit von 70 % bekämpfen.

Panzer bildeten die Hauptschlagkraft der Landstreitkräfte und galten unter den Bedingungen eines möglichen Kernwaffenkrieges als am widerstandsfähigsten. Daher war ein zuverlässiger Schutz der Gefechtsordnung der Panzerdivisionen im Angriff und in der Verteidigung gegen massive Luftangriffe von tief fliegenden Zielen erforderlich. Dazu mussten Fla-Raketenregimenter in den PD mit einer hohen Anzahl von Startrampen geschaffen und deren größtmögliche Autonomie sichergestellt werden. Das FRS musste die Panzertruppen jederzeit begleiten können, die Raketen den Transport im Gelände in technisch einwandfreiem Zustand überstehen. Bei der Konstruktion der Rakete nutzten die Ingenieure eine Vielzahl technischer Neuerungen, darunter die Verwendung von zwei Feststofftriebwerken oder des Dopplereffekts zur Zielselektion.

Mitte April 1964 gelang der erste erfolgreiche Start einer mit einem Gefechtskopf bestückten Rakete, die eine Il-28 in mittlerer Höhe abschoss. Durch Erlass des ZK der KPdSU und des Ministerrats der UdSSR wurde das FRS 2K12 KUB ab 1967 für die Landstreitkräfte der UdSSR übernommen.

Bei der traditionellen Parade auf dem Roten Platz am 7. November 1967 in Moskau präsentierten die sowjetischen Streitkräfte erstmals die Startrampen 2P25 des neuen FRS 2K12 KUB. Die Serienproduktion von 1967 bis 1983 in fünf Modifikationen umfasste über 500 FRS.

Die Planungen der NVA zur Einführung des FRS 2K12 KUB reichten bis in das Jahr 1969 zurück. Danach sollten in den Jahren 1973 bis 1975 für den *Raketenkomplex Division Kub* 37 Startrampen auf SFL, 7 Leitstationen auf SFL, 37 Transportfahrzeuge und 220 Raketen beschafft werden. 1976 wurde das Flak-Regiment 8 der 8. MSD in das Fla-Raketenregiment 8 umgewandelt und mit dem bereits modernisierten **Fla-Raketensystem 2K12M KUB-M** ausgerüstet. Zusätzlich wurden sieben Startrampen und eine Aufklärungs- und Leitstation für Ausbildungszwecke importiert.

Am 7. Oktober 1979 präsentierte das FRR-8 erstmals Elemente des Fla-Raketensystems 2K12 KUB (sechs Startrampen 2P25M1 und sechs Raketentransport-Ladefahrzeuge 2T7M) im Marschband der Einheiten der TLA zum Nationalfeiertag der DDR. Von 1977 bis 1981 stellte die NVA in den verbliebenen fünf Kampfdivisionen FRR auf und rüstete sie mit je einem **Fla-Raketensystem 2K12M2 KUB-M2** aus. Da jedes FRR über vier Fla-Raketenbatterien mit je vier Startrampen verfügte, ergab sich eine Gesamtzahl von 96 Startrampen. Auch die OHS der LaSK in Löbau nutzte zu Ausbildungszwecken wesentliche Elemente des Fla-Raketensystems, z. B. vier Startrampen 2P25M1 mit Lehr-Trainingsraketen. Die Planungen sahen für den Zeitraum 1981 bis 1985 vor, die beiden FRR der PD mit je fünf FRBttr auszurüsten.

1983 wurde das FRS 2K12M KUB-M der 8. MSD durch ein FRS 9K33M2 OSA-AK ersetzt. Von den 16 freigewordenen Startrampen wurden ab dem 2. Halbjahr 1984 vier für die geplante Erweiterung des FRS der 9. PD (von vier auf fünf FRK) verwendet. Der STAN der 7. PD sah ab 1. Dezember 1986 ebenfalls die Ausstattung des FRR mit fünf FRBttr vor. 1987 wurde das FRS 2K12M2 KUB-M2 der 11. MSD durch ein Fla-Raketensystem 9K33M3 OSA-AKM ersetzt. Das frei gewordene FRS 2K12M2 KUB-M2 diente nun als Austausch- und als Mobilisierungsreserve und zur Ausbildung von Reservisten.

Die Ablösung des FRS 2K12 KUB durch das **Fla-Raketensystem 9K330 TOR** bildete einen wesentlichen Bestandteil der Entwicklung der NVA in den Jahren 1991 bis 1995. Die dadurch frei gewordenen FRS 2K12 KUB sollten zur Bildung von FRR in den Mob-Divisionen eingesetzt werden.

In die NVA gelieferte Fla-Raketensysteme 2K12 KUB und Raketen 3M9M:

	Systeme	Komplexe	Startrampen	Raketen
1976	1	5	16 + 7	96
1977	1	4	16	212
1978	1	4	16	198
1979	1	4	16	220
1980	1	4	16	240
1981	1	5	20	110
Gesamt	**6**	**26**	**107**	**1073**

Fla-Raketensystem

2К12 КУБ – самоходный зенитный ракетный комплекс = 2K12 KUB – selbstfahrender Flugabwehr-Raketenkomplex

Zu jedem Fla-Raketensystem 2K12 KUB gehörten der Stab, vier Fla-Raketenkomplexe und eine Technische Batterie.

Im Fla-Raketenkomplex befanden sich u. a. eine Empfangskabine 9S417 (Bestandteil des Automatisierten Feuerleitkomplexes K-1 KRABBE (9S44)), eine Aufklärungs- und Leitstation 1S91 (ALS), vier Startrampen 2P25 und ein Kampfsatz von je drei Raketen 3M9M pro Startrampe. Bei der Entfaltung des FRS war zu beachten, dass der Abstand zwischen zwei FRK mindestens drei Kilometer betrug. Nachdem der Fla-Raketenkomplex in der Startstellung entfaltet war, erfolgte das gegenseitige Einrichten von der Aufklärungs- und Leitstation und den Startrampen mit den strukturmäßig vorhandenen optischen Mitteln (Hauptmethode) oder mit dem Navigationsgerät TNA-3 (Behelfsmethode).

Ebenso ließ sich das Fernsehvisier 9Sch38 zum gegenseitigen Einrichten nutzen. Bei der zentralisierten Feuerleitung verband eine Kabelverbindung die ALS samt Empfangskabine 9S417 des Komplexes K-1 mit dem Gefechtsstand des Fla-Raketensystems, das sich mit einem Richtkreis nach Norden orientierte.

Die Aufklärungs- und Leitstation 1S91 führte mit der Aufklärungsstation die Rundumsuche im Luftraum durch, fragte die Kennung bei den aufgeklärten Luftzielen ab, wählte das zu vernichtende Luftziel aus, erfasste und begleitete es. Während der Begleitung des zur Vernichtung ausgewählten Luftziels strahlte die ALS mit dem Dauerstrichsender der Leitstation HF-Energie im Dauerstrichbetrieb für die Selbstzielsuchlenkung der Rakete 3M9 auf das Luftziel ab. Die laufenden Zielkoordinaten und die Führungskommandos gelangten von der ALS über das Telekodegerät 1S61M1-A zu den Rechengeräten der Startrampen. Die Rechengeräte berechneten entsprechend den aktuellen Zielkoordinaten die Anfangsangaben für den Start. Entsprechend den Werten der Rechengeräte wurden die Artillerieteile der SR mit den Raketen in die Startrichtung und die Antennen der Funkmesszielsuchlenkköpfe (FMZSLK) in Richtung Luftziel ausgerichtet. Vier Sekunden, bevor das Luftziel in die Startzone einflog, gab das Rechengerät das Signal zum Erfassen des Luftziels an den FMZSLK. Die ALS erhielt vom Rechengerät der SR das Signal für die Startfreigabe ZIEL IN DER ZONE. Der Start der Raketen erfolgte durch den Leiter der ALS. Die Übermittlung des Kommandos START erfolgte von der ALS an die SR über das Telekodegerät; der Start erfolgte automatisch. Der Flug der Rakete vom Vorhaltepunkt bis zum Zusammentreffen mit dem Luftziel erfolgte hauptsächlich nach der Leitmethode METHODE HALBE BEGRADIGUNG, was eine hohe Genauigkeit und eine geringe Überbelastung gewährleistete.

Während der Zielbewegung änderten sich die Koordinaten des Ziels, woraufhin der FMZSLK an den Autopiloten Lenkkommandos abgab. Nach diesen Kommandos steuerte der AP die Schwenkflügel der Rakete, so dass sich der Geschwindigkeitsvektor zu jedem beliebigen Zeitpunkt immer auf den errechneten Vorhaltepunkt richtete. In einer Entfernung, die 60 % der Vorhalteentfernung entsprach, wurde das Kommando zum Ferneinschalten des Senders des Funkzünders gegeben. Bei Annäherung an das Luftziel gab der FMZSLK das Kommando zur Empfindlichkeitserhöhung an den Funkzünder. Im Bereich der Vernichtung sprach der Funkzünder an und löste die Detonation des Gefechtsteils und damit die Vernichtung des Luftziels aus.

Rakete

Das aerodynamische Schema der **Rakete 3M9MÄ** war als SCHWENKFLÜGELBAUART ausgelegt. Bei dieser Bauart übernahmen die Flügel gleichzeitig Steuerfunktionen. Am Heck der Rakete befanden sich feststehende Stabilisatoren, die der Flugsicherheit dienten. Die Startdüse hinter den Stabilisatoren wurde nach Beendigung der Arbeit des Feststoff-Starttriebwerks abgeworfen. Die Schwenkflügel und Stabilisatoren waren in XX-Form angeordnet, d. h., die vier Flächen der Heckstabilisatoren lagen in einer Ebene mit den Schwenkflügeln. An den Enden der Schwenkflügel befanden sich vier Luftansaugkanäle.

Die Hauptbaugruppen der Rakete, der Raketenkörper, der halb-aktive Funkmesszielsuchlenkkopf, der Autopilot, der Funkzünder, das Gefechtsteil mit Sicherungs- und Zündeinrichtung sowie das Triebwerk und der Block der Druckluft- und Stromversorgung waren in vier Zellen untergebracht.

Die 1. Zelle beherbergte den FMZSLK mit seinen Blöcken und Baugruppen.. Den vorderen Teil der Zelle deckte eine funkwellendurchlässige Haube ab. Der Empfangskanal des FMZSLK erfasste die vom Ziel reflektierten HF-Signale, deren Frequenz um den Betrag der Dopplerverschiebung (das Ziel bewegt sich, die Leitstation steht still) von den Signalen des Senders der Leitstation abwich. Diese Signale wurden in das Signal der Zwischenfrequenz umgeformt und verstärkt. Gleichzeitig wurde das Direktsignal vom Sender der Leitstation empfangen, umgeformt und als Bezugssignal bei der Selektion des Signals der Dopplerfrequenz benutzt, auf der das Ziel erfasst und auch begleitet wurde.

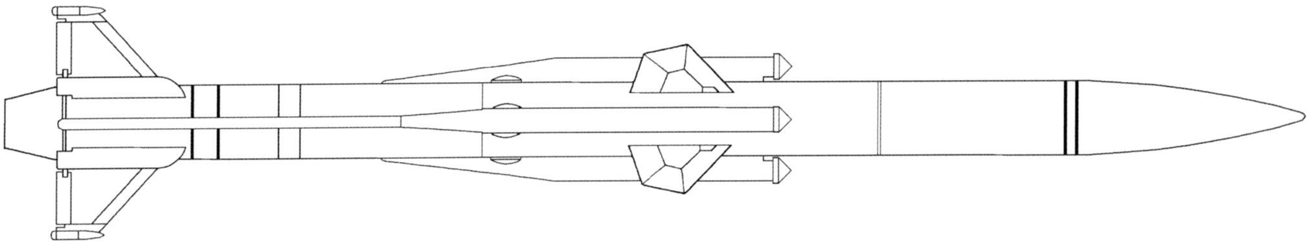

Grafik der Rakete 3M9MÄ vor dem Start, die Startdüse befand sich am Heck.

In der 2. Zelle befand sich das Gefechtsteil und die Sicherungs- und Zündeinrichtung.

Die 3. Zelle nahm als Gerätezelle den Funkzünder, den Block der Druckluft- und Stromversorgung, den Autopiloten, den Antrieb für die Schwenkflügel und Ruder auf. Außen am Raketenkörper waren die Antennen des Funkzünders angebracht. Zum AP gehörten u. a. zwei Flügel- und vier Ruderantriebe.

In der 4. Zelle befand sich die zweistufige Triebwerkseinrichtung, bestehend aus einem Feststoff-Starttriebwerk und einem Feststoff-Staustrahltriebwerk (Marschtriebwerk). Am Heck der 4. Zelle saßen die vier Stabilisatoren mit Rudern. Auf dem rechten oberen und dem linken unteren Stabilisator war jeweils eine Heckantenne des FMZSLK montiert. Am linken oberen Stabilisator befand sich der Träger mit dem Drucksignalgeber und am rechten unteren Stabilisator der Träger mit dem Ausgleicher

zur Beseitigung der aerodynamischen Asymmetrie des Raketenkörpers. Die Ruder waren beweglich gelagert und gegenüber den Stabilisatoren schwenkbar. An der Spitze des Trägers mit dem Drucksignalgeber befand sich eine Schutzkappe, um den Luftdrucksensor vor dem Eindringen von Wasser und Schmutz zu schützen. Die Schutzkappe wurde beim Start abgeworfen.
Die Verwendung von zwei unterschiedlichen Lenkorganen verlieh der Rakete trotz der hohen Geschwindigkeit während der gesamten Flugbahn eine außergewöhnliche Wendigkeit. Außerdem war es möglich, die Größe der Schwenkflügel zu verringern, die erforderliche Leistung der Lenkgetriebe zu reduzieren und einen leichten pneumatischen Antrieb zu verwenden. Die Flügelantriebe bewegten zwei Paare miteinander verbundener Schwenkflügel, die in zwei Ebenen senkrecht zueinander stehend angeordnet waren und die Rakete auf ihrer Flugbahn lenkten. Die vier Ruderantriebe bewegten die Ruder, die sich an den Stabilisierungsflächen befanden. Sie stabilisierten die Rakete in Bezug auf den Schwerpunkt. Die Ruder waren ebenfalls in zwei Ebenen senkrecht zueinander angeordnet.
Der Funkmesszielsuchlenkkopf lenkte die Rakete auf das Luftziel. Er erarbeitete die Steuersignale, gab dem Autopiloten den Befehl zum Abwurf der Startdüse und die Kommandos an den Funkzünder. Die automatische Zielverfolgung nach Winkelkoordinaten erfolgte durch die Suche des vom Luftziel reflektierten HF-Signals. Das so gewonnene Signal wurde dann in seine Koordinatenkomponenten zerlegt und als Steuersignal für die Antriebe der Schwenkflügel verwendet.
Bei der automatischen Zielbegleitung nach den Winkelkoordinaten wurde das Abtasten des vom Luftziel reflektierten HF-Signals angewendet. Das so erhaltene Signal wurde anschließend in seine Koordinatenkomponenten zerlegt und als Steuersignal für den Antrieb der Schwenkflügel genutzt.
Der Empfangskanal des FMZSLK empfing die vom Ziel reflektierten HF-Signale, deren Frequenz gegenüber der Frequenz des Dauerstrichsenders der Aufklärungs- und Leitstation um den Betrag der Dopplerverschiebung verschoben war. Diese Signale wurden in den Empfangskanalblöcken mit den Signalen der Aufklärungs- und Leitstation verglichen. Dabei wurde das Dopplerfrequenzsignal ausgewählt, nach dem der Zielsuchkopf das Ziel erfasste und begleitete. Die Anwendung des Vergleichs der Dauerstrichabstrahlung und des Doppler-Schmalbandempfangs ermöglichte auch die Bekämpfung von tieffliegenden Zielen und schützte den FMZSLK vor passiven Störungen. Der Empfang des Abfragesignals von der Aufklärungs- und Leitstation erfolgte über die beiden Heckantennen. Die obere Antenne empfing das Signal, wenn sich die Rakete auf der Startrampe oder im ungelenkten Flugabschnitt, die untere Antenne, wenn sich die Rakete im gelenkten Flugabschnitt befand. Bei Verlust des Luftziels erfolgte eine erneute Erfassung durch den FMZSLK.
Das Gefechtsteil der Rakete diente der unmittelbaren Vernichtung des Luftziels durch Splitter-Sprengwirkung. Dazu schossen bei der Detonation ca. 3000 Splitter mit einem Durchschnittsgewicht von 6,5 g in einem Streuwinkel von 21° in Richtung Ziel. Die Rakete konnte manövrierende Ziele mit einem Lastvielfachen von bis zu 6 g vernichten, wobei die Vernichtungswahrscheinlichkeit solcher Ziele je nach den Bedingungen auf 20 bis 55 % sank, während ein nicht manövrierendes Ziel mit einer Wahrscheinlichkeit von 40 bis 75 % vernichtet werden konnte.

Rakete 3M9MÄ im Telefon- und Raketenmuseum Pinnow.

Das zweistufige Triebwerk bestand aus einem Feststoff-Start- und einem Feststoff-Staustrahltriebwerk (FSTW / FSSTW). Beide waren in getrennten Gehäusen montiert und miteinander verbunden (4. Zelle). Nach dem Ausbrennen der Treibladung und Abwurf der Startdüse diente das Gehäuse des FSTW als Brennkammer für das FSSTW.
Das FSTW verwendete als Treibladung eine 1,70 m lange zylindrische Einkanal-Pulverladung mit einem Gewicht von ca. 172 kg. Da sie einen zylindrischen Kanal mit einem Durchmesser von 54 mm aufwies, konnte sie gleichzeitig von der äußeren und der inneren Oberfläche abbrennen.
Die im FSSTW eingesetzte Treibladung zeichnete sich durch einen großen Brennstoffüberschuss gegenüber dem Oxidator aus. Für den normalen Betrieb des Feststoff-Staustrahltriebwerks musste Außenluft durch die vier Luftansaugkanäle in die Brennkammer geleitet werden. Die Brenndauer betrug etwas mehr als 20 Sekunden, die Masse der 760 mm langen Treibladung lag bei etwa 67 kg.
Durch den in der Brennkammer entstandenen Druck wurde die sphärische Verschlusskappe vom Kopf der Brennkammer abgeworfen. Durch die Düsen im Kopf der Brennkammer gelangten die Verbrennungsgase des Treibstoffes des FSSTW in die Brennkammer des FSTW und wurden dort von der durch die Luftansaugkanäle einströmenden Luft vollständig verbrannt. Das FSSTW ging in den vollen Betriebszustand über und erzeugte den erforderlichen Schub, um die Geschwindigkeit der Rakete im Marschabschnitt des Fluges aufrechtzuerhalten.

Rakete		
GRAU-Index Rakete	3M9MÄ	3M9M3Ä
Bezeichnung des FRS	2K12M KUB-M	2K12M2 KUB-M2
GRAU-Index Gefechtskopf	3N12	3N12M1
Bezeichnung in der NVA	3M9MÄ	3M9M3Ä
Beginn der Einführung in die NVA	1976	1977
NATO-Bezeichnung des FRS	SA-6 GAINFUL	
Einsatzebene	Fla-Raketenregiment der Division	
Maximale Reichweite (km)	23.500	
Minimale Reichweite (km)	4400	
Maximale Flughöhe (km)	12.000	18.000
Minimale Flughöhe (km)	0,030	0,025
Maximale Fluggeschwindigkeit der Rakete (km/h)	2160	2628
Länge Rakete (mm)	5850	5841
Durchmesser mit Schwenkflügeln (mm)	932	932
Durchmesser mit Stabilisatoren (mm)	1206	1214
Durchmesser des Raketenkörpers (mm)	330	336
Art des Starttriebwerks	Feststoff-Starttriebwerk	
Art des Marschtriebwerks	Feststoff-Staustrahltriebwerk	
Startmasse Rakete (kg)	640	
Masse Gefechtskopf mit Gefechtsladung (kg)	57	
Startrampe	2P25M1	2P25M2

Wurde das Luftziel von der Aufklärungs- und Leitstation 1S91 erfasst, befanden sich die Raketen auf der Startschiene der Startrampe 2P25 in Gefechtsbereitschaft. Auf das Kommando RICHTEN erfasste der FMZSLK der Rakete das Luftziel. Hatte er das Luftziel erfasst, konnte die Rakete gestartet werden. Mit dem Kommando START zündeten die Pyropatronen der Starteinrichtung, Druckluft gelangte zu allen pneumatischen Baugruppen der Rakete. Mit der Druckluftzufuhr gingen die Ruder in Nullstellung. Nach dem Anlassen des Turbogenerators der Stromversorgungseinrichtung erfolgte die Umschaltung auf die Bordstromversorgung der Apparaturen der Rakete. Der Stromkreis der Pyropatronen des FSTW schaltete ein, im Moment des Raketenstarts erfolgte die Trennung der Steckverbindung Rakete – Startrampe. Die Pyropatronen für den Mechanismus zum Abwurf der Startdüse zündeten nach dem Ausbrennen des FSTW. Nach dem Abwurf der Startdüse übertrug der FMZSLK, der das Luftziel stetig begleitete, Daten an den Autopiloten, der mithilfe der Schwenkflügel und Ruder die Rakete zum Luftziel steuerte. Bei einer Entfernung von 60 % der Vorhalteentfernung wurde die 2. Sicherheitsstufe der Sicherungs- und Zündeinrichtung aufgehoben und der Funkzünder, dessen Empfänger empfindlichkeitsreduziert war, aktiviert. Die Empfindlichkeitserhöhung des Empfängers erfolgte auf ein Signal des FMZSLK. In unmittelbarer Zielnähe sprach der Funkzünder an und bewirkte die Detonation des Gefechtsteils der Rakete.

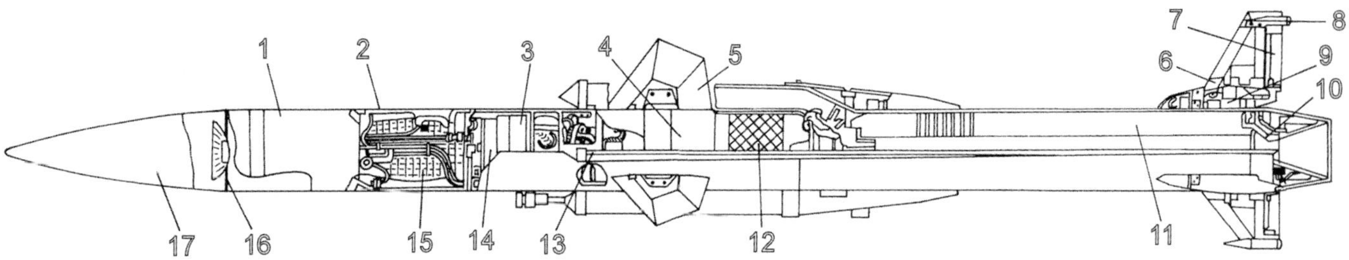

Die wichtigsten Elemente der Rakete 3M9M3Ä:

1 - 1. Zelle
2 - 2. Zelle
3 - 3. Zelle
4 - 4. Zelle
5 - Schwenkflügel
6 - Stabilisierungsfläche
7 - Ruder
8 - Heckantenne
9 - Ruderantrieb
10 - Düsenblock
11 - Treibstoff des FSTW
12 - Treibstoff FSSTW
13 - Luftansaugstutzen
14 - Funkzünder
15 - Gefechtsteil
16 - Antenne des FMZSLK
17 - ballistische Haube

Während die Rakete 3M9MÄ nur anfliegende Luftgegner bekämpfen konnte, konnte die **Rakete 3M9M3Ä** auch gegen abfliegende Hubschrauber und Flugzeuge mit einer maximalen Geschwindigkeit von 1080 km/h (300 m/s) wirken. Die durchschnittliche Fluggeschwindigkeit der Rakete 3M9M3Ä wurde auf 2628 km/h (730 m/s) erhöht, die Reichweite und die Flughöhe konnten verbessert werden. Da nun auch Flugzeuge bekämpft werden konnten, die mit einer Überlast von bis zu 8 g manövrierten, erhöhte sich die Trefferwahrscheinlichkeit bei manövrierenden Zielen um 10 bis 15 %. Schließlich verbesserte sich auch die Störfestigkeit des FMZSLK.

Die Aufbewahrung, die Lagerung und der Transport der Raketen 3M9MÄ und 3M9M3Ä erfolgten im Container K5PA. Der Container gewährleistete den Staub- und Spritzwasserschutz für die Raketen. Seine Ausmaße (L x B x H) betrugen 5980 x 710 x 700 mm bei einer Leermasse von bis zu 300 kg. Mit der Rakete wog der Container 904 kg.

Der Transport der Rakete 3M9M erfolgte im Container K5PA.

Der Transport der Rakete 3M9M erfolgte im Container K5PA.

Die *Meldung über die Sicherstellung der NVA mit Raketen und Munition sowie deren Lagerung* vom 1. Januar 1990 gab die Anzahl der gefechtsbereiten Startrampen vom Typ 2P25M1 und 2P25M2 mit 88 an (3 x 16 und 2 x 20 Startrampen). Der Kampfsatz pro SR wurde mit drei Raketen angegeben. Der Gesamtbedarf wurde mit 5,0 veranschlagt, was einer tatsächlichen Anzahl von 1320 Raketen beider Typen entsprach. Damit lag der Grad der Sicherstellung bei 100 %. Eine später erstellte *Altersstruktur der Hauptarten der Militärtechnik der NVA* listete 813/550 Raketen des Typs 3M9MÄ/3M9M3Ä auf.

Den Gesamtbestand an Raketen übergab die NVA an die Bundeswehr.

Start einer Rakete 3M9M.

Startrampe

Die **Startrampen 2P25M1** und **2P25M2** (SR) ermöglichten den aufeinanderfolgenden Start von drei Raketen auf Luftziele mit einem Startintervall von mindestens 5 bis 6 s aus dem Stand.

Bei der Entwicklung des Fahrgestells für die SR 2P25 griffen die Spezialisten auf das Fahrgestell der 23-mm Fla-SFL 23/4 SCHILKA zurück und fertigten zwei Ausführungen; eine für die Startrampe und eine für die Aufklärungs- und Leitstation. Die Energieversorgung übernahm eine Gasturbine, die wiederum einen Generator mit einer Leistung von 40 kW (80 kW für die ALS) antrieb. Die Redundanz der Stromversorgung gewährleistete der Fahrmotor, der in Ausnahmefällen als Antriebsquelle für den Generator diente.

Geräte, Ausrüstung und Besatzung schützte die Panzerung des Basisfahrzeugs GM-578M1 vor Staub, meteorologischen Niederschlägen und dem Gasstrahl der startenden Rakete. Die Startrampe verfügte über eine eigene Stromversorgungsanlage, ließ sich aber auch von einer Fremdstromquelle, z. B. der Diesel-Elektrostation PÄS-100-T/230-Tsch/400-A1RK, speisen. Die Ausrüstung der SR ermöglichte die Fortbewegung aus eigener Kraft mit drei Raketen, das gegenseitige Einrichten zwischen ALS und SR, die Durchführung von Funktionskontrollen der Geräte und Systeme der Startrampe sowie der Raketen von der ALS oder vom Steuerpult der Startrampe aus. Sie ermöglichte die Vorbereitung und den Start der Raketen, den Empfang der Steuerkommandos von der ALS über die Telekodeeinrichtung, die Übermittlung von Antwortsignalen an die ALS und eine ständige Funkverbindung zwischen den Elementen des FRK auf dem Marsch. Alle Startvorbereitungen (mit Ausnahme der Beladung), die Vorstartvorbereitung, die Kontrolle und der Start der Raketen erfolgten automatisch auf Kommando der ALS oder direkt von der Startrampe aus.

Der Kampfsatz eines Fla-Raketenkomplexes mit vier Startrampen betrug 12 Raketen. Zusätzlich konnten 50 % des Kampfsatzes (sechs Raketen) auf zwei RTLF 2T7M untergebracht werden.

Die Startrampe 2P25M1 wurde gerne auf Paraden gezeigt.

Die Startrampe 2P25M1 in Gefechtslage auf einer Waffenschau der NVA 1988.

Von 1977 bis 1982 führte die NVA 84 Startrampen 2P25M2 mit Basisfahrzeug GM-578M2 ein. Die Verbesserungen am Basisfahrzeug betrafen die Kraftstoff-, Druckluft- und elektrische Anlage, das Rechengerät, die elektrischen Richtantriebe, den Motor und das Laufwerk.

Die Bundeswehr übernahm 107 Startrampen beider Versionen.

Raketenleitstation

Die **Aufklärungs- und Leitstationen 1S91M1** und **1S91M2** dienten der Aufklärung der Luftlage, der Auswahl und Abfrage der Kennung des Luftziels, dem Erfassen sowie dem automatischen Begleiten und Anstrahlen des Luftziels mit HF-Energie im Dauerstrichbetrieb. Sie ermittelten ständig die Zielkoordinaten des ausgewählten Luftziels und übertrugen diese an die zum FRK gehörenden drei Startrampen.

Zur ALS 1S91M1 gehörte die Aufklärungs- und Zielzuweisungsstation 1S11 (AZS) mit einer massiven Parabolantenne und drei Einspeiseelementen für die Zielsuche im Rundum- oder Sektorensuchbetrieb. In der AZS war das Kennungsgerät 1S51 (NRZ6P) integriert. Weiterhin gehörten die Leitstation 1S31 (LS) mit runder Antenne für Impuls- und Dauerstrichsender und das Fernsehvisier 9Sch38 zur ALS. Die LS diente der Zielverfolgung und der Zielanstrahlung. An ihrem linken Rand befand sich das Fernsehvisier 9Sch38. Das Telekodegerät 1S61M1A und das gepanzerte Vollkettenfahrzeug GM-568M1 vervollständigten die Station. An der rechten Bordseite des Basisfahrzeugs GM-568M1 waren hauptsächlich die Geräte und Systeme der Aufklärungsstation 1S11 untergebracht, an der linken Bordseite die der Leitstation 1S31 sowie das Telekodegerät. Der Zugang zu den in Schränken untergebrachten Bordsystemen erfolgte über spezielle, mit Deckeln verschlossene Luken.

Die Aufklärungsentfernung betrug 50 km bei Zielhöhen von 3 bis 7 km. In Zusammenarbeit mit dem Feuerleitkomplex K-1 KRABBE (9S44) arbeitete die ALS im Höhenbereich von 30 m bis 10 km und klärte Ziele in 200 m Höhe bereits ab 28 km auf.

Die Kennungsabfrage konnte bis maximal 60 km erfolgen. Das Herstellen der Gefechtsbereitschaft aus der Marschlage erfolgte in 7 Min. ohne Orientierung oder in 12 Min. mit Orientierung nach Norden.

Die Aufklärungs- und Leitstation 1S91M2, unten angeordnet die Aufklärungs- und Zielzuweisungsstation 1S11 mit dreiteiliger Parabolantenne und drei Einspeiseelementen für die Zielsuche im Rundum- oder Sektorensuchbetrieb, darüber die Leitstation 1S31 mit runder Antenne für den Impuls- und Dauerstrichsender und das links angeordnete Fernsehvisier 9Sch38 (linkes Bild).
Die Aufklärungs- und Leitstation 1S91M1 in Marschlage, die runde Antenne der Leitstation 1S31 war nach vorn geklappt, die Antennensäule eingefahren.

Das Basisfahrzeug GM-568M1 nahm die Blöcke und Systeme sowie den Funkmesstrupp der ALS 1S91M2 auf. Ab 1977 erfolgte die Auslieferung der ALS 1S91M2 mit dem modernisierten Basisfahrzeug GM-568M2. Dabei wurden Verbesserungen vorgenommen, z. B. Veränderungen an der Containerhub- und Horizontierungsanlage 2Ä8M2, an der Gasturbine und an der Stromversorgungsanlage. Äußerlich ließen sich die Versionen GM-568M1 und GM-568M2 an den Abdeckungen der Batteriekästen vorne links über der ersten und zweiten Laufrolle unterscheiden.
Laut einem Bestandsnachweis von 1990 verfügte die NVA über fünf Versionen der ALS 1S91M1 und über 22 Versionen der ALS 1S91M2. Sämtliche Stationen wurden von der Bundeswehr übernommen.
Die Stromversorgung des Fla-Raketenkomplexes gewährleisteten im Gefecht die bordeigenen Stromversorgungsanlagen. Da diese jedoch sehr kraftstoff- und verschleißintensiv arbeiteten, setzte man für die Gefechtsausbildung und für Wartungsarbeiten die **Diesel-Elektrostation PÄS-100-T/230-Tsch/400-A1RK** in Verbindung mit der **Transportablen Verteilereinrichtung PRU2** ein.

Mittel der Führung

Die Führung des Fla-Raketenkomplexes erfolgte aus der **Empfangskabine 9S417**, die Bestandteil des Automatisierten Feuerleitkomplexes K-1 KRABBE (9S44) war. Sie empfing Kommandos und Befehle sowie Informationen über Luftziele vom Gefechtsstand des Fla-Raketensystems (Feuerleitkabine 9S416) über Funk oder Draht. Sie gab Meldungen über die Gefechtstätigkeit und die Ausführung der erhaltenen Kommandos an den Gefechtsstand des FRS weiter, übermittelte die Zielkoordinaten und Kommandos an die gekoppelten Aufklärungs- und Leitstationen 1S91M1 und kontrollierte die korrekte Zielbegleitung.

Mittel der Gefechtssicherstellung

Als Aufklärungs- und Zielzuweisungsmittel nutzte das Fla-Raketensystem 2K12 KUB drei Funkmess-Stationen und einen Höhenmesser. 1976 war der Einsatz von je einer **FuMS P40**, einer **FuMS P15**, einer **FuMS P18** und einem **Höhenmesser PRW9B** geplant. 1981 kam ein **Funkmesskomplex P40** zum Einsatz (bestehend aus einer FuMS P40 und einem **PRW16B**). 1986 sah die Planung den Einsatz eines Funkmesskomplexes P40, einer FuMS P40 und einer **FuMS P19** vor.

Mittel der technischen Sicherstellung

Zur Vorbereitung der Raketen für den Gefechtseinsatz und für die Truppeninstandsetzung wurde eine **Technische Stellung 2W6** (TS) entfaltet. Die TS 2W6 versorgte die Startrampen mit verschussbereiten Raketen; sie bestand aus vier miteinander verbundenen Arbeitsplätzen und einem Abstellplatz für Technik.

Transporttechnik

9T22Б – транспортная машина ЗРК Куб-М =
9T22B – Transportfahrzeug FRK KUB-M
2T7M – транспортно-заряжающая машина ЗРК Куб-М =
2T7M – Transport-Ladefahrzeug FRK KUB-M

Das **Raketentransportfahrzeug 9T22B** (RTF) diente dem Transport und der Lagerung von Raketen 9M3M, mit und ohne Container K5PA. Mit dem RTF 9T22B ließen sich Regelarbeiten an den Raketen durchführen. Das RTF 9T22B bestand aus dem Zugmittel ZIL-157KW, dem aktiven Zweiachs-Sattelauflieger und der Aufnahmeeinrichtung. Zur Erhöhung der Geländegängigkeit erhielt der Sattelauflieger einen Antrieb, der vom Zugmittel aus bedient wurde.

Das Raketentransportfahrzeug 9T22B (linkes Bild) und beladen mit vier Containern K5PA.

Das FRR verfügte über zwölf RTF 9T22B. Für die Versorgung der FRR im MB sorgten weitere neun RTF in der BFRTB und je ein Fahrzeug in der RTrA-2 und der RTrA-12.

Das **Raketentransport-Ladefahrzeug 2T7M** (RTLF) diente dem Transport von drei Raketen 3M9M, dem Be- und Entladen der Startrampe 2P25 und dem Umladen der Raketen vom RTF 9T22B auf Ablagen oder Montagewagen. Es handelte sich um einen Autodrehkran mit erhöhter Geländegängigkeit, aufgebaut auf dem Fahrgestell des Lkw ZIL-131. Die Ausstattung umfasste einen hydraulischen Kran 4033B am Heck des Fahrzeuges sowie Halterungen für drei Raketen 3M9. Für die Befestigung und den Transport der Raketen wurde ein Lastrahmen verwendet. Die Halterungen des Lastrahmens nahmen die Raketen für den Transport auf. Für den Transport wurden die Raketen mit einer Plane abgedeckt. Zu einem Fla-Raketensystem gehörten zwölf RTLF 2T7M.

Krantechnik

Für Be- und Entladearbeiten setzte die Technische Stellung 2W6 zwei **Autodrehkräne 9T31M1**[1] ein.

Raketentransport-Ladefahrzeug 2T7M bei einer Parade in Berlin (linkes Bild). Das Beladen der Startrampe 2P25M1 erfolgte mit dem Raketentransport-Ladefahrzeug 2T7M.

Erzeuger und Transporttechnik für Druckluft

Die Planungen von 1975 sahen den Einsatz einer **Verdichteranlage UKS400W**[1] auf Spezial-Kfz ZIL-157 vor. Zwei **Lufttankfahrzeuge 9G22** dienten zum Befüllen der Raketen und zur Druckluftversorgung der Kontroll- und Prüfstation 2W8M. Ab 1986 waren zwei **Kompressorstationen UKS400W-131** zur Erzeugung von Druckluft mit 350 at vorgesehen. Sie versorgten die Kontroll- und Prüfstation 2W8M1Ä sowie die beiden **Lufttankfahrzeuge 9G22M1-9** mit Druckluft.

Kontroll- und Prüfstation

Die Technische Stellung 2W6 setzte zwei **Kontroll- und Prüfstationen 2W8M** (KPS) ein. Sie dienten der Komplexkontrolle der Bordausrüstung der fertig montierten Raketen 3M9, wenn diese sich auf dem Montagewagen 9T14M, der Startrampe 2P25M1 oder auf einem Ablagegestell befanden. Sie stellten auch die autonomen Kontrollen der Funkmesszielsuchlenkköpfe sicher. Zur KPS gehörten ein Lkw ZIL-157KG mit einem Koffer KUNG1. Im Koffer befanden sich u. a. das Elektroaggregat AB-8-T/230/Tsch-400-M1, eine Druckluftanlage mit vier Druckluftflaschen, eine Heiz- und Lüftungsanlage, der EWZ-Satz Nr. 1 sowie verschiedene Kontrollpulte und Prüfvorrichtungen.

Die Druckluftanlage der KPS versorgte die Kontroll- und Prüfeinrichtung mit Druckluft während der Überprüfung der Rakete und befüllte die Druckluftflaschen der Kompressorstation UKS400W bzw. des Lufttankfahrzeugs 9G22M1-9. Mit Einführung der modernisierten Rakete 3M9M3Ä erschien die modifizierte **Kontroll- und Prüfstation 2W8M1Ä** auf dem mittleren Lkw ZIL-131 mit Koffer KUNG1.

Werkstätten

Die **Kontroll- und Wartungsstationen 9W88M und 9W88M-2** (KWS) wurden für die laufende Wartung, die technische Wartung Nr. 1 und Nr. 2 sowie für die laufende Instandsetzung der Aufklärungs- und Leitstation 1S91M1 und der Startrampe 2P25M1 eingesetzt. Als Basisfahrzeug diente ein Spezial-Kfz URAL-375A mit Kofferaufbau K375.

Zwei **Kontroll- und Wartungsstationen 2W7M1-2** dienten zusammen mit der KWS 9W88M der Messung von Parametern und der Überprüfung der technischen Einsatzbereitschaft der Aufklärungs- und Leitstation 1S91M1 und der Startrampe 2P25M1 sowie der Durchführung von Wartungs- und Instandsetzungsarbeiten an diesen Geräten unter feldmäßigen Bedingungen. Die Anlage bestand aus der Kontrollstation 2W7M1-2K und der Wartungsstation 2W7M1-2R. Die Prüfstände und Werkzeuge für kleine mechanische Instandsetzungsarbeiten befanden sich in der Wartungsstation 2W7M1-2R.

Mit Einführung der modernisierten Aufklärungs- und Leitstation 1S91M2 und der Startrampe 2P25M2 erschien die **Kontroll- und Wartungsstation 2W7M2-2**, bestehend aus der Kontrollstation 2W7M2-2K und der Wartungsstation 2W7M2-2R. Die modifizierten Geräte und Ausrüstungen der KWS nahmen zwei Spezial-Kfz URAL-375A mit Koffer K4320 auf.

Die Kontroll- und Prüfstation 2W8M1Ä (linkes Bild) und die Kontroll- und Wartungsstation 9W88M-2.

Für Abstimmungs- und Instandsetzungsarbeiten an den HM PRW9B und PRW16B, an der FuMS P19 sowie an der FuMS P40 und deren beiden Modifikationen wurden eine **Kontroll- und Prüfstation KRAS-1R7M**, eine **Funkmess-Werkstatt KRAS-PM** und eine **Funkmess-Werkstatt 75** eingesetzt.

Allgemeine Sicherstellungsmittel

Der **Technologische Ausrüstungskomplex MS1761M** war für die Montage und Überprüfung der Rakete 3M9 in Verbindung mit dem Technologischen Ausrüstungskomplex MS1760M bestimmt. Der Komplex MS1761M bestand aus dem Kfz ZIL-131 mit abnehmbarem Spezialaufbau und technologischer Ausrüstung. Letztere bestand aus sechs Montagewagen 9T14M, aus zwölf Spannvorrichtungen und einem EWZ-Satz. Der **Montagewagen 9T14M** diente der Wartung, der Montage und Demontage, dem Transport sowie dem Abstellen der Raketen im Gelände.

Der Technologische Ausrüstungskomplex MS1761M in Transportlage (linkes Bild). Der Spezial-Pkw UAZ-469B diente als Zugmittel für den Montagewagen 9T14M. Hier brachte er den mit einer Rakete beladenen Montagewagen 9T14M zum Zelt auf dem Platz der Technischen Stellung 2W6.

Zum Bewegen des mit Raketen beladenen Montagewagens setzte die TS 2W6 den Pkw **UAZ-469B** ein.
Ein **Technologischer Ausrüstungskomplex MS1760M** bestand aus dem Kfz ZIL-131 mit absetzbarem Spezialaufbau und technologischer Ausrüstung. Die technologische Ausrüstung bestand im Wesentlichen aus einem Zelt, einer Elektroausrüstung, einer Heizungsanlage mit dem Luftvorwärmer 8G27K, zwei Ablagegestellen sowie einer Traverse und einem Seilgehänge. Zwei Technologische Ausrüstungskomplexe MS1760M kamen in der Technischen Stellung zum Einsatz, in jedem Zelt konnten gleichzeitig drei Raketen bearbeitet werden.
Je zwei Technologische Ausrüstungskomplexe MS1760M und MS1761M befanden sich in der Technischen Stellung 2W6, zusätzlich waren die BFRTB-5 und die RTeB-2 mit je einem Technologischen Ausrüstungskomplex MS1760M und MS1761M ausgerüstet.

Technologischer Ausrüstungskomplex MS1760M in Transportlage (linkes Bild). Die Rakete 3M9M wurde in der Technischen Stellung 2W6 mithilfe des Autodrehkranes 9T31M1 auf den Montagewagen 9T14M gehoben.

Das **EWZ-Fahrzeug 9T453** diente dem Transport und der Lagerung des EWZ-Satzes Nr. 2 für die Truppeninstandsetzung der Rakete 3M9. Im FRR befand sich ein EWZ-Fahrzeug, ein weiteres setzte die BFRTB-5 ein. Das Basisfahrzeug bildete der LKW ZIL131 mit Koffer K131. Zur Spezialausrüstung gehörten zwei Prüfstände zur Instandsetzung der Raketen. Auf den Prüfständen erfolgten das Trennen und Verbinden der Bestandteile der Rakete bei der Instandsetzung.

Verbleib

Die Bundeswehr übernahm u. a. 107 Startrampen 2P25, 27 Aufklärungs- und Leitstationen 1S91 und 17 Montagesätze. Vom Fla-Raketensystem 2K12M2 KUB-M2 wurden drei Aufklärungs- und Leitstationen, drei Startrampen und notwendige Kontroll- und Prüfstationen in die Kategorie I eingestuft und weiterverwendet. Mit der aus NVA-Beständen übernommenen Technik untersuchte die Bundeswehr Möglichkeiten der Bekämpfung des Fla-Raketensystems 2K12 KUB durch eigene Flugzeuge. Dabei griff sie auf die Aufklärungs- und Leitstation 1S91M2, die Startrampe 2P25M2 und die Kontroll- und Prüfstation 2W8M1Ä zurück. Die restlichen Bestände wurden als Kategorie III eingestuft und vernichtet.

Von der Bundeswehr genutzte Technik der NVA: die Aufklärungs- und Leitstation 1S91M2 (Bild unten) und die Startrampe 2P25M2 (die Aufnahmen stammen vom Sommer 2005).

Rakete 9M31M des Fla-Raketenkomplexes 9K31M STRELA-1M

Der Beschreibung der Rakete 9M31M liegen der STAN eines Panzerregiments der 7. PD vom August 1981 zugrunde.

Für die Mot-Schützenbataillone führte die NVA ab 1973 die Rakete 9M32M des FRK 9K32M STRELA-2M als Mittel der TLA gegen tieffliegende Ziele ein. Zwei Jahre später sollten die Panzerregimenter der PD/MSD die Rakete 9M31M des FRK 9K31M STRELA-1M erhalten.

Im August 1960 begann in der Sowjetunion die Entwicklung eines tragbaren Fla-Raketenkomplexes. Der zweiteilige Komplex sollte nicht mehr als 20 kg wiegen und Luftziele bekämpfen, die mit einer maximalen Geschwindigkeit von 900 km/h in Höhen von 50 m bis 1,5 km in einer Entfernung von bis zu 2 km flogen. Mit den gegebenen taktisch-technischen Eckdaten wurden zwei FRK entwickelt, von denen der erste einen passiven optischen (Rakete 9M31 - FRK 9K31 STRELA-1) und der zweite einen infraroten Zielsuchlenkkopf (Rakete 9M32 - FRK 9K32 STRELA-2) verwendete. Nach Lösung der wichtigsten technischen Fragen wurde beschlossen, die Einsatzparameter der Rakete 9M31 auf eine maximale Reichweite von 5 km und eine Flughöhe des Ziels von bis zu 3,5 km zu erhöhen. Die neuen Parameter schlossen jedoch eine tragbare Version aus, sodass das gepanzerte, schwimmfähige Aufklärungsfahrzeug BRDM-2 (SPW-40P2) als Träger für den mobilen FRK 9K31 STRELA-1 diente.

Da die Gefechtsfeldbeobachtung, die Aufklärung des Luftgegners sowie dessen Begleitung optisch, ohne funkmess-technische Eigenstrahlung, erfolgte, war der FRK vor gegnerischer Funkmessaufklärung geschützt.

Der Einsatz des FRK 9K31 STRELA-1 war in den Fla-Einheiten der Panzerregimenter; der Einsatz des FRK 9K32 STRELA-2 ab Bataillonsebene vorgesehen.

Die staatliche Erprobung der Rakete 9M31 erfolgte 1968, die Einführung des FRK 9K31 STRELA-1 in die Streitkräfte im April 1968.

Die Planung der NVA sah vor, für jedes Panzerregiment (die NVA verfügte über zehn PR), für die OHS der LaSK und für das Fla-Raketen-Ausbildungszentrum 40 (FRAZ-40) je einen Fla-Raketenkomplex 9K31M STRELA-1M zu beschaffen, wobei die Zuführung bis 1980 abgeschlossen sein sollte. Die 1976 und 1977 tatsächlich gelieferten drei FRK mit 136 Raketen 9M31M kamen in die PR-14, PR-15 und PR-16 (7. PD). Für Ausbildungszwecke erhielt die NVA drei weitere Gefechtsfahrzeuge, eins erhielt die OHS der LaSK, zwei das FRAZ-40. Der Grund für die fehlende Lieferung der restlichen neun Fla-Raketenkomplexe 9K31M STRELA-1M lag in der Einstellung der Produktion in der UdSSR. Der Auskunftsbericht zum Jahresplanvorschlag 1979 – Spezieller Import – vom Dezember 1977 vermerkte zum Thema STRELA-1 Folgendes: *Entsprechend Informationen aus Protokoll- und Vertragsverhandlungen für das Jahr 1978 in Moskau ist gemäß der langfristigen Abstimmung die Produktion für das System STRELA-1 in der UdSSR eingestellt und nach der VR Polen verlagert. Die im Ergebnis einer Konsultation in der VR Polen im Juni 1977 vorgeschlagene Variante zur Einführung des Systems mit der Bezeichnung TURKUS-II ist für das Jahr 1979 auf Grund fehlender Liefermöglichkeiten nicht realisierbar. Deshalb wurden die betreffenden Geräte des Systems STRELA-1 nicht in den Plan 1979 aufgenommen, mit Ausnahme der Raketen 9M31, die zur KS-Bevorratung für die vorhandenen Systeme benötigt werden.*

Da die Einführung des Nachfolgekomplexes 9K35M STRELA-10M ab 1981 geplant war, wurde auf die weitere Zuführung von Fla-Raketenkomplexen 9K31M STRELA-1M verzichtet.

Die in den PR-14, PR-15 und PR-16 eingesetzten FRK 9K31M STRELA-1M wurden 1986 durch jeweils einen Fla-Raketenkomplex 9K35M STRELA-10M ersetzt. Einen Fla-Raketenkomplex 9K31M STRELA-1M erhielt das MSR-16, der zweite wurde in das MSR-18 (11. MSD) umgesetzt, der dritte wurde eingelagert. Die *Meldung über den Kampfbestand und die Mobilmachungsbereitschaft der Führungsorgane, Verbände, Truppenteile und Einrichtungen der NVA - Stand 01.01.1987* listete noch zwei FRK 9K31M STRELA-1M auf.

In die NVA gelieferte Fla-Raketensysteme 9K31M STRELA-1M und Raketen 9M31M:

	Komplexe	Gefechtsfahrzeuge	Raketen
1976		3	20
1977	3	12	116
Gesamt	**3**	**15**	**136**

Fla-Raketenkomplex

9K31M СТРЕЛА-1М – самоходный зенитный ракетный комплекс =

9K31M PFEIL-1M – selbstfahrender Fla-Raketenkomplex

Der FRK 9K31M STRELA-1M wurde in der Fla-Batterie des Panzerregiments eingesetzt. Die Führung der vier Gefechtsfahrzeuge 9P31M mit je vier Raketen 9M32M erfolgte durch die Führungsstelle PU-12 auf SPW-60PB. Da die Rakete 9M31M komplett montiert und laboriert in Containern angeliefert wurde, waren außer den vorgeschriebenen Regelarbeiten keine weiteren Arbeiten an den Raketen durchzuführen. Das Instandsetzungsfahrzeug 9W25M stand für Regelarbeiten zur Verfügung.

Die Rakete 9M31 verwendete statt eines Infrarot- (thermischen) einen passiven optischen Zielsuchlenkkopf (oZSLK). Anfang der 1960er-Jahre reichte die Empfindlichkeit von Infrarot-Zielsuchlenkköpfen für die Identifizierung eines Ziels im Anflug noch nicht aus, sodass der Beschuss feindlicher Flugzeuge nur im Abflug erfolgen konnte. Unter diesen taktischen Bedingungen war es möglich, dass der FRK zerstört wurde, bevor er die Rakete abschießen konnte. Der oZSLK hingegen ermöglichte die Bekämpfung des Ziels auch im Anflug. Der FRK 9K31 STRELA-1 war in der Lage, Flugzeuge und Hubschrauber in Höhen von 50 m bis 3 km mit Geschwindigkeiten von bis zu 1116 km/h (310 m/s) im Anflug und bis zu 800 km/h (220 m/s) im Abflug zu bekämpfen. Die Fähigkeiten des oZSLK erlaubten jedoch nur die Bekämpfung visuell sichtbarer Ziele bei klarem Himmel oder kontrastarmer Bewölkung sowie bei einem Winkel zwischen Zielrichtung und Sonne von mehr als 25°. Die Abhängigkeit von der Zielbeleuchtung, den Wetter- und Hintergrundbedingungen schränkte den Kampfeinsatz des FRK ein.

Rakete

9M31 – зенитная управляемая ракета ЗРК 9К31 =
9M31 – Flugabwehrlenkflugkörper FRK 9K31
9Я23 – транспортно-пусковой контейнер ЗУР 9М31 =
9Ja23 Transport- und Abschusscontainer FRK 9M31

Die in einem Transport- und Startcontainer 9Ja23 untergebrachte Rakete 9M31 war für die Vernichtung tieffliegender Luftziele durch direkte Treffer oder im Vorbeiflug bestimmt. Als Leitmethode diente die METHODE DER PROPORTIONALEN ANNÄHERUNG. Die Rakete erhielt die Information zur Lenkung durch einen passiven optischen Zielsuchlenkkopf. Während des Fluges erfolgte die Stabilisierung der Rakete durch kontrollierte Drehung um die Längsachse. Die Rakete 9M31 war nach dem aerodynamischen Prinzip ENTE konstruiert. Als Lenkorgane befanden sich im vorderen Teil vier Ruder, während die starr mit der Rakete verbundenen Flügel am Heckteil saßen. Die paarweise angeordneten Ruder und Flügel lagen in einer Ebene, wobei die Ebenen zueinander um einen Winkel von 90° versetzt waren. Die Ausstattung der Rakete setzte sich aus einem passiven oZSLK mit Lenksystem, einem Gefechtsteil mit Splittersprengwirkung, einem Aufschlag- und Annäherungszünder, einem zweistufigen Triebwerk und einer Bordspannungsquelle zusammen. Sie bestand aus fünf Zellen:.

In der 1. Zelle befand sich der passive optische Zielsuchlenkkopf.

Der Autopilot mit den beiden Rudermaschinen befand sich in der 2. Zelle. Er war konstruktionsbedingt zusammen mit der Bordspannungsquelle und dem Aufschlagzünder untergebracht.

Die 3. Zelle nahm den Gefechtsteil mit der Sicherungs- und Zündeinrichtung auf.

In der 4. Zelle befand sich der Annäherungszünder und in der 5. Zelle das Triebwerk mit Flügeln und kreiselstabilisierten Querrudern. Das zweistufige Einkammer-Feststofftriebwerk mit konstantem Düsenquerschnitt nutzte eine Start- und eine Marschtreibladung, die sich in der prozentualen Zusammensetzung von Oxidator und Brennstoff unterschieden.

Die einzelnen Zellen verbanden Verschlüsse miteinander. Die mechanische Verbindung der fertig montierten Rakete mit dem Transport- und Abschusscontainer 9Ja23 bewerkstelligte eine Zurrvorrichtung, die eine axiale Verschiebung der Rakete verhinderte. Elektrisch verbanden zwei Steckverbindungen die Rakete mit dem Container.

Eine vertikale Stabilisierung sollte die durch den Triebwerksschub verursachte Abweichung der Rakete von der Flugbahn bei der Bekämpfung schnell und tieffliegender Ziele während der Startphase verringern. Die Lenkorgane, die Ruder, waren paarweise miteinander gekoppelt; jedes Ruderpaar wurde von einer Rudermaschine betätigt. Als Antrieb diente ein Gleichstrommotor, den der AP ansteuerte. Als aerodynamische Tragflächen der Rakete fungierten die am Triebwerk befestigten Flügel, die zusammen mit der Raketenzelle den Auftrieb erzeugten und die Rakete im Flug stabilisierten. Die Eigenrotation der Rakete begrenzten Querruder an den Flügeln. Die Querruder wurden von Kreiselmotoren angetrieben, die beim Start der Rakete mechanisch beschleunigt und während des Fluges proportional zur Drehung mit der erforderlichen Geschwindigkeit und der erforderlichen Richtung betrieben wurden.

Beim Treffen oder beim Passieren des Ziels in einer Entfernung, die für das Ansprechen des Annäherungszünders ausreichte, gaben der Aufschlagzünder oder der Annäherungszünder der Sicherungs- und Zündeinrichtung das Signal zum Zünden des Gefechtskopfes, dessen Splitterwirkung gegen das Ziel wirkte. Flog die Rakete so weit am Ziel vorbei, dass der Annäherungszünder nicht auslöste, blockierte nach einer Flugzeit von 16 Sekunden (vom Start an gerechnet) die Sicherungs- und Zündeinrichtung. Der Sprengstromkreis wurde damit unterbrochen, sodass die Rakete beim Auftreffen auf dem Boden nicht explodierte.

Auf Grundlage von Testergebnissen wurden die Wahrscheinlichkeiten berechnet, mit denen eine Rakete ein Ziel traf, das mit einer Geschwindigkeit von 1080 km/h in einer Höhe von 1 km flog. Für ein Bombenflugzeug lag sie zwischen 15 und 52 %, bei einem Jagdflugzeug zwischen 10 und 42 %. Beim Schießen auf Ziele im Abflug lagen die Werte knapp darüber.

Von 1968 bis 1970 wurde der FRK modernisiert und als Fla-Raketenkomplex 9K31M mit der **Rakete 9M31M** auch in die Bewaffnung der NVA übernommen. Die Vernichtungszone wurde erweitert, sie reichte von 900 bis 4200 m und deckte einen Höhenbereich von 30 m bis 3,5 km ab. Die Geschwindigkeit der Luftziele durfte im Anflug 1116 km/h (310 m/s), im Abflug 792 km/h (220 m/s) nicht übersteigen. Der Einsatz der Rakete konnte tagsüber im An- und Abflug, nachts nur im Abflug erfolgen. Die Trefferwahrscheinlichkeit lag nach russischen Quellen bei einer Zielgeschwindigkeit von 1116 km/h im Anflug zwischen 15 und 70 %, im Abflug zwischen 52 und 72 %. Die Leitmethode und der Aufbau der Rakete entsprachen dem Vorgängermodell.

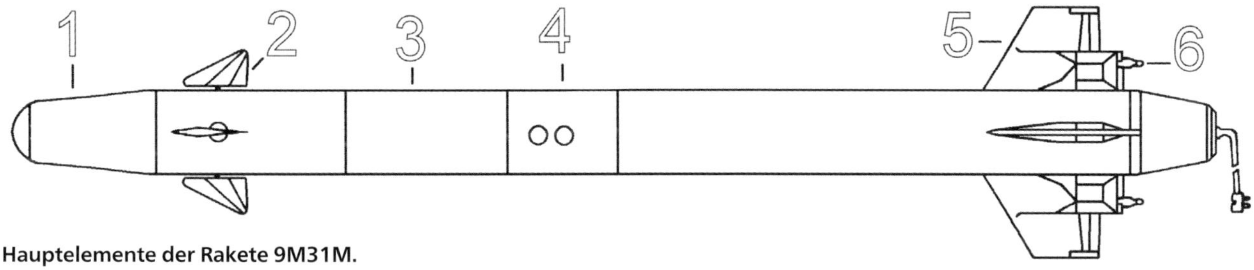

Die Hauptelemente der Rakete 9M31M.
1 - 1. Zelle mit optischem Zielsuchlenkkopf
2 - 2. Zelle mit Rudermaschine und den Rudern
3 - 3. Zelle mit Gefechtsteil
4 - 4. Zelle mit Annäherungszünder
5 - 5. Zelle mit Triebwerk und Flügeln
6 - kreiselstabilisierte Querruder

Rakete	
GRAU-Index Rakete	9M31M
GRAU-Index Gefechtskopf	9N14F
Bezeichnung in der NVA	9M31M
Beginn der Einführung in die NVA	1976
NATO-Bezeichnung des FRK	SA-9 GASKIN
Einsatzebene	Regiment
Maximale Reichweite (km)	4200
Minimale Reichweite (km)	900
Maximale Flughöhe (km)	3500
Minimale Flughöhe (km)	30
Maximale Fluggeschwindigkeit des Ziels km/h	1080
Länge Rakete (mm)	1803
Kaliber der Rakete (mm)	120
Flügelspannweite (mm)	360
Art des Starttriebwerks	Feststoff
Art des Marschtriebwerks	Feststoff
Mittlere Fluggeschwindigkeit Rakete (km/h)	1800
Masse der Rakete im Container (kg)	55
Masse Rakete (kg)	30,5
Masse Gefechtskopf mit Gefechtsladung (kg)	2,75
Gefechtsfahrzeug	9P31M
Zeit zum Herstellen der Gefechtsbereitschaft (s)	6
Größe des Containers 9Ja23M (mm)	1840 x 286 x 286

Das Ziel wurde durch die Ortungs- und Zieleinrichtungen des FRK 9K31M erfasst. Die vom Ziel emittierte Lichtenergie bündelte und modulierte die Optik des oZSLK. Das modulierte Signal fiel auf eine Fotozelle und wurde in ein elektrisches Signal umgewandelt, das Informationen über den Winkel zwischen der optischen Achse der Zieleinrichtung und der Visierlinie Rakete-Ziel sowie über die Zielgeschwindigkeit enthielt. Nachdem der oZSLK ein akustisches Signal formiert hatte, das die Erfassung des Ziels und dessen automatisches Begleiten anzeigte, konnte die Rakete gestartet werden. Auf das Kommando START zündete der Elektrozünder die Zündladung und damit das Starttriebwerk. Vor dem Start gelangte vom Gefechtsfahrzeug ein Stromimpuls zum Elektrozünder der Bordspannungsquelle. Die Flamme des Zünders zündete in der Bordspannungsquelle ein pyrotechnisches Heizelement; dieses erhitzte den Elektrolyt und durch einen elektrochemischen Prozess wurden 27 V und 13,5 V für den gesamten Flug bereitgestellt.

Das Triebwerk erzeugte einen Druck von 12 bis 17 at. Mit Erreichen dieses Druckes wurde die Membran, die die Düse verschloss, durchstoßen, die Halteklemmen öffneten sich und der Startbehälter gab die Rakete frei, die sich aus dem Container heraus bewegte. Dabei wurde der Kreisel des Stabilisierungssystems in Drehung versetzt, das Abreißkabel durch die Abschervorrichtung getrennt, die Basisspannungsquelle abgeschaltet und auf Bordstromversorgung umgeschaltet. Nach dem Verlassen des Containers flog die Rakete ca. 0,5 s ungelenkt. Auf dem ersten Teil der Flugbahn wurde die Rakete beschleunigt, dann wechselte das Triebwerk in die Arbeitsphase – der Phase der Aufrechterhaltung der Marschgeschwindigkeit. Der Zielsuchlenkkopf folgte dem Luftziel. Beim direkten Auftreffen der Rakete auf das Ziel sprach der Aufschlagzünder an. Er erzeugte beim Auftreffen auf das Ziel einen elektrischen Impuls für den Sprengstromkreis.

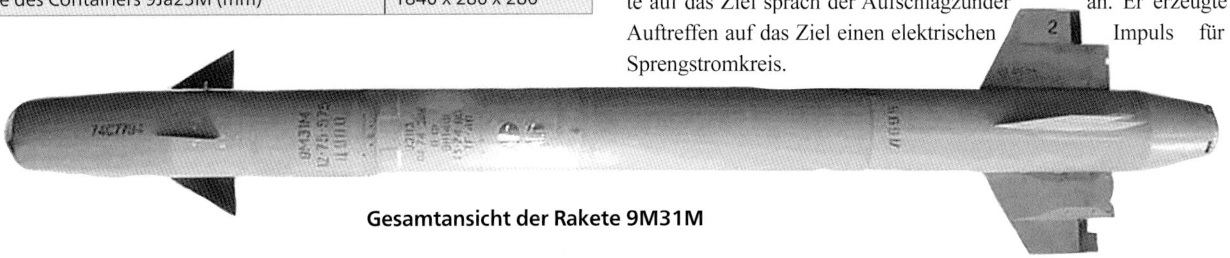

Gesamtansicht der Rakete 9M31M

Flog die Rakete in einer Entfernung von 1 bis 4 m am Ziel vorbei, sprach der Annäherungszünder an. Er hatte die Aufgabe, nach dem Auffassen des Ziels ebenfalls einen elektrischen Impuls zu erzeugen. Dazu besaß er einen Sende- und einen Empfangsblock. Der Sendeblock erzeugte mithilfe einer Blitzlichtlampe kurze Lichtblitze, die bei entsprechender Annäherung an das Ziel von diesem reflektiert wurden. Befand sich der reflektierte Lichtimpuls im Sichtbereich des Empfängers, erzeugte die Fotozelle des Empfangsblocks einen elektrischen Impuls. Eine Zeitvergleichsschaltung verglich die gesendeten und die empfangenen Lichtimpulse und erzeugte bei Übereinstimmung einen elektrischen Impuls für den Sprengstromkreis. Dieser gab einen elektrischen Impuls an den Detonator, der das 1 kg schwere Gefechtsteil zur Detonation brachte. Das Gefechtsteil zerstörte das Luftziel durch Druck- und Splitterwirkung. Beim Vorbeiflug der Rakete am Ziel in einer Entfernung von mehr als 4 m wurde nach 16 s die elektrische Verbindung zum Detonator unterbrochen und die Rakete fiel ohne Detonation auf die Erdoberfläche.

Im Jahr 1990 bevorratete die NVA für neun Gefechtsfahrzeuge 72 Raketen 9M31M. Jedes Gefechtsfahrzeug verfügte über zwei Kampfsätze mit je vier Raketen.

Gefechtsfahrzeug

9П31М – пусковая установка БМ 9А31М ЗРК 9К31М = 9P31M – Abschussvorrichtung auf Gefechtsfahrzeug 9A31M des FRK 9K31M

9С12 – пассивный радиопеленгатор для ЗРК 9К31М = 9S12 – passiver Peiler für FRK 9K31M

Das Gefechtsfahrzeug 9A31M des FRK 9K31M STRELA-1M, in der NVA als **Gefechtsfahrzeug 9P31M** bezeichnet, war mit der Abschussvorrichtung 9P31M ausgerüstet, die vier Raketen 9M31M in Transport- und Abschusscontainern enthielt. Es diente dem Start, dem Transport und der kurzzeitigen Lagerung der Rakete 9M31M. Der konstruktive Aufbau ermöglichte die Rundumbeobachtung und schützte die Besatzung vor den Gasstrahlen des Raketentriebwerkes, vor dem Feuer von Schützenwaffen und vor Splittern. Als Basisfahrzeug diente ein modifizierter SPW-40P2 Modell 1973. Um die Kosten für das Gefechtsfahrzeug niedrig zu halten, wurde die Abschussvorrichtung durch die Muskelkraft des Lenkschützen horizontal und vertikal gerichtet und durch elektromagnetische Bremsen arretiert.

Im Rahmen der Modernisierung des FRK 9K31 wurde der passive Funkmesspeiler 9S12 QUADRAT zum rechtzeitigen Erfassen von Luftzielen entwickelt. Dieser empfing die elektromagnetische Energie, die aktive Funkmessgeräte wie Höhenmesser, Ziel- oder Navigationsgeräte an Bord der Luftziele abstrahlten. In einem FRK, bestehend aus vier Gefechtsfahrzeugen 9P31M, war ein **Gefechtsfahrzeug 9P31MR** mit dem Funkmesspeiler ausgerüstet. Die Auffassentfernung des passiven Funkmesspeilers betrug bei einer Zielhöhe von 100 m ca. 10 km, bei einer Flughöhe bis 3,5 km ca. 15 km.

Gefechtsfahrzeug 9P31M in Marschlage (linkes Bild) und in Gefechtslage. Charakteristisch war die zusätzliche Verkleidung der Scheinwerfer auf dem Bug des SPW.

1978 bestellte die NVA zwölf Gefechtsfahrzeuge 9P31MR mit Apparatur QUADRAT. Da die UdSSR bereits 1977 die Produktion des Fla-Raketenkomplexes 9K31M STRELA-1M eingestellt hatte, kam es nicht mehr zur Lieferung dieses Gefechtsfahrzeuges.

Mittel der technischen Sicherstellung

Transporttechnik

Zu einem Fla-Raketenkomplex 9K31M gehörte strukturmäßig ein Munitionstransport-Kfz der Größenklasse IV, was einem mittleren Lkw mit Pritsche/Plane vom Typ URAL-375 oder W-50 entsprach.

Kontroll- und Prüfstation

9B25M – контрольно-проверочная машина ЗРК 9К31М = 9W25M – Kontroll- und Prüfmaschine für FRK 9K31M

In der Instandsetzungsgruppe der Fla-Batterie sowie in den Instandsetzungsbataillonen der MSD/PD befand sich eine **Kontroll- und Prüfstation 9W25M** zur Toleranzkontrolle der Hauptparameter der Rakete 9M31M. Die Apparaturen und Baugruppen der Kontroll- und Prüfstation befanden sich in einem Koffer K66, als Basis diente das Spezial-Kfz GAZ-66. Bei der Herstellung der Gefechtslage entnahm die Bedienung einen Teil der Kontroll- und Prüfeinrichtung aus dem Koffer und baute sie auf der rechten Seite des Kfz in einem am Fahrzeug befestigten Zelt auf. Zur Überprüfung der Arbeitsfähigkeit der KPS diente eine Schaltung zur Selbstkontrolle.

Kontroll- und Prüfstation 9W25M in Marschlage

Verbleib

Der *Gesamtbestand der zur Verwertung gesammelten Technik der NVA* verzeichnete 14 Gefechtsfahrzeuge 9P31M auf SPW-40P2. Von diesen 14 Fahrzeugen wurden elf verschrottet und drei an Dritte abgegeben.

Rakete 9M32M des tragbaren Fla-Raketenkomplexes 9K32M STRELA-2M NATO-Bezeichnung SA-7 GRAIL

Der Fla-Raketenkomplex 9K32M STRELA-2M wurde zur unmittelbaren Deckung von Mot-Schützen-, Panzer-, Luftlande- und Seelandungseinheiten sowie zur Deckung von Objekten eingesetzt. Die Bekämpfung von Luftzielen mit Strahltriebwerken und einer Geschwindigkeit von bis zu 950 km/h war nur im Abflug erfolgreich. Luftziele mit Kolbenmotor und einer Geschwindigkeit von bis zu 550 km/h sowie Hubschrauber konnte STRELA-2M auch im Anflug bekämpfen.

Anfang der 1960er-Jahre entwickelte die UdSSR nach Vorbild des amerikanischen Fla-Raketenkomplexes RED EYE eigene tragbare FRK.

In der Entwicklung befanden sich die beiden FRK 9K31 STRELA-1 und 9K32 STRELA-2. Da die Raketen beider FRK nahezu identische taktisch-technische Daten aufwiesen, wurde nur der FRK 9K32 STRELA-2 als tragbare Variante weiterentwickelt. Die Arbeiten wurden 1966 abgeschlossen, die praktischen Erprobungen begannen 1967. 1968 übernahm die Sowjetarmee den Fla-Raketenkomplex unter der Bezeichnung 9K32 STRELA-2.

Die NVA sah für den Planungszeitraum 1971 bis 1975 die Einführung des FRK 9K32M STRELA-2M vor; 1973 wurden die ersten zehn Komplexe mit 40 Raketen 9M32M importiert. Ihre Verwendung erfolgte u. a. in den MSB der MSR. Die NVA erhielt ihre FRK 9K32M STRELA-2M aus der UdSSR, der VR Polen und der VR Bulgarien.

Fla-Raketenkomplex

9К32 Стрела-2 переносной зенитный ракетный комплекс =
9K32 STRELA-2 tragbarer Flugabwehr-Raketenkomplex
9С13 – пассивный радиопеленгатор Поиск для ПЗРК 9К32, 9К34 =
9S13 – passiver Funkpeiler POISK für tragbaren FRK 9K32

Der tragbare Fla-Raketenkomplex bestand aus der Rakete 9M32M, dem Startrohr 9P54M, dem Startmechanismus 9P58M und der Außenstromquelle 9B17. Zum Zubehör gehörten die Transportkiste, der EWZ-Satz, der Funkmesspeiler 9S13 POISK (deutsch = Suche) und der Trainingskomplex 9K32M. Als technisches Mittel für Wartungsarbeiten diente der Prüf- und Kontrollpunkt 9W810M.

Die Rakete ließ sich in den Betriebsarten AUTOMATIK und VON HAND starten. Die Betriebsart AUTOMATIK war die Hauptsteuerungsart bei der Luftzielerfassung und beim Start der Rakete. Sie wurde zum Bekämpfen von Luftzielen im Abflug, die mit einer Geschwindigkeit von 550 bis 950 km/h flogen, und beim Einsatz von Gefechtsfahrzeugen verwendet. Die Betriebsart AUTOMATIK schloss den Start der Rakete auf Wolken, den Horizont und auf Geländeobjekte, die Wärme abstrahlten, aus, da der Start blockiert wurde. Die Betriebsart VON HAND wurde für den Beschuss von Luftzielen im An- und Abflug mit Geschwindigkeiten unter 550 km/h und von Hubschraubern in der Standschwebe verwendet. Auf abfliegende Luftziele, die mit einer Geschwindigkeit von 550 bis 950 km/h (150 bis 260 m/s) flogen, konnte die Rakete je nach Situation in einer von beiden Betriebsarten abgeschossen werden. Die Wahl der Betriebsart bestimmte der Fla-Raketenschütze durch die Handhabung des Startmechanismus. Die effektivste Bekämpfung von Luftzielen ließ sich durch den Start von zwei Raketen erreichen, wobei der Abstand zwischen den beiden Fla-Raketenschützen mindestens 10 m betragen musste. Befand sich in der Betriebsart AUTOMATIK ein Ziel im Sichtfeld des Infrarot-Zielsuchlenkkopfs, wurde das Zielsignal analysiert und ein akustisches (Summton) und ein optisches Signal (Signallampe) erzeugt. Die Zeit für die Analyse betrug ca. 0,7 s. Ging das Ziel in dieser Zeit nicht verloren, wurde eine Gleichspannung von 40 V an den Pulvergasgenera-

Der tragbare Fla-Raketenkomplex 9K32M STRELA-2M, im Hintergrund das Startrohr 9P54M mit der Außenstromquelle 9B17 und dem Startmechanismus 9P58M, davor ein Schnittmodell der Rakete 9M32M, im Vordergrund links die Schutzbrille (1) für den Fla-Raketenschützen und rechts der Funkmesspeiler 9S13 POISK (2).

tor angelegt. Nach 0,6 s war die Bordstromquelle betriebsbereit. Ging das Ziel während der Analyse verloren, wurde der FRK blockiert und das Ziel musste erneut erfasst werden, d. h. es erfolgte der Übergang zur Betriebsart VON HAND.
In der Betriebsart VON HAND richtete der Fla-Raketenschütze mit der Visiereinrichtung das Ziel an und löste nach Erhalt des akustischen und optischen Signals mit der Abzugseinrichtung den Start der Rakete aus.

Die Gefechtsmasse des Fla-Raketenkomplexes 9K32M betrug 15 kg, die Zeit für den Übergang von der Marsch- in die Gefechtslage maximal zehn Sekunden. Gegen Luftziele lag die Einsatzhöhe zwischen 50 und 2300 m, die maximale Zielentfernung im Anflug/Abflug betrug 2800/4200 m.
Die Rakete konnte auch gegen Luftziele in Höhen unter 50 m eingesetzt werden. Dabei bestand jedoch die Gefahr, dass die Rakete auf Wärmequellen an der Erdoberfläche reagierte und somit das Luftziel verfehlte.

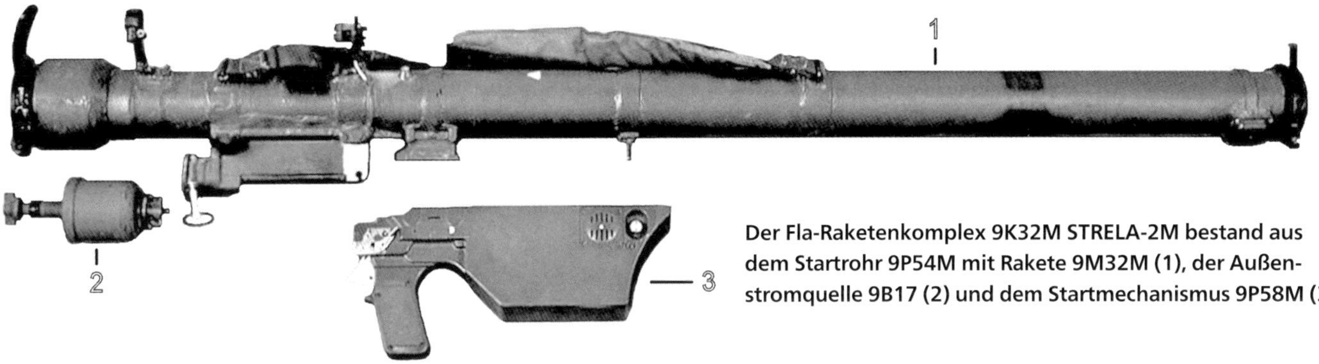

Der Fla-Raketenkomplex 9K32M STRELA-2M bestand aus dem Startrohr 9P54M mit Rakete 9M32M (1), der Außenstromquelle 9B17 (2) und dem Startmechanismus 9P58M (3)

Rakete

9M32M – зенитная управляемая ракета ПЗРК 9К32М = 9M32M – Flugabwehrlenkflugkörper tragbarer FRK 9K32

Die **Rakete 9M32M** bestand aus vier miteinander verbundenen Zellen. Sie verwendete ein Einkanal-Lenksystem, bei dem der Lenkmechanismus aus der Rudermaschine und den beiden Rudern bestand. Das Grundprinzip der Einkanal-Lenkung bestand darin, daß die Steuerkraft nur von einem Steuerorgan unter Ausnutzung der Rotation der Rakete erzeugt wurde. Als Messeinrichtung der Drehgeschwindigkeit diente der Infrarot-Zielsuchlenkkopf mit integriertem Kreiselsystem.

Rakete 9M32M.

Die 1. Zelle nahm den Infrarot-Zielsuchlenkkopf auf. Er setzte sich aus dem Zielfolgekoordinator und dem Autopiloten zusammen. Die Gerätegruppen empfingen die Infrarotstrahlung des Luftziels auf und formierten aus dem Differenzwinkel zwischen der Achse des Zielfolgekoordinators und der Strecke RAKETE-ZIEL die Steuersignale. Zur Gewährleistung der Annäherung wurde die Seelenachse der Rakete während des Fluges kontinuierlich auf das Ziel ausgerichtet, d. h. die Rakete stellte sich automatisch auf das Ziel ein. Befand sich ein Luftziel im Sichtfeld des Zielfolgekoordinators, so trafen die vom Ziel erzeugten Infrarotstrahlen auf den Infrarot-Zielsuchkopf, gelangten durch die ballistische Haube auf einen Magnetspiegel, wurden dort gebündelt und trafen als konzentriertes Strahlenbündel auf eine Rasterscheibe. Stimmte die Richtung zwischen dem Ziel und der optischen Achse des Objektivs genau überein, erfolgte die Fokussierung im Zentrum der Rasterscheibe. Die Rakete flog genau in Richtung der Infrarotquelle (Ziel).
In der 2. Zelle befand sich die Rudermaschine. Einen wesentlichen Bestandteil der Zelle bildete der Pulverdruckerzeuger. Er erzeugte die notwendigen Pulvergase zum Antrieb des Turbogenerators der Bordstromquelle und der Rudermaschine während des Fluges. Die Rudermaschine bildete zusammen mit den beiden Rudern das steuernde Element. Die Lenkung erfolgte von einer Endstellung in die andere mit einer maximalen Winkeländerung von 30°. Der Ausschlag der Ruder erfolgte durch die elektromagnetisch geregelte Verwendung der Pulverdruckgase. Der Turbogenerator mit stabilisierendem Gleichrichter versorgte die Rakete während des Fluges mit elektrischer Energie. Vom Pulverdruckerzeuger gelangten die Pulvergase auf das Turbinenrad und erzeugten eine bestimmte

Drehzahl. Der Generator lieferte eine Frequenz von 9 bis 19 kHz, der stabilisierende Gleichrichter 40 und 80 V Gleichspannung und 12 V Wechselspannung.
Das Gefechtsteil mit Splitter-Spreng-Hohlraumwirkung, die 3. Zelle, bewirkte beim Aufschlag die Bekämpfung des Ziels oder bei einem Vorbeiflug bzw. beim Nichterreichen nach einer Flugzeit von 14 bis 17 s die Selbstzerlegung. Die eingebaute Sicherungseinrichtung ermöglichte eine zweistufige Sicherheit. Die erste Stufe gewährleistete die Sicherheit der Rakete während des Transports, der Überprüfung und Wartung sowie während des Starts. Die zweite Stufe gewährleistete die Sicherheit der Rakete während des Fluges bis zum Schärfungsmoment.

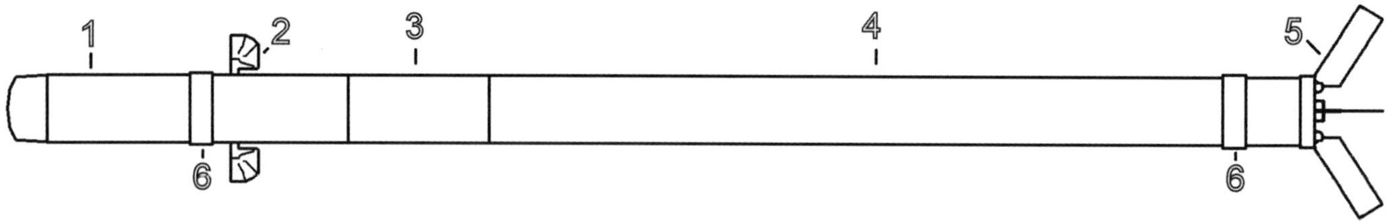

Die Hauptelemente der Rakete 9M32M.
1 - 1. Zelle mit Infrarot-Zielsuchlenkkopf
2 - 2. Zelle mit Rudermaschine und den beiden Rudern
3 - 3. Zelle mit Gefechtsteil
4 - 4. Zelle Triebwerkszelle mit Start- und Marschtriebwerk
5 - 4 Stabilisatoren
6 - Führungsringe

Die 4. Zelle, die Triebwerkszelle mit den vier Stabilisatoren, ermöglichte den Start der Rakete aus dem Startrohr. Sie gab der Rakete die notwendige Rotationsgeschwindigkeit, beschleunigte sie auf die erforderliche mittlere Marschgeschwindigkeit von 1800 km/h (500 m/s) und hielt diese während des Fluges konstant. Die Triebwerkszelle bestand aus dem Start- und dem Marschtriebwerk. Zur Stabilisierung waren an der Triebwerkszelle vier Stabilisatoren angebracht; angeordnet in einem Winkel von 1° 40‘ zur Längsachse und zusätzlich an den Flächen abgeschrägt, um ein Abschmelzen durch den Gasstrahl zu verhindern. Das Starttriebwerk beschleunigte die Rakete beim Verlassen des Startrohres auf eine Anfangsgeschwindigkeit von 100 km/h (28 m/s) und eine Rotationsgeschwindigkeit von 20 U/s. Das Marschtriebwerk verlieh der Rakete die mittlere Marschgeschwindigkeit. Es bestand aus zwei Phasen, die gleichzeitig gezündet wurden. Der von der ersten Phase des Marschtriebwerks erzeugte Schub beschleunigte die Rakete auf eine Geschwindigkeit von 1800 km/h. Die Verbrennung der zweiten Phase hielt die Geschwindigkeit bis zur Vernichtung des Ziels oder Selbstzerlegung der Rakete konstant.
Das Kaliber der Rakete 9M32M betrug 72 mm, die Länge mit ausgeklappten Stabilisatoren 1440 mm. Die Gesamtmasse erreichte 9,8 kg, wobei die Masse der Sprengladung bei 370 g lag. Die Start- und Marschgeschwindigkeit lag bei 100 / 1830 km/h (28 / 500 m/s). Die Laufzeit der Bordstromquelle betrug 11 s, der Zeitpunkt der Selbstzerlegung wurde nach 14 bis 17 s erreicht.
Das Starttriebwerk verlieh der Rakete während seiner Arbeitszeit (0,04 bis 0,09 s) die erforderliche Anfangs- und die Rotationsgeschwindigkeit. Mithilfe einer Verzögerungszündung (zum Schutz des Fla-Raketenschützen) wurde das Marschtriebwerk 0,3 s nach dem Starttriebwerk gezündet. Zu diesem Zeitpunkt befand sich die Rakete rund 5,5 m vom Startrohr entfernt. Nach dem Verlassen des Startrohrs entfalteten sich die Stabilisatoren, die durch ihren Neigungswinkel die Rotationsgeschwindigkeit der Rakete konstant hielten. Schrittweise wurden die beiden Sicherungsstufen aufgehoben und der Zünder geschärft. Beim Auftreffen der Rakete auf ein Ziel erfolgte die Detonation der Gefechtszelle.
Die *Meldung über die Sicherstellung der NVA mit Raketen und Munition sowie deren Lagerung* – Stand 01.01.1990 listete 1000 *Startmechanismen 9P58M (Strela-2)* in den Kampfeinheiten auf. Der Bedarf an Raketen 9M32M pro Startmechanismus 9P58M belief sich auf sieben. Mit 7000 Raketen 9M32M lag der Grad der Sicherstellung bei 100 %.

Abschusseinrichtung

9П54М – пусковая труба ПЗРК 9К32М = 9P54M – Startrohr tragbarer FRK 9K32M

Das **Startrohr 9P54M** diente der Aufnahme, dem Richten und dem Start sowie dem Transport und der Lagerung der Rakete in der Transportkiste. Es schützte den Fla-Raketenschützen vor der Einwirkung der Pulvergase des Starttriebwerks.
Das Startrohr 9P54M bestand aus einem glasfaserverstärkten Plastrohr (Glasfiber) mit einem vorderen und hinteren Verschlussdeckel zum Schutz der Rakete während des Transports und der Lagerung. Auf dem Startrohr war ein klappbares Visier montiert. Am unteren Teil des Startrohrs befand sich ein Anschluss- und Verbindungsblock zur Aufnahme der Außenstromquelle und des Startmechanismus. Im Startrohr befand sich der Bordstecker zur elektrischen Verbindung des Startrohrs mit der Rakete. Eine Mehrfachverwendung des Startrohrs war möglich.
Mit dem **Startmechanismus 9P58M** wurde der Start der Rakete in den Betriebsarten VON HAND oder AUTOMATIK vorbereitet und durchge-

führt. Wesentliche Bestandteile bildeten die Abzugseinrichtung, das Gehäuse, die Kontaktschaltung zum Zuschalten der Stromquelle und der Elektronikblock des Startmechanismus.
Die **Außenstromquelle 9B17** war für den einmaligen Gebrauch bestimmt und stellte die Stromversorgung für die Startvorbereitung des FRK und den Start der Rakete sicher. Jeder FRK verfügte über zwei Außenstromquellen mit einer Betriebsdauer von jeweils 40 Sekunden.
Der tragbare **Funkmesspeiler 9S13 POISK** diente der Aufklärung und Peilung von Luftzielen, die Bordimpuls-Funkmessgeräte oder Funkmess-Bombenzielgeräte verwendeten. Flog das Luftziel in einer Zielhöhe von 30 m / 3 km, betrug die Aufklärungs- und Peilentfernung mindestens 10 bis 15 km / 20 bis 25 km. Die empfangenen Hochfrequenz-Impulssignale wurden akustisch angezeigt. Die Richtung des angepeilten Luftziels wurde nach dem Maximum des akustischen Signals bestimmt. Die wichtigsten Bestandteile des Funkmesspeilers bildeten eine Antenne, der Empfänger, ein Kopfhörer, die Stromquelle und eine Tragetasche. Im Gefechtseinsatz wurde die Antenne entweder am Stahlhelm oder am Gehäuse des Empfängers befestigt und vor dem Körper des Fla-Raketenschützen getragen.

Mittel der technischen Sicherstellung

Der **Prüf- und Kontrollpunkt 9W810M** führte die technische Wartung des Startmechanismus 9P58 sowie Regelarbeiten an der Rakete 9M32M durch. Die ca. 350 kg schwere Ausrüstung befand sich in sieben Kisten, untergebracht auf einem Spezial-Pkw GAZ-69Ä, ab 1980 auch auf einem Spezial-Pkw UAZ-469B. Die Stromversorgung erfolgte aus dem öffentlichen Netz (220 V / 50 Hz) oder unter feldmäßigen Bedingungen durch das mitgeführte Elektroaggregat. Die Zeit zum Überprüfen einer Rakete 9M32M betrug 5 Min. Der Einsatz des Prüf- und Kontrollpunktes 9W810M erfolgte in den Instandsetzungsbataillonen der MSD.
Der **Trainingskomplex 9K32M** diente dem Erwerb von Kenntnissen und Fertigkeiten im Umgang mit dem FRK 9K32M unter realitätsnahen Bedingungen sowie dem Erlernen der Regelarbeiten mithilfe der Prüf- und Kontrolleinrichtung 9W810M. Mit dem Trainingskomplex 9K32M ließen sich das Suchen, das Auffassen sowie das Begleiten von Luftzielen üben. Zum Trainingskomplex 9K32M gehörten drei **Trainingsgeräte 9F621** mit je einer Trainingsrakete mit Startrohr, einer Außenstromquelle mit Anschlusskabel und einem Startmechanismus 9F915.

Um das Trainingsgerät 9F621 von einem Gefechtskomplex zu unterscheiden, wurde es silbern lackiert. Hier ein Trainingsgerät im Telefon- und Raketenmuseum Pinnow (dahinter ein Startrohr 9P54M mit Außenstromquelle 9B17).

Verbleib

Die Bundeswehr übernahm 1896 Fla-Raketenkomplexe 9K32M STRELA-2M, davon 523 aus der UdSSR, 40 aus der VR Polen und 1333 aus der VR Bulgarien und wies sie der Kategorie I - Weiterverwendung - zu.

Rakete 9M37M des Fla-Raketenkomplexes 9K35M STRELA-10M

Der Beschreibung der Rakete 9M37M liegt der STAN vom Panzerregiment 15 zugrunde, gültig ab dem 1. November 1989.

Der Fla-Raketenkomplex 9K35 STRELA-10 war für die unmittelbare Deckung der Panzer- und Mot-Schützeneinheiten sowie einzelner Objekte in allen Gefechtsarten sowie auf dem Marsch vor Schlägen tief fliegender Flugzeuge und Hubschrauber bestimmt. Die Arbeiten am mobilen FRK 9K35 STRELA-10 begannen 1969. Grundlage bildete der Fla-Raketenkomplex 9K31M STRELA-1M, der umfassend modernisiert wurde. Laut der vorgegebenen taktisch-technischen Daten sollte der FRK die Zerstörung von Zielen gewährleisten, die im Anflug mit einer Geschwindigkeit von bis zu 415 m/s, im Abflug bis zu 310 m/s flogen. Die Einsatzhöhe sollte im Bereich von 25 m bis 3,5 km liegen, die Entfernung 800 m bis 5 km betragen. Der FRK sollte Ziele selbständig aufklären oder eine Zielzuweisung durch die vorgesetzte Führungsstelle PU-12 erhalten. Der Grad der Bekämpfung eines Luftgegners bei Zielzuweisung durch den Vorgesetzten sollte bei mindestens 50 bis 60 % liegen, sofern der Gegner keine optischen oder Funkmess-Störungen anwandte. Ein Kampfsatz bestand aus vier Raketen, das Gefechtsfahrzeug sollte zwei Kampfsätze transportieren. Der FRK 9K35 STRELA-10 sollte lufttransportfähig sein und Wasserhindernisse schwimmend überwinden. Die Masse des Gefechtsfahrzeugs wurde auf 12,5 t begrenzt.

1973 begannen erste Erprobungen, im März 1976 übernahm die Sowjetarmee den FRK 9K35 STRELA-10. Nach verschiedenen Modernisierungsarbeiten an der Rakete und der Startausrüstung der Gefechtsfahrzeuge kam 1979 der FRK 9K35M STRELA-10M zur Truppe, die Exportversion erhielt die NVA 1986. In diesem Jahr erhielt die NVA fünf, 1987 vier weitere Fla-Raketenkomplexe 9K35M STRELA-10M. Der Einsatz erfolgte in den Fla-Raketenbatterien der PR/MSR der 7. PD und 9. PD (je 4 FRK), einen FRK erhielt die 8. MSD. Der Befehl 64/89 des MfNV vom Juni 1989 über die *Weiterführung der Ausarbeitung der Fünfjahrplanvorschläge ... für den Zeitraum 1991 bis 1995* legte u. a. als materielle Führungsgröße den Import von *44 Gefechtsfahrzeugen STRELA-10* fest. Damit wäre die Ausrüstung von elf weiteren PR/MSR der Gefechtsdivisionen möglich gewesen.

Fla-Raketenkomplex

9К35М СТРЕЛА-10М – самоходный зенитный ракетный комплекс =
9K35M STRELA-10M – selbstfahrender Flugabwehr-Raketenkomplex
9А35М – боевая машина (с радиопеленгатором) ЗРК 9К35М =
9A35M – Kampffahrzeug (mit Funkpeiler) FRK 9K35M

Der Fla-Raketenkomplex bestand strukturmäßig aus einem Gefechtsfahrzeug 9A35M (Gf) und drei Gefechtsfahrzeugen 9A34M. Zum Komplex gehörten weiterhin die Rakete 9M37M, die Kontroll- und Prüfstation 9W839M, die Kontroll- und Wartungsstation 9W915 sowie der stationäre Trainer 9F624.

Neben der Verbesserung der taktisch-technischen Einsatzparameter konnte die Zielzuweisung durch die Führungsmittel der TLA (PU-12) erfolgen. Der FRK führte das Gefecht autonom bei visueller Zielaufklärung, das Schießen war bei beliebigen Anflugrichtungen und Hintergrundlagen, aus dem Stand, aus dem kurzen Halt, beim Schwimmen und in der Bewegung möglich.

Der FRK 9K35M STRELA-10M unterschied sich vom FRK 9K31M STRELA-1M durch viele neue technische Lösungen. Der FRK 9K35M STRELA-10M nutzte als Basisfahrzeug das Mehrzweck-Zug- und Transportmittel MT-LB, die Tragfähigkeit ließ den Transport von acht Raketen in Transport- und Startcontainern zu. Vier Raketen befanden sich auf den Startschienen und weitere vier im Fahrzeug. Die Bewegung der Startvorrichtung erfolgte horizontal und vertikal mithilfe von Elektromotoren. Das Gerät zur Bestimmung der Startzone 9S86 erlaubte dem FRK 9K35M STRELA-10M die rechtzeitige Feuereröffnung, da die Apparatur die Lage des Ziels bezüglich der Grenzen der Startzone beurteilte und automatisch die Angaben für die notwendigen Vorhaltewinkel beim Raketenstart errechnete. Ein passiver Funkmesspeiler erleichterte die Zielaufklärung, ein Kennungsgerät unterschied zwischen Freund und Feind. Die Rakete 9M37M verfügte über einen Zweikanal-Zielsuchlenkkopf (ZZSLK) mit einem optischen und einem Infrarotkanal. Die Nutzung eines Infrarotkanals schützte die Rakete vor natürlichen und in einem gewissen Maße auch vor künstlichen Störungen, wie optischen Ködern.

Rakete

9М37М – зенитная управляемая ракета ЗРК 9К35М =
9M37M – Flugabwehrlenkwaffe des FRK 9K35M
9Д32М – транспортно-пусковой контейнер ЗУР 9М37М =
9D32M – Transport- und Abschusscontainer Rakete 9M37M

Die **Rakete 9M37M** diente zur Bekämpfung tief fliegender Flugzeuge und Hubschrauber bei jeder Jahreszeit und bei Anwendung optischer Störungen durch den Gegner. Sie arbeitete mit der METHODE DER PROPORTIONALEN ANNÄHERUNG als Leitverfahren.

Der Aufbau und die Funktion der einzelnen Baugruppen der Rakete 9M37M entsprachen denen der Rakete 9M31M, wobei einzelne Zellen den technischen Änderungen angepasst wurden. Die wichtigsten Bestandteile der Rakete bildeten der Zweikanal-Zielsuchlenkkopf, der Autopilot, das Gefechtsteil, der Annäherungszünder, der Triebwerksblock und der Transport- und Startcontainer 9D32M (TSC).

Der ZZSLK diente der Zielerfassung und der automatischen Zielbegleitung, der Eingabe von Lenksignalen in den AP und der Erzeugung von akustischen Signalen zur Anzeige der Zielerfassung. Er arbeitete mit einem optischen und einem Infrarotkanal. Der optische Kanal wurde zur Zielerfassung bei Tage vor homogenem Hintergrund verwendet. Der Infrarotkanal diente der Zielerfassung bei geringer Helligkeit und am Tage

Trainingsrakete 9F918 des FRK 9K35M STRELA-10M im Artilleriemuseum St. Petersburg.

vor aufgelockertem Hintergrund. Der Autopilot war Teil des geschlossenen Lenkkreises der Rakete und setzte die Lenksignale des ZZSLK in die entsprechenden Ruderbewegungen um. Das Gefechtsteil zur Zielbekämpfung befand sich hinter dem AP. Seine Zündeinrichtung mit Annäherungs- und Aufschlagzünder zündete das Gefechtsteil, wenn die Rakete das Ziel traf oder das Ziel in Reichweite des Annäherungszünders passierte. Der Triebwerksblock gewährleistete die Vorwärtsbewegung der Rakete mit der vorgegebenen Geschwindigkeit. Er hielt die mittlere Marschgeschwindigkeit bis zum Brennschluss aufrecht. Der Triebwerksblock bestand aus einem zweistufigen Einkammer-Feststofftriebwerk mit konstantem Düsenquerschnitt, der Treibladung und der Zündeinrichtung. Die erste Stufe beschleunigte die Rakete auf eine Höchstgeschwindigkeit von 2520 km/h (700 m/s), die zweite Stufe hielt die Marschgeschwindigkeit bei 1980 km/h (550 m/s) aufrecht. Am Triebwerksblock waren die Stabilisierungsflügel und dahinter die Querruder angeordnet. Zur Stabilisierung des Fluges wurde die Rakete in Drehung um die Längsachse versetzt, die Querruder begrenzten die Drehgeschwindigkeit. Der TSC 9D32 diente der Lagerung, dem Transport und dem Start der Rakete und schützte sie gleichzeitig vor Staub, Schmutz und Feuchtigkeit.

Der Start der Rakete 9M37M erfolgte aus dem Transport- und Startcontainer 9D32M. Die vom Ziel abgestrahlte Lichtenergie wandelte der ZZSLK in ein elektrisches Signal um, das er in das automatische Zielbegleitsystem eingab. Bewegte sich das Ziel, wurde es automatisch verfolgt. Dazu wurden Lenksignale erzeugt und an den Autopiloten übertragen. Dieser setzte die Lenksignale in entsprechende Ruderstellungen um. Bei optischen Störungen durch den Gegner schaltete die Startapparatur das Startregime um. Dadurch wurde ein Signal erzeugt, das die Störschutzanlage einschaltete – die Rakete reagierte nicht mehr auf die Störungen. Die

Rakete	
GRAU-Index Rakete	9M37M
GRAU-Index Gefechtskopf	9N125M
Bezeichnung in der NVA	9M37M
Beginn der Einführung in die NVA	1986
NATO-Bezeichnung des FRS	SA-13 GOPHER
Einsatzebene	Panzerregiment
Maximale Reichweite (km)	5
Minimale Reichweite (km)	0,8
Maximale Flughöhe (km)	3,5
Minimale Flughöhe (km)	0,025
Maximale Geschwindigkeit Zielanflug/Zielabflug (km/h)	1494 / 1116
Länge Rakete (mm)	2190
Durchmesser mit Stabilisatoren (mm)	360
Durchmesser (mm)	120
Art des Triebwerks	Einkammer-Feststofftriebwerk
Maximale Geschwindigkeit der Rakete (km/h)	2520
Masse Rakete (kg)	39,2
Masse Rakete im Transport- und Startcontainer 9D32 (kg)	70
Masse Gefechtskopf mit Gefechtsladung (kg)	3
Startrampe	9A34M / 9A35M

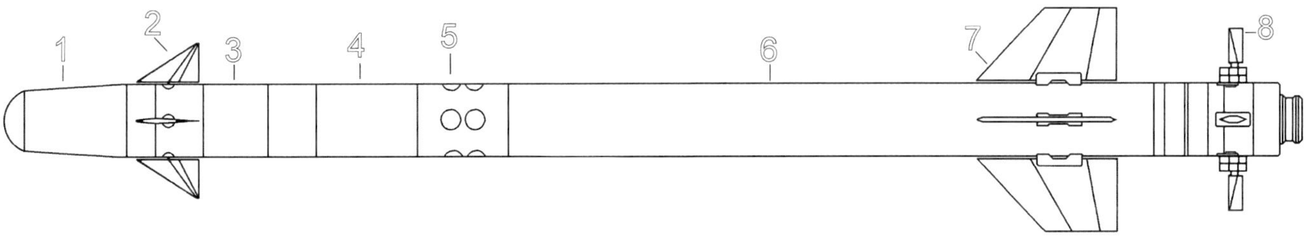

Die Hauptelemente der Rakete 9M37M.
1 - Zweikanal-Zielsuchlenkkopf 2 - Rudermaschine und Ruder 3 - Elektronikblock
4 - Gefechtsteil 5 - Annäherungszünder 6 - Triebwerksblock
7- Stabilisatoren 8 - Querruder

Vernichtungswirkung gewährleistete das Gefechtsteil der Rakete, das ein kombinierter Aufschlag- und Annäherungszünder aktivierte. Beim Auftreffen der Rakete auf das Ziel sprach das Gefechtsteil auf das Signal des Aufschlagzünders an und vernichtete das Ziel. Verfehlte die Rakete das Ziel, ging nach 16 s die Sicherungs- und Zündeinrichtung in die Ausgangslage zurück. Dies verhinderte die Detonation der Rakete beim Aufprall auf die Erde.

Die Meldung über die Sicherstellung der NVA mit Raketen und Munition vom 1. Januar 1990 gab den Gesamtbestand an Gefechtsfahrzeugen 9A34M / 9A35M mit 36 an. Die Höhe des Kampfsatzes pro Waffe betrug 4 Raketen, der Bedarf an Kampfeinsätzen 4,3 (619 Raketen). Der tatsächliche Munitionsbestand für den Fla-Raketenkomplex 9K35 STRELA-10M in der NVA belief sich auf 619 Raketen, was einem Sicherstellungsgrad von 100 % entsprach.

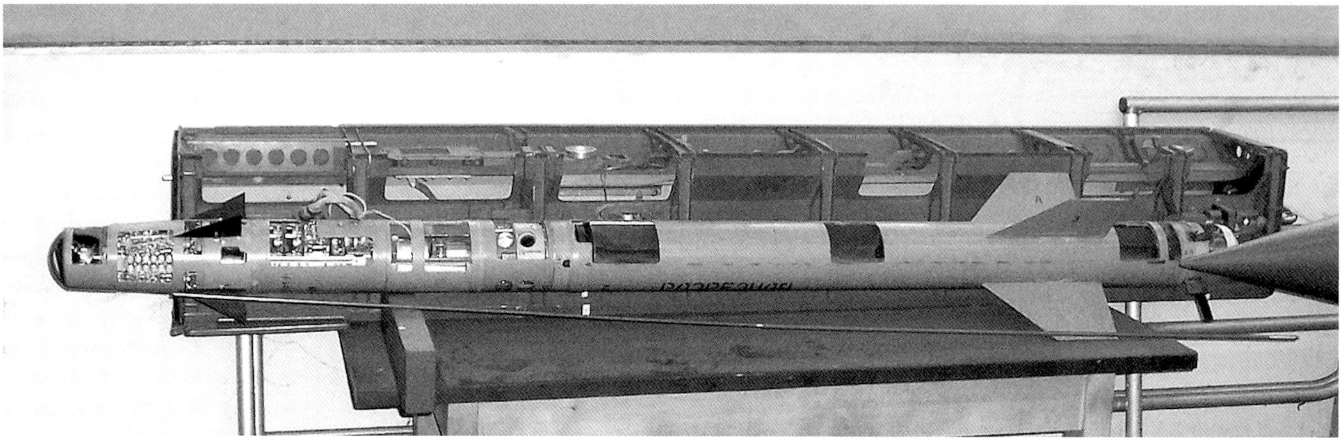

Ein Schnittmodell der Rakete 9M37M, das von der Bundeswehr genutzt wurde.

Die Planungsunterlagen vom August 1989 für die Entwicklung der NVA in den Jahren 1991 bis 1995 sahen die Einführung weiterer 1040 Raketen 9M37M vor.

Gefechtsfahrzeug

Der Fla-Raketenkomplex bestand aus einem **Gefechtsfahrzeug 9A35M** und drei **Gefechtsfahrzeugen 9A34M**. Nur das Gefechtsfahrzeug 9A35M verfügte über einen passiven Funkmesspeiler 9S16.
Die Gefechtsfahrzeuge dienten dem Transport, der Lagerung, der Startvorbereitung und dem Start der Rakete 9M37M. Ferner berechneten sie die Startzone und fragten die Freund-Feind-Kennung ab. Als Basisfahrzeug beider Typen diente das Mehrzweck-Zug- und Transportmittel MT-LB. Auf dem Dach befand sich die Startapparatur. Die Apparatur zur Bestimmung der Startzone 9S86, das Freund-Feind-Kennungsgerät 1RL246-10, ein optisches Visier sowie die elektromechanischen Richtantriebe ergänzten die Ausrüstung.
Die Apparatur zur Bestimmung der Startzone 9S86 ermöglichte dem FRK 9K35M STRELA-10M die rechtzeitige Feuereröffnung, da die Apparatur die Lage des Ziels in Bezug auf die Grenzen der Startzone beurteilte und automatisch die Angaben für die notwendigen Vorhaltewinkel beim Raketenstart errechnete. Die Grundlage der Apparatur bildete ein Funkmess-Entfernungsmesser, der die Zielentfernung in den Grenzen von 450 m bis 10 km mit einem maximalen Fehler von weniger als 100 m bestimmte. Zwischen den beiden Raketenpaketen war die runde Antenne montiert, das Sende- und Empfangsgerät rechts über der dritten und vierten Startschiene.

Der Funkmesspeiler 9S16 sorgte für das rechtzeitige Auffassen von Luftzielen. Dabei empfing der Funkmesspeiler die elektromagnetische Energie, die die an Bord des Luftzieles arbeitenden Funkmessmittel – wie Höhenmesser, Zielgeräte oder Navigationsgeräte – abstrahlten. Die Peilung erfolgte durch die Bestimmung der Richtung, in der die Empfangssignale am stärksten waren. Der Funkpeiler bestand im Wesentlichen aus einem Ortungs- und einem Peilsystem. Das Ortungssystem diente der Luftraumbeobachtung. Es zeigte die Richtung zum Ziel an und bestand aus vier Antenneneinrichtungen, die am Fahrzeugbug und -heck sowie jeweils rechts und links am Fahrzeugheck befestigt waren. Das Peilsystem ermittelte über die Antenneneinrichtung am Turm die genaue Richtung zum Ziel.

Jedes Gefechtsfahrzeug führte zwei Kampfsätze mit je vier Raketen mit, von denen sich einer auf den Startschienen und der zweite im Heck des MT-LB befand. Die Zeit für die Überführung des Gf von der Marsch- in die Gefechtsposition betrug max. 20 s; innerhalb von 3 Min. wurde das Gf komplett nachgeladen.

Gefechtsfahrzeug 9A34M. Zwischen den beiden Raketenpaketen befand sich die runde Antenne und über dem rechten Raketenpaket Teile des Funkmess-Entfernungsmessers (linkes Bild). Gefechtsfahrzeug 9A35M, am Heck und an der rechten Fahrzeugseite waren Antenneneinrichtungen des Ortungssystems des passiven Funkmesspeilers angeordnet.

Mittel der Gefechtssicherstellung

Transportmittel

Zu einem Fla-Raketenkomplex 9K35M STRELA-10M gehörten strukturmäßig ein Munitionstransportfahrzeug der Größenklasse IV (Lkw mit Pritsche/Plane URAL-375 oder W-50 L/A) und ein Anhänger der Größenklasse IV (HL 50.02/1).

Kontroll- und Prüfstation

9В839 – контрольно-проверочная машина ЗРК 9К35М = 9W839 – Kontroll- und Prüfmaschine für FRK 9K35M

Die Kontroll- und Prüfstation 9W839 diente der Überprüfung der Rakete 9M37M und der Trainingsrakete 9F918, der Funktionskontrolle und der Abstimmung des passiven Peilers 9S16. Sie bestand aus dem Spezial-Kfz GAZ-66 mit Koffer K66, der die erforderliche Kontroll- und Prüfausrüstung, die Messmittel, die notwendigen Spannungsquellen und das Werkzeug aufnahm.

Die Stromversorgung erfolgte aus dem öffentlichen Stromnetz oder mithilfe des im Fahrzeug mitgeführten Elektroaggregates AB-1-T/230 (230 V, 50 Hz, 1 kW). Zur Absicherung der Arbeiten wurde neben dem Hauptarbeitsplatz im Kofferaufbau ein abgesetzter Arbeitsplatz an der rechten Koffer-Seitenwand entfaltet. Zu Kontrollmessungen wurden die Raketen auf einer Prüfschiene befestigt.

Kontroll- und Prüfstation 9W839 in Marsch- und in Arbeitslage. An der rechten Seite des Koffers war die Messschiene für Kontrollmessungen an der Rakete montiert.

Zum Schutz der Arbeiten außerhalb des Fahrzeugs befestigte die Bedienung ein Zelt an der rechten Kofferwand. Die Abmessungen der Kontroll- und Prüfstation (L x B x H) betrugen 6130 x 2400 x 3000 mm bei einer Masse der vollständig ausgerüsteten Station von 5970 kg. Für jeden Fla-Raketenkomplex war eine Kontroll- und Prüfstation 9W839 vorgesehen.

Werkstätten

9В915 – машина технического обслуживания ЗРК 9К35М = 9W915 – Wartungsmaschine für FRK 9K35M

Die **Kontroll- und Wartungsstation 9W915** diente der Überprüfung der Funktionsfähigkeit sowie der Einstellung und Überprüfung der Normwerte der Geräte der Gefechtsfahrzeuge 9A34M und 9A35M. Sie führte die Wartung und laufende Instandsetzung durch, prüfte die Funktionsfähigkeit des Freund-Feind-Kennungsgeräts 1RL246-10 und der Apparatur für die Bestimmung der Startzone 9S869. Ferner transportierte die Station den EWZ-Satz Nr. 2 der Gefechtsfahrzeuge 9A34M und 9A35M.

Die Kontroll- und Wartungsstation 9W915 war in einem Koffer K66 auf Fahrgestell des Spezial-Kfz GAZ-66 untergebracht. Die Zeit zum Überführen aus der Marsch- in die Gefechtslage und umgekehrt betrug zwischen 20 und 30 Min. Die Stromversorgung ließ sich mithilfe einer externen Spannungsquelle (380/220 V) oder durch die fahrzeugeigene Stromversorgungsanlage, bestehend aus einem Motorgenerator (220 V, 50 Hz, 8 kW), sicherstellen. Ein Umformer erzeugte im Zusammenwirken mit einem Spannungsregler u. a. die notwendige Einphasen-Wechselspannung von 115 V / 400 Hz. Die Abmessungen der Kontroll- und Wartungsstation 9W915 (L x B x H) betrugen 6029 x 2400 x 3160 mm. Die Masse der vollständig ausgerüsteten Kontroll- und Wartungsstation 9W915 betrug 5770 kg. Für jeden Fla-Raketenkomplex war eine Kontroll- und Prüfstation 9W915 vorgesehen.

Kontroll- und Wartungsstation 9W915.

Ein Gefechtsfahrzeug 9A35M im Bestand der Bundeswehr.

Verbleib

Die neun Fla-Raketenkomplexe 9K35M STRELA-10M übernahm die Bundeswehr und stufte sie in die Kategorie III (Abgabe zur Verwertung) ein. Wehrtechnische Dienststellen untersuchten mindestens zwei Gefechtsfahrzeuge 9A35M bis Ende der 1990er-Jahre.

Rakete 9M33M des Fla-Raketensystems 9K33M OSA-AK

Der Beschreibung der Rakete 9M33M liegt der STAN des Fla-Raketenregiment 11 zugrunde, gültig ab dem 29. November 1989.

In den Jahren 1983 bis 1985 rüstete das im grenznahen Bereich zur BRD liegende Fla-Raketenregiment 8 vom Fla-Raketensystem 2K12 KUB auf das neue **Fla-Raketensystem 9K33M2 OSA-AK** (deutsch = Wespe) um. Die Lieferung der erforderlichen Kampf- und Sicherstellungstechnik war in einem langfristigen Abkommen mit der UdSSR für 1983 vereinbart worden. Das FRR-8 erhielt eine zusätzliche fünfte Feuerbatterie, da das FRS 9K33M2 OSA-AK über 20 Startrampen verfügte. Die freigewordenen 16 Startrampen 2P25 des FRS 2K12 KUB wurden zur Aufstockung des FRR-9 und zur Ausstattung von Ausbildungseinrichtungen verwendet.
Bereits im Oktober 1960 hatte die Entwicklung des Fla-Raketensystems 9K33 OSA für den Schutz der Mot-Schützendivisionen begonnen. Mit diesem Fla-Raketensystem gelang der UdSSR erstmals die Synthese aus einer Startrampe mit vier Startschienen und der zugehörigen Funkmess-Station. Beides, auf einem hochmobilen, schwimmfähigen Basisfahrzeug montiert, wurde als Start- und Leitstation (SLS) bezeichnet. Von 1970 bis 1971 fanden die notwendigen Werks- und staatlichen Erprobungen statt; im Oktober 1971 bestätigte ein Dekret des Ministerrats der UdSSR den Truppeneinsatz des Fla-Raketensystems 9K33 OSA. Hauptelement des FRS bildete die SLS 9A33B, die mit vier auf Startschienen gelagerten Raketen 9M33 Ziele im Höhenbereich von 50 m bis 5 km auf eine maximale Entfernung von 9 km bekämpfen konnte. Erste Modernisierungsarbeiten führten 1974 zum FRS 9K33M OSA-A mit gleichen taktischen Parametern. 1975 wurde das FRS 9K33M2 OSA-AK vorgestellt, das sechs Raketen 9M33M2 in Transport- und Startcontainern mitführte. Dies erforderte einen umfangreichen Umbau der SLS. Gleichzeitig wurde die Funkmess-Station den neuen Anforderungen angepasst und die taktischen Parameter der Rakete 9M33BM2 verbessert. Die Geschwindigkeit der zu bekämpfenden Ziele erhöhte sich von 1500 km/h auf 1800 km/h (420 m/s auf 500 m/s) und das Lastvielfache von 5 g auf 8 g. Ferner verlängerte sich die garantierte Lagerzeit der Raketen im TSC von einem auf fünf Jahre. Das FRS 9K33M2 OSA-AK war bislang nicht in der Lage, Panzerabwehrhubschrauber, ein wichtiges modernes Mittel zur Panzerabwehr, wirksam zu bekämpfen. Die Beseitigung dieses Nachteils war Gegenstand weiterer Forschungs- und Entwicklungstätigkeiten, die im November 1975 gemäß einem Dekret des Zentralkomitees der KPdSU und des Ministerrats der UdSSR aufgenommen wurden. 1977 fanden Werktests mit den modernisierten Start- und Leitstationen und Raketen statt. In deren Folge wurde die Rakete in Bezug auf die Funksicherung und die elektrische Ausrüstung modifiziert und als Rakete 9M33M3 bezeichnet. Von September bis Dezember 1979 durchlief die modernisierte Version des FRS 9K33M3 OSA-AKM staatliche Tests und wurde 1980 der Truppe übergeben.
Im Oktober 1982 erhielt die NVA folgende Mitteilung: *Durch die zuständigen sowjetischen Organe wurde jetzt mitgeteilt, dass 1983 die Lieferung von nur drei Fla-Raketenbatterien möglich ist und die restlichen zwei Batterien erst 1984 geliefert werden können.*
Die beiden 1984 gelieferten Fla-Raketenbatterien verfügten bereits über das **Fla-Raketensystem 9K33M3 OSA-AKM**, sodass im FRR-8 zwölf Start- und Leitstationen 9A33BM2 und acht SLS 9A33BM3 mit den entsprechenden Raketen 9M33M2 und 9M33M3 vorhanden waren. Alle weiteren Lieferungen von SLS und Raketen an die NVA erfolgten in der Modifikation 9K33M3 OSA-AKM. Um die verbesserten Wirkungsfaktoren der Raketen 9M33M3 auch beim Verschuss von der SLS 9A33BM2 voll nutzen zu können, wurden Modernisierungen an den entsprechenden SLS notwendig.
Am 7. Oktober 1984 paradierten Teile des FRR-8 bei der Ehrenparade in Berlin erstmals mit dieser neuen Fla-Raketentechnik der Truppenluftabwehr.
In den Jahren 1986 und 1987 erfolgte die Umrüstung des FRR-11 mit dem FRS 9K33M3 OSA-AKM.
Im Planungszeitraum 1991 bis 1995 war bereits die Umrüstung des FRR-4 auf das neue **Fla-Raketensystem 9K330 TOR** als Nachfolger für die FRS 2K12 KUB geplant.

Fla-Raketensystem

9K33M2 OCA-AK – самоходный зенитный ракетный комплекс = 9K33M2 OSA-AK – selbstfahrender Flugabwehr-Raketenkomplex

Der Fla-Raketenkomplex besaß eine hohe Geländegängigkeit, Mobilität, Feuerkraft und Vernichtungswahrscheinlichkeit sowie eine ausreichende Störfestigkeit und ermöglichte die Aufklärung und Kennungsabfrage von Luftzielen.
Gegenüber dem FRS 2K12 KUB erhöhte sich die Anzahl der gleichzeitig zu bekämpfenden Ziele von 4 auf 20. Die SLS und die zugehörigen Raketentransport-Ladefahrzeuge (RTLF) waren schwimmfähig und nutzten die schweren sowjetischen Spezial-Kfz BAZ-5937 und BAZ-5939 als Basis. Reichweite und Durchschnittsgeschwindigkeit des FRS erhöhten sich. Die Reduzierung der Raketenreichweite von 23,5 km auf 10 km ließ sich teilweise durch die veränderten Dislozierungs- und Bekämpfungsmöglichkeiten ausgleichen. Nachteilig wirkte sich die Verringerung der Bekämpfungshöhe von 12 km (3M9MÄ) oder 18 km (3M9M3Ä) auf lediglich 5 km aus. Die hohe technische Komplexität des FRS erforderte insbesondere auf dem Gebiet des Raketen- und waffentechnischen Dienstes eine rechtzeitige und umfassende Qualifizierung des Personals auf Lehrgängen in der UdSSR, bevor die NVA die Technik übernehmen konnte.
Der Übergang zur Zielbegleitung und die Bekämpfung mit Einzelfeuer oder Raketenreihen erfolgte aus dem Stand oder kurzem Halt innerhalb von 2 Min. Neben der Bekämpfung von Flugzeugen in geringen Höhen

konnten auch Hubschrauber in der Standschwebe oder mit bewegten Rotoren am Boden stehend bekämpft werden. Die Vernichtungswahrscheinlichkeit mit einer Rakete lag bei 80 %. Die Technik des FRS konnte die zu deckenden Truppen im Gelände mit einer Geschwindigkeit von 15 bis 30 km/h begleiten.

Ein FRS bestand aus einer Führungs- und fünf Fla-Raketenbatterien. Die Fla-Raketenbatterie gliederte sich in zwei Fla-Raketenzüge und je eine Führungs- und Versorgungsgruppe sowie eine Prüf- und Abstimmungsbasis.

Rakete

9M33M2 - зенитная управляемая ракета ЗРК 9К33М2 = 9M33M2 - Flugabwehrlenkflugkörper FRK 9K33M2

9Я254 - транспортный контейнер для ЗУР 9М33 = 9Ja254 - Transportbehälter für Rakete 9M33

Die lenkbaren Raketen 9M33M2 / 9M33M3 dienten der Vernichtung von bemannten und unbemannten Luftangriffsmitteln, die im Unter- oder Überschallbereich in mittleren und geringen Höhen flogen. Sie wurden vom Hersteller komplett montiert und schussbereit geliefert. Um Korrosionsschäden zu vermeiden, lagerten die Raketen in hermetisierbaren Start- und Transportcontainern mit Unterdruck.

Die Rakete startete aus dem Transport- und Startcontainer (TSC), der sich auf der Starteinrichtung der Start- und Leitstation (SLS) befand. Nach dem Start und dem autonomen Flug ohne Funkkommandolenkung wurde die Rakete vom Funkmessgerät RAKETE (FuMG) der SLS erfasst, auf die Flugbahn geführt und in das Ziel gelenkt. Die Lenkung erfolgte durch Lenkkommandos, die in zwei zueinander senkrecht stehenden Ebenen formiert und vom Funkkommandosender (FKS) der SLS zusammen mit den Abfragesignalen übertragen wurden. Der Block FL/FO in der Rakete empfing die vom FKS abgestrahlten Lenkkommandos K1, K2, K3 und K4 (Kommando K4 Reservekommando) sowie die Abfragesignale. Auf die Abfragesignale formierte die Apparatur FL/FO Antwortsignale, die es dem FuMG RAKETE ermöglichten, die Lage der Rakete im Raum zu bestimmen. Die Kommandos K1 und K2 gab der Block FL/FO in den Autopiloten ein, der die Kommandos unter Berücksichtigung des laufenden Schräglagewinkels an die mechanisch mit den Rudern verbundenen Ruderantriebe weiterleitete. Die koordinierte Auslenkung der Ruder ermöglichten die Manöver zum Abfangen des Ziels. Bei Annäherung an das Ziel gab der FKS das Kommando K3 zum Schärfen des Funkzünders (FZ) sowie zum Entfernen der letzten Sicherheitsstufe der Sicherheits- und Zündeinrichtung (SZE). Auf dieses Kommando hin begann der FZ elektromagnetische Impulse auszustrahlen und die vom Ziel reflektierten Signale zu empfangen. War eine bestimmte Anzahl reflektierter Signale gespeichert, erzeugte der FZ eine Spannung, die das Ansprechen der SZE und damit die Zündung des Gefechtsteils sicherstellte.

Beim Beschuss von Hubschraubern gab die Startautomatik das Kommando VERZÖGERUNG an die Rakete; beim Beschuss von Hubschraubern in der Standschwebe oder am Boden das Kommando B5. Diese Kommandos gelangten zum FZ und erhöhten die erforderliche Ansprechverzögerung des FZ. Verfehlte die Rakete das Ziel, ohne das Gefechtsteil zu zünden, wurden maximale Lenkkommandos erteilt, die die Flugbahn nach oben lenkten. Die Zündung des Gefechtsteils und damit die Selbstzerlegung der Rakete stellte das Uhrwerk der SZE sicher.

Die Rakete bestand aus den Hauptbaugruppen Raketenkörper, Triebwerk, Gefechtsausrüstung, Lenkeinrichtung, Druckluft- sowie Elektroanlage und Stromversorgungsanlage. Der TSC bildete einen untrennbaren Bestandteil der Rakete, in der sie während der gesamten Nutzungszeit lagerte.

Der Raketenkörper bestand aus fünf Zellen, den Rudern und dem Flügelblock. Das Triebwerk erzeugte den erforderlichen Schub in der Start- und der Marschphase. Die Gefechtsausrüstung diente der Bekämpfung des Ziels und bestand aus dem FZ, der SZE und dem Gefechtsteil. Die Lenkeinrichtung umfasste die Apparatur FL/FO und den AP; sie empfingen die vom FKS gesendeten Lenkkommandos und steuerten die Ruder entsprechend. Die Druckluftanlage versorgte die Ruderantriebe des AP und den Turbogenerator des Stromversorgungsblocks mit Druckluft. Sie bestand aus dem Druckluftblock, der Enthermetisierungseinrichtung, dem Kollektor und den Rohrleitungen. Die Elektroanlage vereinigte alle Bordapparaturen der Rakete und des TSC in einem einzigen automatisierten Komplex, der sowohl von Boden- als auch von Bordstromquellen gespeist wurde und das Schalten der Stromkreise der Elektroanlage in allen Betriebsarten vornahm. Zu den Stromquellen gehörten der Stromversorgungsblock und der Turbogenerator. Der Stromversorgungsblock erzeugte eine Gleichspannung von 27 V und eine Wechselspannung von 22,5 V / 1000 Hz zur Versorgung der Bordapparatur. Der Turbogenerator versorgte den FZ mit einer Wechselspannung von 30 V. Der TSC sorgte für den Schutz der Rakete vor äußeren Einflüssen, die Lagerung, den Transport, das Aufsetzen auf die SLS sowie die Durchführung des Starts.

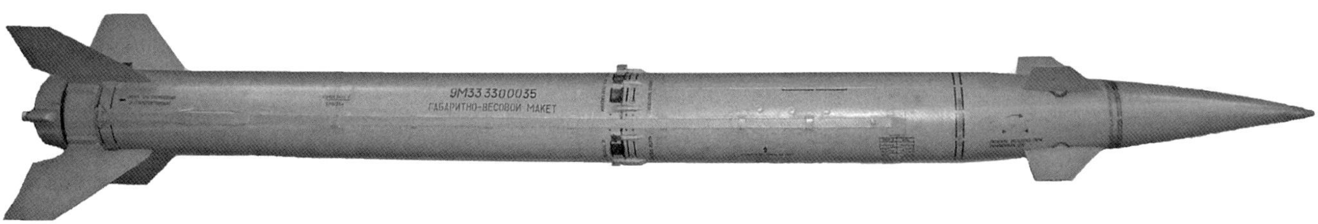

Gesamtansicht der Rakete 9M33M.

Die Rakete war nach dem aerodynamischen Prinzip ENTE aufgebaut, die Ruder befanden sich im vorderen Teil des Raketenkörpers. Die Ruder und die Flügel waren in einem Winkel von 45° zur Vertikalebene angeordnet. Die vier klappbaren Flügel waren in einem Flügelblock zusammengefasst, der gegenüber dem Gehäuse beweglich gelagert war und sich während des Fluges frei drehte. Der vom Raketenkörper unabhängige Flügelblock ermöglichte es, das auf die Rakete wirkende aerodynamische Moment der SCHRÄGANSTRÖMUNG erheblich zu reduzieren und gleichzeitig den Auftrieb der Rakete zu erhalten.

Der Raketenkörper bestand aus dem Geräte- und dem Triebwerksteil. Das Geräteteil bildete eine geschweißte Verbindung der 1., 2. und 3. Zelle, in die zuvor die Bordapparaturen eingebaut worden waren. Das Triebwerksteil setzte sich aus der 4. und 5. Zelle zusammen. Die lösbare Verbindung zwischen dem Geräte- und dem Triebwerksteil diente dem Einbau des Gefechtsteils, der SZE, des Düseneinsatzes, der Laborierung der Feststofftreibladungen und der Zündladung des Triebwerks sowie zum Einsetzen der Pyropatronen des Triebwerks und zum Anschließen der Steckverbinder.

Die 1. Zelle bildete zusammen mit der ballistischen Haube den vorderen Teil des Geräteteils, in der der Sender und die Sendeantenne des FZ angeordnet waren. In der 2. Zelle befanden sich die beiden Ruderantriebe, der Stromversorgungsblock des AP, der Stromversorgungsblock mit dem Turbogenerator des FZ, der Druckluftblock sowie die Enthermetisierungseinrichtung, die an der rechten Seite des Zellenkörpers eine Öffnung besaß. An der Außenseite der Zelle waren die vier Ruder angebracht. Die 3. Zelle nahm den Empfänger des FZ, den Block FL/FO, den Steuerblock des AP, die SZE sowie das Gefechtsteil auf. Am Zellenkörper waren die Empfangsantennen des FZ befestigt. Die 4. Zelle bildete das Einkammer-Feststofftriebwerk. Im Triebwerkskörper befanden sich die Marsch- und die Starttreibladung sowie die Zündladung. Die Pulverladung gewährleistete eine Brenndauer von 13 bis 19 s für eine maximale Fluggeschwindigkeit von 1800 km/h (500 m/s). Am Triebwerkskörper waren zwei vordere und ein hinterer Stützzapfen für das Einsetzen im TSC befestigt. Die 5. Zelle diente der Aufnahme des drehbar gelagerten Flügelblocks und der Antennen des Blocks FL/FO. Der Flügelblock war auf einem Kugellager aufgesetzt. Die zusammengeklappten Flügel ruhten in den Führungsschienen, mit denen sie beim Start am Gehäuse des TSC entlanggleiten konnten.

Um mechanische Beschädigungen zu vermeiden und die Rakete vor Witterungseinflüssen zu schützen, lagerte sie in einem Transport- und Startcontainer. Der TSC diente gleichzeitig als Starteinrichtung. Beim Start öffneten sich die beiden Deckel des Transport- und Startcontainers, sodass die Rakete herausgleiten und der Gasstrahl entweichen konnte. Die zur Mitte zusammengeklappten Flügel der Rakete richteten sich beim Herausgleiten aus dem Container auf.

Rakete		
GRAU-Index Rakete	9M33M2	9M33M3
GRAU-Index Gefechtskopf	9N16	
Bezeichnung in der NVA	9M33M2	9M33M3
Beginn der Einführung in die NVA	1983	1984
NATO-Bezeichnung des FRS	SA-8 GECKO	
Einsatzebene	Mot-Schützendivision	
Maximale Reichweite (km)	10	
Minimale Reichweite (km)	1,5	
Maximale Flughöhe (km)	0,025	
Minimale Flughöhe (km)	5	
Maximale Fluggeschwindigkeit der Rakete (km/h)	1800	
Maximale Fluggeschwindigkeit des Ziels (km/h)	1800	
Länge Rakete (mm)	3158	
Durchmesser Raketenkörper (mm)	209,6	
Durchmesser mit Flügel (mm)	650	
Durchmesser mit Ruder (mm)	348	
Art des Triebwerks	Einkammer-Feststofftriebwerk	
Masse Rakete (kg)	126,5	
Masse Gefechtskopf mit Gefechtsladung (kg)	15	
Startrampe	9A33BM2	9A33BM3-1

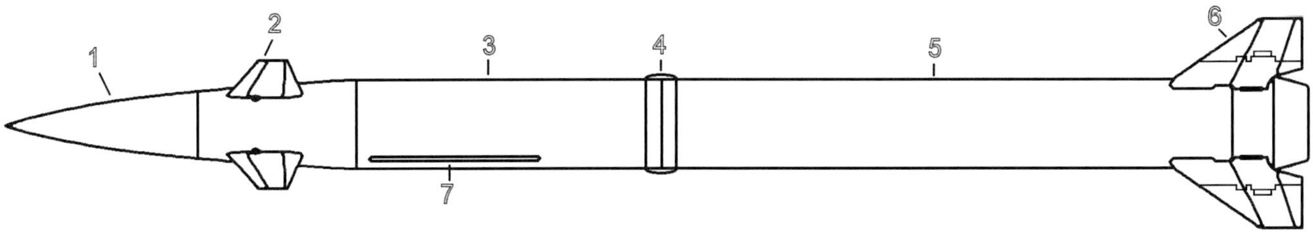

Die Hauptelemente der Rakete 9M33M3:

1 - 1. Zelle

2 - 2. Zelle mit Ruder

3 - 3. Zelle

4 - Verbindung zwischen Geräte- und Triebwerkteil

5 - 4. Zelle

6 - Drehbarer Flügelblock mit zusammenklappbaren Flügeln

7 - Empfangsantenne des Funkzünders

Schnittmodell 9M33M2UR der Rakete 9M33M2 mit Transport- und Startcontainer auf einem Montagewagen 9F16M2.19.

Der Kampfsatz pro SLS betrug sechs Raketen. Am 01.01.1990 gab es 40 gefechtsbereite SLS; für jede SLS sollten 4,1 Kampfsätze mit sechs Raketen bevorratet werden, was einem Gesamtbedarf von 984 Raketen entsprach. Tatsächlich waren 885 Raketen vorhanden; der Grad der Sicherstellung betrug 89,9 %.

Startrampe und Raketenleitstation

9А33БМ2 – боевая машина ЗРК 9К33М2 = 9A22BM2 – Kampffahrzeug FRK 9K33M2

Die Start- und Leitstation 9A33BM2 diente zur Aufklärung und zur Kennungsabfrage von Luftzielen sowie zur automatischen Zielerfassung und -begleitung. Sie bestimmte den Startmoment und startete die Rakete. Die Erfassung der Rakete und die Lenkung zum Ziel erfolgten nach der DREIPUNKTMETHODE. Es konnte sowohl mit einer Rakete als auch mit einer aus zwei Raketen bestehenden Raketenreihe geschossen werden. Das minimale Startintervall zwischen zwei Raketen betrug ca. vier Sekunden. Unter den Bedingungen starker Funkmess-Störungen und bei guter optischer Sicht war die Zielbegleitung mithilfe des Fernsehvisiers 9Sch38 möglich. Die Zielbekämpfung war im Gegenkursverfahren bei Zielgeschwindigkeiten bis 1800 km/h (500 m/s) oder im Einholeverfahren bei Zielgeschwindigkeiten bis 1080 km/h (300 m/s) in Höhen zwischen 100 m und 5 km bei einer Zielentfernung bis 6,5 km möglich. Die Übergangszeit der SLS von der Marsch- in die Gefechtslage betrug nicht mehr als 4 Min. Zur Umrüstung auf das Lademaß musste die Antennen- und Starteinrichtung eingeklappt werden.

Die wichtigsten Hauptgruppen der SLS bildeten das Basisfahrzeug BAZ-5937, die funktechnische Ausrüstung, die Antennen- und Starteinrichtung, die Stromversorgungsanlage und der EWZ-Satz. Das Basisfahrzeug war ein dreiachsiges, schwimm- und geländegängiges Radfahrzeug.

Die Antennen- und Starteinrichtung bestand aus der Aufklärungsstation, dem Funkmessgerät ZIEL, dem Funkmessgerät RAKETE, dem Funkkommandosender sowie aus sechs Transport- und Startcontainern mit den Raketen. Zur Kennungsabfrage diente das integrierte Kennungsgerät NRZ6P. Für die unterschiedlichen Aufgaben standen fünf verschiedene Antennentypen zur Verfügung.

Die *Antenne der Aufklärungsstation* und die *Antenne des Kennungs-*

geräts (1) waren konstruktiv miteinander verbunden. Sie bildeten in der horizontalen Ebene einen SCHMALEN STRAHL, in der vertikalen Ebene einen BREITEN STRAHL. Die Aufklärung im befohlenen Sektor oder bei der selbständigen Rundumsuche erfolgte durch die Drehung der Antenne in der horizontalen Ebene und durch aufeinanderfolgendes Schalten von drei Richtdiagrammen in der vertikalen Ebene. Auf diese Weise suchte die Aufklärungs- und die Kennungsstation das Ziel und fragten die Kennung ab.

Die *Antenne SCHMALER STRAHL des Funkmessgeräts ZIEL* (2) ermittelte die genauen Zielkoordinaten. Dazu wurde die Zweispiegelantenne mit Drehung der Polarisationsebene nach den Angaben der Aufklärungsstation auf das Ziel ausgerichtet und der entsprechende Sektor abgesucht. Unter besonderen Bedingungen nutzte auch das FuMG RAKETE diese Antenne.

Die *Antenne MITTLERER STRAHL* des *FKS* und des *FuMG RAKETE* (3) empfing die Signale des Antwortsenders der Rakete und übertrug die Lenkkommandos. Über diese Antenne gab der FKS das Kommando K3 zum Schärfen des Funkzünders und zum Entfernen der letzten Sicherheitsstufe der Sicherheits- und Zündeinrichtung.

In der Phase des Verbindungsaufbaus zwischen SLS und Rakete übertrug die *Antenne BREITER STRAHL des FKS* (4) die ersten Lenkkommandos.

Die *Antenne BREITER STRAHL* des *FuMG RAKETE* (5) diente dem Empfang der Antwortsignale der Rakete in der Etappe der ERFASSUNG. Bestand eine sichere Verbindung zur Rakete, nutzte das FuMG RAKETE die Antenne SCHMALEN STRAHL des FuMG ZIEL. Das Funkmessgerät RAKETE diente dem Erfassen, dem Heranführen und dem Lenken der Rakete zum Ziel. Da zwei Funkmessgeräte RAKETE vorhanden waren, konnten innerhalb von vier Sekunden zwei Raketen (eine Raketenreihe) gestartet und gelenkt werden.

Antennen- und Starteinrichtung der Start- und Leitstation 9A33BM2:
1 - Antenne der Aufklärungsstation und des Kennungsgeräts
2 - Antenne SCHMALER STRAHL des FuMG ZIEL (und FuMG RAKETE)
3 - Antenne MITTLERER STRAHL des FKS und des FuMG RAKETE
4 - Antenne BREITER STRAHL des FKS
5 - Antenne BREITER STRAHL des FuMG RAKETE

Mit dem Fernsehvisier 9Sch38 konnte bei guter optischer Sicht parallel zum Funkmessgerät ZIEL am Tage gearbeitet werden. Die Zielbegleitung mit dem Fernsehvisier erfolgte durch das Abdecken des Visierkreuzes mit der Zielmarke auf dem Bildschirm.
Die Stromversorgung stellten während der Fahrt das fahrzeugeigene Gasturbinenaggregat, im Stand ein vom Fahrmotor angetriebenes Notstromaggregat sicher. Die Stromversorgungsanlage war auch für den Anschluss an eine externe Stromquelle mit 3 x 220 V / 400 Hz ausgelegt.
Die Zielsuche erfolgte mithilfe der sich drehenden Antenne der Aufklärungsstation (33 U/min), die als Impuls-Funkmess-Station im Zentimeter-Wellenbereich arbeitete. Die Luftlage stellte ein Rundsichtgerät dar. Während der laufenden Ermittlungen über die Lage des Ziels zur Vernichtungszone bildete das Startsystem das Signal ACHTUNG, das 15 s vor dem Eintritt des Ziels in die Vernichtungszone gegeben wurde. Daraufhin wurde automatisch die Hochspannung des Funkkommandosenders eingeschaltet und die Rakete zum Start vorbereitet.
Auf das Signal HUBSCHRAUBER erfolgte bei einer horizontalen Zielgeschwindigkeit bis 80 m/s eine entsprechende Korrektur der Ansprechzeit des Funkzünders. Das Signal ZIEL IN DER ZONE erfolgte im Moment des Eintritts des Ziels in die Vernichtungszone. Dieses Signal erlaubte den Start der Rakete. Mit dem Start der Rakete wurde das Funkmessgerät RAKETE aktiviert. Hatte die Entfernung zwischen Rakete und Ziel den vorgegebenen Wert erreicht, wurde das Kommando zum Ferneinschalten des Funkzünders der Rakete erarbeitet. Beim Eintritt des Ziels in das Richtdiagramm des Funkzünders erfolgte die Detonation des Gefechtsteils. Im Falle eines Fehlschusses sorgte der Zeitmechanismus der Sicherheits- und Zündeinrichtung für die Selbstzerlegung der Rakete. Dabei wurde die Rakete senkrecht, in eine für Objekte auf der Oberfläche ungefährliche Höhe, gelenkt. Für alle Aufgaben des Erfassens, des Heranführens und des Lenkens der Rakete standen jeweils zwei Raketenkanäle zur Verfügung. Beim Ausfall eines Raketenkanals oder der gestarteten Rakete bestand die Möglichkeit, eine zweite Rakete im intakten Kanal zu verschießen.

Start- und Leitstation 9A33BM2, die taktische Nummer 6115 weist die SLS als Fahrzeug der 1. FRBttr/FRR-8 aus.

Die Umrüstung des Fla-Raketenregiment 8 vom Fla-Raketensystem 2K12 KUB auf das neue Fla-Raketensystem 9K33M2 OSA-AK erfolgte in den Jahren 1983 bis 1985. Das FRR-8 erhielt 1983 drei FRK, ausgerüstet mit zwölf SLS 9A33BM2 sowie 1984 und 1985 zwei FRK, ausgerüstet mit jeweils vier modernisierten SLS 9A33BM3-1. In den Jahren 1986 und 1987 erhielt das FRR-11 das weiterentwickelte FRS 9K33M3 OSA-AKM.
Entsprechend der Gliederung eines Fla-Raketensystems, fünf Fla-Raketenkomplexe mit je vier SLS, ergab sich ein Gesamtbestand von zwölf Start- und Leitstationen 9A33BM2 und 28 Start- und Leitstationen 9A33BM3-1. Eine weitere Start- und Leitstation befand sich für Ausbildungszwecke an der OHS der LaSK.

Start- und Leitstation 9A33BM3-1. Um das Lademaß für den Eisenbahntransport zu erreichen, musste die Antennen- und Starteinrichtung eingeklappt und in den Motorraum abgesenkt werden. Dazu wurde die Motorraumabdeckung zur Seite abgeklappt.

Mittel der Gefechtssicherstellung

Die Führung der fünf Fla-Raketenbatterien erfolgte über sechs **Automatisierte Führungsstellen 9S482M PU12M** auf SPW-60PB. Die Automatisierte Führungsstelle des Gefechtsstands des FRS verteilte Informationen über Luftziele und Kommandos über Funk oder Draht. Die Automatisierten Führungsstellen der Fla-Raketenbatterien gaben Meldungen über die Gefechtstätigkeit und die Ausführung der erhaltenen Kommandos an den Gefechtsstand des FRS ab, übermittelten die Zielkoordinaten und Kommandos an die gekoppelten Start- und Leitstationen und kontrollierten die richtige Begleitung des Ziels durch die SLS.
Als Aufklärungs- und Zielzuweisungsmittel nutzte das Fla-Raketensystem 9K33M OSA-AK drei Funkmess-Stationen und einen Höhenmesser. Eingesetzt wurden die **FuMS P40M** für die Fernaufklärung, unterstützt durch einen **Höhenmesser PRW16B**. Die Ortung von Luftzielen und die Zielzuweisung übernahm die **FuMS P18** mit der **Funkmess-Kennungsanlage NRZ4P**, die Ortung tief fliegender Ziele die **FuMS P19-4Sch3-1**.

Mittel der technischen Sicherstellung

Transporttechnik

9T217БМ2 – транспортно-заряжающая машина ЗРК 9К33М2 = 9T217BM2 – Transport-Ladefahrzeug FRK 9K33M2

Da für das FRS 9K33M OSA-AK keine systemspezifischen Raketentransportfahrzeuge (RTF) geliefert wurden, stellte die DDR die erforderlichen RTF 9T33N (9T33 bezog sich auf das FRS, das N stand für NVA) aus eigenen Mitteln zur Verfügung. Das **Raketentransportfahrzeug 9T33N**, bestehend aus einem mittleren Lkw URAL-375D Pritsche mit einem Anhänger HL 50.78/T15, diente dem Transport und der Lagerung der Raketen 9M33M im TSC. Der Lkw URAL-375D transportierte zwei Pakete mit je neun Raketen, der Anhänger zwei Pakete mit je sechs Raketen. Mit der Zuführung des mittleren Lkw URAL-4320 Pritsche wurde auch diese Version eingesetzt. Im Mobilisierungsfall konnte jeder handelsübliche 5t-Lkw mit Pritsche ein Paket mit neun Raketen transportierten.

Das Raketentransportfahrzeug 9T33N aus DDR-Produktion nutzte den mittleren Lkw URAL-375D als Zug- und Transportmittel.

Das **Raketentransport-Ladefahrzeug 9T217BM2** (RTLF) war für das Be- und Entladen der Start- und Leitstation, den Transport und die zeitweilige Lagerung von bis zu acht Raketen vorgesehen. Das **RTLF 9T217BM3** konnte zwölf Raketen transportieren. Ferner ließ es sich zum Betanken der SLS aus den Zusatz-Kraftstoffbehältern des RTLF und zur Demontage der Starteinrichtung der SLS einsetzen.
Das FRS setzte zehn Raketentransportfahrzeuge 9T33N und zehn Raketentransport-Ladefahrzeuge 9T217BM2 für die Versorgung der Start- und Leitstationen ein. Weiterhin erhielten die OHS der LaSK und das Fla-Raketentechnische Zentrum-40 je ein RTLF für Ausbildungszwecke.
Als Basisfahrzeug diente der schwimmfähige, dreiachsige Lkw BAZ-5939. Zur Ausrüstung gehörten u. a. die Kranausrüstung, der Hilfsrahmen mit Standflächen, die elektrische und hydraulische Anlage, die Abdeckhaube und die Kranstütze mit zwei Plattformen. Die Kranausrüstung bestand aus dem drehbaren Hydraulikkran 4033B und zwei hydraulischen Horizontierungsstützen.

Raketentransport-Ladefahrzeug 9T217BM3 in Marschlage (linkes Bild). Bei der Waffenschau 1988 an der OHS der LaSK war auch das Raketentransport-Ladefahrzeug 9T217BM vertreten

Der Betrieb des Krans und der Horizontierungsstützen sowie deren Steuerung erfolgte über die Hydraulikanlage. Zum zusätzlichen Betanken der Start- und Leitstation verfügte das Basisfahrzeug über zwei Zusatz-Kraftstoffbehälter mit je 640 l Fassungsvermögen und eine Kraftstoffpumpe. Zur Tarnung und zum Schutz der Raketen vor Niederschlägen, Staub und Schmutz sowie zum Schutz vor eindringendem Wasser bei der Überwindung von Wasserhindernissen diente eine Abdeckhaube. Diese bestand aus einer vorderen und einer hinteren, über Ösen verbundenen Haube. Bei Umladearbeiten klappte die Bedienung die vordere Haube hoch und schob die hintere auf Gleitschienen zurück.
Mit Einführung der SLS 9A33BM3-1 wurden auch die modernisierten RTLF 9T217BM3 ausgeliefert, äußerlich an den veränderten Beleuchtungselementen am Heck zu erkennen.

Krantechnik

Ein **Autodrehkran 9T31M1**[1], eingesetzt im Bodenausrüstungssatz 9F16M2, übernahm die Be- und Entladearbeiten. Allgemeine Kranarbeiten führte ein **Autodrehkran 125** aus.

Erzeuger und Transporttechnik für Druckluft

Eine **Kompressorstation UKS400-131**[1], eingesetzt im Bodenausrüstungssatz 9F16M2, versorgte die Prüf- und Abstimmungsbasis mit Druckluft.

Kontroll- und Prüfstation

9B242-1 – автоматизированная контрольно-испытательная проверочная станция ЗРК 9К33М2/М3 =
9W242-1 – automatische Kontroll- und Prüfstation FRK 9K33M2/M3

Eine **Automatisierte Kontroll- und Prüfstation 9W242-1Ä** (AKPS) diente der Komplexkontrolle der Raketen 9M33M2 / 9M33M3 mit automatischer Registrierung der erhaltenen Ergebnisse sowie der Bestimmung der gemessenen Parameter der zu überprüfenden Raketen. Die AKPS baute auf dem Fahrgestell des mittleren Lkw ZIL-131 mit Koffer K4-131 auf. Strom und Druckluft lieferte das zum Bestand gehörende **Elektroaggregat mit Verdichteranlage 9W617A** auf Einachs-Anhänger. Im Kofferaufbau waren u. a. eine Raketenkontrolleinrichtung, die Elektroausrüstung, eine Druckluftanlage, der EWZ-Satz sowie Kontroll- und Messgeräte untergebracht. Nach dem Entfalten der AKPS wurden die Raketen auf dem Montagewagen 9F16M2.19 an die linke und rechte Seite der Station herangefahren und mithilfe von Kabeln angeschlossen. Die automatische Überprüfung der Raketen erfolgte abwechselnd nach einem vorgegebenen Programm durch die Raketenkontrolleinrichtung. Eine Station konnte sechs bis sieben Raketen pro Stunde überprüfen.

Automatisierte Kontroll- und Prüfstation 9W242-1Ä und Elektroaggregat mit Verdichteranlage 9W617 in Marsch- (linkes Bild) und Arbeitslage.

Werkstätten

9В210БМ3 – машина технического обслуживания ЗРК 9К33М3 =
9W210BM3 – Wartungsmaschine FRK 9K33M3

Sechs **Kontroll- und Wartungsstationen 9W210BM3** (KWS) stellten die technische Wartung und die laufende Instandsetzung der funkmesstechnischen Ausrüstung der Start- und Leitstation 9A33BM2 sicher. Zu diesem Zweck befand sich je ein Fahrzeug in jedem Fla-Raketenkomplex und in der Prüf- und Abstimmbasis. Das Umstimmen der Start- und Leitstation auf andere Festfrequenzen und die Durchführung von Justierarbeiten mit der Justierstation 9W914 gehörten ebenfalls zum Aufgabenbereich der KWS.

Als Basisfahrzeug diente der mittlere Lkw ZIL-131 mit Koffer K4-131. Die Elektroausrüstung mit dem Stromversorgungsaggregat AB-8T nahm ein Einachs-Anhänger 1P-2,5 Modell MW-8301 auf. Die erforderlichen Abstimmungs- und Instandsetzungsarbeiten am Höhenmesser PRW16B sowie an den FuMS P40 und P19-4Sch3-1 führten eine **Kontroll- und Wartungsstation KRAS-1R7M**, eine **Funkmess-Werkstatt KRAS-PM** und eine **Funkmess-Werkstatt 75-5** durch.

Allgemeine Sicherstellungsmittel

9Ф16М2 – комплекс наземного оборудования ЗРК 9К33М2 =
9F16M2 – Bodengerätekomplex FRK 9K33M2
9Ф372М2 – машина группового ЗИП ЗРК 9К33М2 =
9F372M2 – Wartungsmaschine EWZ FRK 9K33M2
9В914 – юстировочная машина БМ ЗРК 9К33 =
9W914 – Richtmaschine FRK 9K33
9Ф632 – тренажер операторов БМ 9А33БМ2 ЗРК 9К33М2 =
9F632 – Trainer Operator Gf 9A33BM2 FRK 9K33M2

Selbstlader 4901 des Technologischen Ausrüstungskomplexes 9F16M2 in Arbeitslage (linkes Bild). Die Kontroll- und Wartungsstation 9W210BM3-1 mit Einachs-Anhänger.

Der Überprüfung und Wartung der Raketen in der Prüf- und Abstimmbasis (PAB) dienten ein **Technologischer Ausrüstungskomplex 9F16M2** und ein **Technologischer Ausrüstungskomplex MS1525AM**(1). Die Sicherstellung der Arbeit der PAB erforderte weiterhin einen **Autodrehkran 9T31M1**(1) und eine **Kompressorstation UKS400-131**(1). Der Technologische Ausrüstungskomplex 9F16M2, auch Bodenausrüstungskomplex genannt, war in Transportgestellen auf zwei **Selbstladern 4901**, zwei mittlere Lkw ZIL-131 mit Pritsche, untergebracht. Mit der Ausrüstung wurde die technische Wartung an den Raketen durchgeführt und die Parameter der Bordausrüstung eingeregelt. Mithilfe des Gruppen-EWZ-Satzes wurden Mängel an den Raketen und an den TSC beseitigt, die Hermetisierung der Rakete und des TSC kontrolliert sowie die Rakete für den Transport verladen. Wesentliche Bestandteile des Bodenausrüstungssatzes bildeten die Montagewagen 9F16M2.17 und 9F16M2.19, ein Druckluftpult, ein Einzel- und ein Gruppen-EWZ-Satz sowie das auf einem weiteren mittleren Lkw ZIL-131 verladene Elektroaggregat AB-8T/400M mit Kabel- und Verteilersatz.

Zwei **Justierstationen 9W914** sorgten mit dem System OJu07-08 für die Justierung der Antennensysteme der Start- und Leitstation. In Zusammenarbeit mit der Kontroll- und Wartungsstation 9W210BM3 ließ sich die SLS überprüfen, warten und instandsetzen. Die Justierstation 9W914 auf Fahrgestell des Lkw ZIL-131 umfasste den Kofferaufbau, den Teleskopmast sowie dessen Abstütz- und Hebevorrichtung. In Gefechtslage erreichte der ausgefahrene Teleskopmast eine Höhe von 20.255 mm. Die beiden Justierstationen 9W914 waren in der Prüf- und Abstimmbasis untergebracht.

Justierstation 9W914 in Marschlage, die Gefechtslage wurde mit einer Seilwinde hergestellt. Auf der Spitze des Gittermastes war das System OJu07-08 für die Justierung der Antennensysteme der Start- und Leitstation montiert; der Abstand zwischen Justierstation und SLS betrug 75 m (rechtes Bild).

Das **EWZ-Fahrzeug 9F372M2** diente dem Transport und der Aufbewahrung des EWZ-Satzes Nr. 2. Der EWZ-Satz Nr. 2 ermöglichte die Sicherstellung mit Werkzeugen und Ersatzteilen für die laufende Instandsetzung und die technischen Wartungen Nr. 1 und Nr. 2 von vier SLS. Das Basisfahrzeug stellte ein mittlerer Lkw ZIL-131 mit Pritsche. Im Fla-Raketenregiment wurden fünf EWZ-Fahrzeuge 9F372M2, eins in jeder Fla-Raketenbatterie, zusammen mit einer Kontroll- und Wartungsstation 9W210BM3 eingesetzt.

Die Stromversorgung der SLS im Gefecht erfolgte über die bordeigene Stromversorgungsanlage. Da diese jedoch sehr kraftstoff- und verschleißintensiv war, wurden für die Gefechtsausbildung und für Wartungsarbeiten sechs **Diesel-Elektrostationen PÄS-100-T/230-Tsch/400-A1RK** eingesetzt. Die Diesel-Elektrostation PÄS-100-T/230-Tsch/400-A1RK versorgte die fünf Fla-Raketenbatterien und die Prüf- und Abstimmbasis.

Zwei **Trainingsfahrzeuge 9F632** der Ausbildungsbasis des Fla-Raketensystems dienten der Ausbildung und dem Training der Funkorter der SLA. Sie wurden zur Lösung praktischer Gefechtsaufgaben ohne oder mit begrenzter Anzahl von Anflügen durch Zieldarstellungsflugzeuge sowie zur objektiven Kontrolle der Arbeit der Besatzung der SLS eingesetzt. Als Basis fand der mittlere Lkw ZIL131 mit Koffer K4-131 Verwendung. Die Versorgung mit elektrischer Energie stellte das Elektroaggregat AB-8 auf Einachs-Anhänger mit Fahrgestell 1P-2,5 Modell MW-8301 sicher.

Trainingsfahrzeug 9F632 (oberes Bild) und das EWZ-Fahrzeug 9F372M2.

Verbleib

Die Bundeswehr übernahm die gesamte Technik der Fla-Raketensysteme 9K33M2 OSA-AK / 9K33M3 OSA-AKM, obwohl die UdSSR diese Technik als sensitiv einstufte und zurückhaben wollte.
Drei Start- und Leitstationen 9A33BM3-1 und eine Justierstation 9W914 übernahm die BuWe für Ausbildungszwecke. 12 Start- und Leitstationen mit 924 Raketen des Fla-Raketensystems 9K33M OSA-AK / OSA-AKM gab die BRD an Griechenland ab. Der Verbleib der restlichen Technik bleibt noch zu klären.

Eine der drei von der Bundeswehr genutzten Start- und Leitstationen 9A33BM3-1 (linkes Bild) und die Justierstation 9W914 mit aufgesetztem System OJu07-08.

Rakete 9M313 des tragbaren Fla-Raketenkomplexes 9K310Ä IGLA-1Ä

NATO-Bezeichnung SA-16 GIMLET

Der Beschreibung der Rakete 9M313 liegt der STAN des MSR-29 der 8. MSD zugrunde, gültig ab Dezember 1989.

Der tragbare Fla-Raketenkomplex der ersten Generation 9K32M STRELA-2 stellte nicht nur ein wirksames Luftverteidigungsmittel der LaSK dar, sondern fand auch in den anderen Teilstreitkräften breite Verwendung.

Erfahrungen aus Kampfeinsätzen und Ergebnisse von Gefechtsschießen zeigten jedoch, dass die Bekämpfung der Luftziele im Abflug hauptsächlich Schäden im Heckbereich verursachte und die Flugzeuge größtenteils den Heimatflugplatz noch erreichen konnten.

Da der FRK 9K32M STRELA-2 Anfang der 1980er-Jahre nicht mehr den Anforderungen des modernen Gefechts entsprach, orientierte die NVA auf die Einführung des FRK 9K34 STRELA-3. Die sowjetische Seite teilte mit Aktennotiz Nr. 34/324 vom 26.10.1983 mit, die im Sonderabkommen vom Juni 1983 für das Jahr 1984 vereinbarten Fla-Raketenkomplexe 9K34 STRELA-3 wegen Produktionseinstellung nicht liefern zu können. Die Sowjetunion bot jedoch die Lieferung eines neuen FRK anstelle des FRK 9K34 STRELA-3 an. Das Angebot enthielt die Zusage der UdSSR, der NVA im Jahr 1984 18 Abschussvorrichtungen und 90 Raketen des Fla-Raketenkomplexes 9K310Ä IGLA-1Ä zu liefern.

Die Entwicklung des neuen FRK IGLA-1 musste die Bekämpfung jedes Luftziels im Anflug gewährleisten und das sichere Erkennen der Staatszugehörigkeit von Flugzeugen und Hubschraubern gewährleisten. Ebenso notwendig waren die Erhöhung der Reichweite und der Schutz der Rakete vor optischen Täuschkörpern, wie sie gegnerische Flugzeuge und Hubschrauber einsetzten. Nach diesen groben taktisch-technischen Vorgaben der Hauptverwaltung Raketen und Artillerie (GRAU) entwickelten sowjetische Raketenfachleute ab 1976 den tragbaren FRK 8K310 IGLA (deutsch = Nadel), den die sowjetischen Landstreitkräfte 1981 einführten. Bei der Entscheidung über den FRK 9K310Ä IGLA-1Ä galt es zu berücksichtigen, dass die UdSSR nicht alle Teilnehmerstaaten des Warschauer Vertrages mit dem neuen FRK ausrüsten konnte. Sie vergab daher Lizenzen an die VR Polen und die VR Bulgarien, mit der Auflage, dass die weitere Beschaffung des neuen FRK über diese Länder erfolgen müsse. Aufgrund dieses Sachverhalts und der Tatsache, dass der Beginn der Lizenzproduktion nicht bekannt war, verzichtete die NVA vorerst auf die Einführung des FRK 9K310Ä IGLA-1Ä. Im Jahr 1989 erhielt die NVA schließlich die ersten 75 Fla-Raketenkomplexe 9K310Ä IGLA-1Ä aus der UdSSR; davon gingen 2 x 36 FRK an je ein MSR, die restlichen drei an Ausbildungseinrichtungen. Für 1990 war die Beschaffung weiterer 75 FRK geplant. Von 1991 bis 1993 wollte die NVA 390 Startmechanismen 9P519 für IGLA-1Ä mit dem Freund-Feind-Kennungssystem PAROL und 1810 Raketen 9M313 aus der UdSSR importieren. Für den Zeitraum 1994 und 1995 wollte sie 110 Startmechanismen 9P519Ä und 1090 Raketen 9M313 aus der VR Bulgarien beziehen.

Fla-Raketenkomplex

9K310 Игла-1 переносной зенитный ракетный комплекс = 9K310 IGLA-1 tragbarer Fla-Raketenkomplex

Der FRK 9K310Ä IGLA-1Ä (das Ä stand für Export) bestand aus der Rakete 9M313, dem Startrohr 9P322, dem Startmechanismus 9P519 mit Kennungsgerät 1L14-2 und der Außenstromquelle 9B328. Als Aufklärungs- und Zielzuweisungsmittel diente die tragbare elektronische Luftlagekarte 1L15-1. Als doublierende Hilfsmittel kamen je Fla-Raketenzug drei Funkmesspeiler 9S13 POISK[1] zum Einsatz. Der bewegliche Kontrollpunkt 9W866 diente als Mittel der technischen Wartung und als Ausbildungsmittel mehrerer Ausbildungskomplexe.

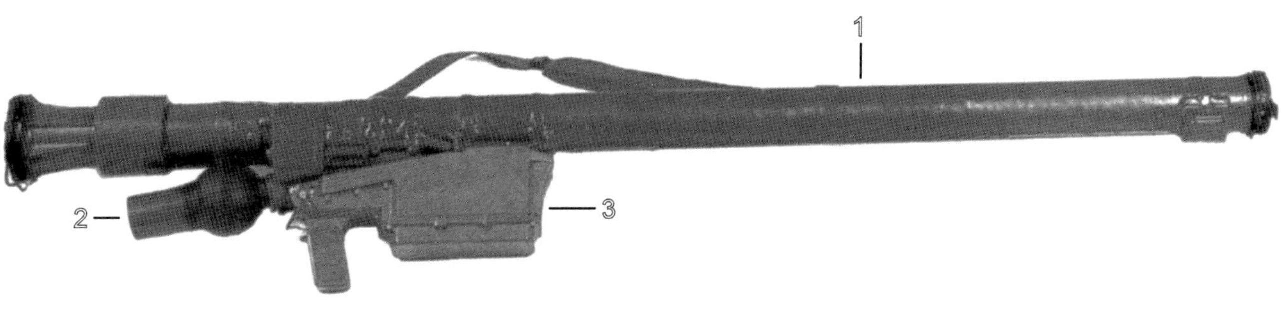

Der tragbare Fla-Raketenkomplex 9K310 IGLA-1Ä bestand aus dem Startrohr 9P322 mit Rakete 9M313 (1), der Außenstromquelle 9B328 (2) und dem Startmechanismus 9P519 (3)

Die maximale Höhe der zu bekämpfenden Luftziele durfte im Anflug 3 km und im Abflug 3,5 km nicht überschreiten. Zu bekämpfende Ziele durften die minimale Höhe von 10 m nicht unterschreiten. Die maximale Geschwindigkeit der Luftziele im Anflug / im Abflug durfte 1296 / 1152 km/h (360 / 320 m/s) nicht überschreiten, die Schrägentfernung zum Ziel lag zwischen 500 m und 5 km. Die Masse des FRK in Gefechtslage betrug 16,65 kg, die Zeit zum Herstellen der Gefechtslage aus der Marschlage maximal 13 s. Ein MSR verfügte über 36 tragbare FRK, die in den Fla-Raketenzügen der drei MSB eingesetzt und vom Leiter TLA mithilfe seiner **Automatisierten Führungsstelle PU12M** geführt wurden. Jeder Fla-Raketenzug nutzte einen SPW-70 / 60PB als Transportmittel.

Rakete

9M313 – зенитная управляемая ракета ПЗРК (Переносной зенитный ракетный комплекс) 9К310 = 9M313 – Flugabwehrlenkflugkörper tFRK (tragbarer Flugabwehrraketenkomplex) 9K310

Die nach dem aerodynamischen Prinzip ENTE konstruierte **Rakete 9M313** bestand aus vier Zellen.

Die 1. Zelle empfing als Infrarot-Zielsuchlenkkopf (IRZSLK) die vom Luftziel abgestrahlte Wärmeenergie und wandelte sie in frequenzmodulierte Signale um. Diese Signale enthielten die Information über die Lage des Luftziels relativ zur optischen Achse der Rakete. Die Rakete wurde nach der Methode der proportionalen Annäherung an das Luftziel gelenkt. Während der Zielbewegung änderten sich dessen Koordinaten, wonach der Infrarot-Zielsuchlenkkopf an den Ruderblock Lenkkommandos übermittelte. Nach diesen Kommandos steuerte der Ruderblock die Ruder der Rakete so, dass der Geschwindigkeitsvektor zu jedem beliebigen Zeitpunkt immer auf den berechneten Vorhaltepunkt gerichtet blieb. Das Wesen dieser Lenkmethode bestand darin, die Visierlinie der Rakete auf NULL zu bringen, um das Zusammentreffen von Rakete und Ziel im Vorhaltepunkt zu gewährleisten. Durch Fehler beim Start flog die Rakete nicht exakt in Richtung des Vorhaltepunkts, die Visierlinie war ungleich NULL. Der IRZSLK maß diesen Fehler und bildete ein entsprechend proportionales Lenksignal. Die Methode der proportionalen Annäherung mit Infrarot-Zielsuchkopf stellte sicher, dass die Rakete in unmittelbarer Nähe des Teils des Luftziels mit dem größten Wärmekontrast aufschlug. Beim Beschuss von Flugzeugen mit Strahl- oder Propellertriebwerk lag das Zentrum des Auftreffens in der Nähe der Austrittsöffnung der Triebwerksdüse. Um eine hohe Empfindlichkeit des IRZSLK zu gewährleisten, kühlte eine Kühlanlage den integrierten Fotoempfänger. Als Kühlmittel diente ein komprimiertes Gas, das bei seiner Entspannung in einen flüssigen Zustand überging und dabei Kälte abgab. Um den Luftwiderstand während des Fluges zu verringern, befand sich an der Spitze der 1. Zelle ein kleiner konischer Luftleitkegel, befestigt an drei geneigten Stäben.

Die 2. Zelle nahm die Rudermaschine mit den beiden Rudern, die Bordstromquelle und den Pulverdruckerzeuger auf. Die Rudermaschine lenkte die Rakete im Flug und bildete zusammen mit den Rudern das Steuerelement. Sie entwickelte ausreichend große Rudermomente, um die Ruder mit der erforderlichen Geschwindigkeit um den entsprechenden Winkel zu verstellen. Dazu erhielt die Rudermaschine elektrische Signale vom IRZSLK, die eine Regelung der Gase des Pulverdruckerzeugers und damit eine Auslenkung der Ruder bewirkten. Die Bordstromquelle versorgte die Baugruppen der Rakete während des Fluges mit elektrischer Energie. Sie bestand aus dem Turbogenerator und einem stabilisierenden Gleichrichter. Vom Pulverdruckerzeuger gelangten die Pulvergase auf das Turbinenrad des Turbogenerators und erzeugten eine Drehgeschwindigkeit, wodurch der Generator eine Wechselspannung lieferte. Der Pulverdruckerzeuger trieb während des Fluges den Turbogenerator und die Rudermaschine an. Die bei der Verbrennung der Pulverladung entstandenen Pulvergase entwickelten einen bestimmten Druck und gelangten über Gasleitungen zum Turbogenerator der Bordstromquelle und von dort weiter zur Rudermaschine.

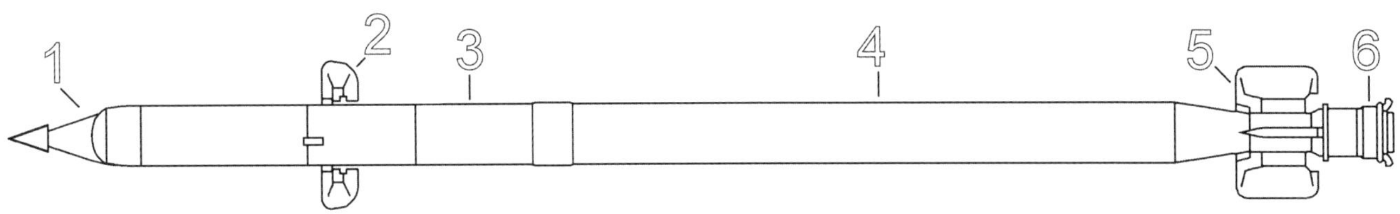

Die Hauptelemente der Rakete 9M313.
1 - 1. Zelle mit Infrarot-Zielsuchlenkkopf
2 - 2. Zelle mit Rudermaschine und den beiden Rudern
3 - 3. Zelle mit Gefechtsteil
4 - 4. Zelle Triebwerkszelle mit Marschtriebwerk
5 - Flügelblock mit 4 Stabilisatoren
6 - Starttriebwerk

Das Gefechtsteil, die 3. Zelle, diente der Vernichtung oder Beschädigung des Luftziels durch Splitterwirkung. Der Aufschlagzünder erzeugte den Zündimpuls für die Gefechtsladung. Er verfügte über zwei Sicherungsstufen, die während des Fluges aufgehoben wurden. Sie gewährleisteten die Sicherheit der Rakete beim Start, bei der Nutzung und beim Transport. Wurde kein Treffer erzielt, brannte der Pyrosatz der Selbstzerlegeeinrichtung vollständig ab. Der Detonator des Gefechtsteils wurde gezündet und das Gefechtsteil detonierte. Im Gefechtsteil wurde ein Sprengstoff mit erhöhter Sprengwirkung verwendet. Für die synchrone Detonation des Gefechtskopfs und des unverbrannten Teils des Marschtriebwerks der Rakete sorgte ein Zündgenerator. Der Zünder besaß einen Induktionsgeber (Wirbelgenerator), der die Detonation des Gefechtskopfs auslöste, wenn sich die Rakete einem metallischen Flugkörper näherte. Beim Auftreffen auf das Ziel löste ein doublierender Kontaktgeber die Detonation aus.
Die 4. Zelle, die Triebwerkzelle, gewährleistete den Start der Rakete aus dem Startrohr, gab ihr die notwendige Rotationsgeschwindigkeit, beschleunigte sie auf die mittlere Marschgeschwindigkeit und hielt diese während des Fluges konstant. Die Triebwerkzelle bestand aus dem Start- und dem Marschtriebwerk. An der Triebwerkzelle befand sich der Flügelblock, der für die aerodynamische Stabilität und die erforderliche Rotationsgeschwindigkeit im Flug sorgte. Die Flügel entfalteten sich durch die Zentrifugalkraft beim Austritt der in Rotation versetzten Rakete aus dem Startrohr. Das Starttriebwerk schob die Rakete aus dem Startrohr und verlieh ihr die erforderliche Rotationsgeschwindigkeit. Das Marschtriebwerk, ein Einkammer-Zweiphasentriebwerk, erzeugte den Schub während des Fluges. Ein Strahlzünder zündete das Marschtriebwerk in einer für den Fla-Raketenschützen sicheren Entfernung. Die Zündung der ersten und zweiten Phase des Marschtriebwerks erfolgte gleichzeitig. Der in der ersten Phase erzeugte Schub beschleunigte die Rakete auf die Marschgeschwindigkeit. In der zweiten Phase sorgte das Marschtriebwerk für eine konstante Marschgeschwindigkeit bis zur Vernichtung des Ziels oder der Selbstzerstörung der Rakete.
Der FRK 9K310 IGLA-1 erreichte seine Effektivität bei der Bekämpfung moderner und zukünftiger Luftziele durch eine prinzipiell neue Gefechtsladung; die Arbeit des Fla-Raketenschützen erleichterte das automatische Einschwenken der Rakete auf den Vorhaltepunkt im Anfangsabschnitt der Flugbahn. Der IRZSLK verfügte zusätzlich über ein Programm, das im Anfangsabschnitt der Flugbahn ein Wendekommando erarbeitete, das ein elektronisches Umschalten vom Regime ANFLUG auf das Regime ABFLUG des Ziels ermöglichte. Zu diesem Zweck wurde die Ruderzelle so konstruiert, dass bei einer Beschleunigung von bis zu 8 g die dafür notwendige Steuerung der Rakete möglich war. Das Erkennen der Staatszugehörigkeit von Flugzeugen und Hubschraubern erfolgte mithilfe des Kennungsgerätes 1L14-2, das eine automatische Blockierung für den Abschuss der Rakete auf eigene Flugzeuge beinhaltete. Die Modifikation des Triebwerks und der aerodynamischen Eigenschaften der Rakete ermöglichten die Bekämpfung von Zielen mit Überschallgeschwindigkeit.
Die Rakete 9M313 hatte ein Kaliber von 72,1 mm, eine Masse von 10,8 kg und eine mittlere Marschgeschwindigkeit von 2052 km/h (570 m/s). Moderne Flugzeuge waren jedoch gegen Raketen mit geringer Sprengwirkung gut geschützt. Um dennoch die Zerstörungswahrscheinlichkeit zu erhöhen, verfügte die Rakete über eine Schaltung zur Veränderung des Auftreffpunktes in Bewegungsrichtung des Flugzeuges, d. h. in Richtung der Pilotenkabine.

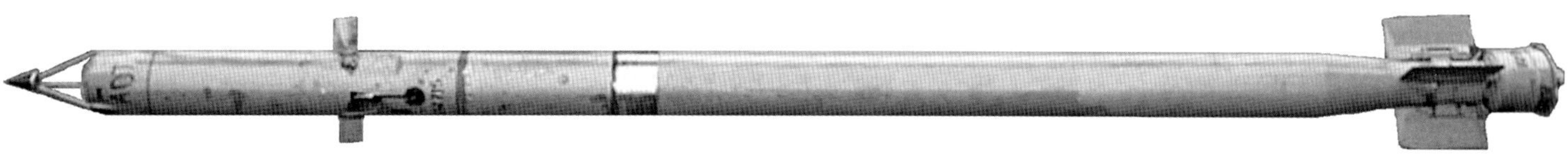

Rakete 9M313, an der Spitze der aerodynamische Luftleitkegel.

Mit Inbetriebnahme der Außenstromquelle gelangte komprimiertes Gas aus dem Druckbehälter in das Kühlsystem des IRZSLK und bewirkte dessen Kühlung, um eine hohe Empfindlichkeit des Fotoempfängers zu gewährleisten. Gleichzeitig legte die Batterie des Startmechanismus 9P519 eine Spannung an den Elektronikblock (des Startmechanismus 9P516) und an den IRZSLK an. Wurde das Luftziel erfasst, bildete die Informations- und Steuerautomatik das Signal KENNUNGSABFRAGE und leitete es an das Kennungsgerät weiter, welches die Kennungsabfrage durchführte. Ergab die Kennungsabfrage, dass es sich um einen GEGNER handelte, wurde die Informations- und Steuerautomatik kurzzeitig blockiert und Spannung an den Relaisblock und von diesem an den Elektrozünder des Pulverdruckerzeugers und den Schärfungsmechanismus gelegt. Nach 0,75 Sekunden (notwendige Verzögerungszeit für das Umschalten auf die Stromversorgung der Bordstromquelle) gab der Relaisblock eine Spannung an den Elektrozünder der Starttreibladung des Starttriebwerkes. Die Starttreibladung zündete, das Starttriebwerk gab der Rakete die notwendige Geschwindigkeit, um das Startrohr zu verlassen und sich um die Längsachse zu drehen. Nachdem das Starttriebwerk seine Arbeit im Startrohr beendet hatte, wurde es durch eine im Startrohr befindliche Auffangbuchse festgehalten. Die Rakete verließ das Startrohr, wobei sich die Ruder und die Flügel entfalteten. Der Informations- und Steuerautomatik wurde das Zielsignal übermittelt. Bei ausreichender Infrarotabstrahlung des Ziels wurde der Kreisel des Infrarot-Zielsuchlenkkopfes automatisch entarretiert. Das Ziel wurde erfasst und begleitet. Nachdem die Rakete das Startrohr verlassen hatte, zündete der Strahlzünder das Marschtriebwerk. Dies geschah mit einer Verzögerung und einem solchen Abstand, der die Sicherheit des Fla-Raketenschützen nicht gefährdete. Die vom Starttriebwerk erzeugte Schubkraft beschleunigte die Raketen auf die erforderliche Marschgeschwindigkeit und hielt diese während des Fluges aufrecht. Beim Entfalten der Ruder sprach der Unterbrecher des Schärfungsmechanismus an, Spannung gelangte an den Zünder des Aufschlagzünders sowie an den Zünder des Pulverlenktriebwerkes. Gleichzeitig zündeten die pyrotechnischen Sicherungen der Sicherungs- und Zündeinrichtung sowie die pyrotechnische Ladung der Selbstzerlegeeinrichtung. Die sich entwickelnden Gase des Pulverlenktriebwerks strömten über den Gasverteiler zur Rudermaschine. Entsprechend den Signalen vom IRZSLK und den erforderlichen Vorhalte- und Erhöhungswinkeln lenkten die Ruder die Rakete auf dem Anfangsabschnitt der Flugbahn. Etwa zwei Sekunden nach dem Start war die pyrotechnische Sicherung der Sicherungs- und Zündeinrichtung abgebrannt und der Zünder an die Bordspannungsquelle geschaltet. Damit war das Scharfmachen des Aufschlagzünders abgeschlossen. Die pyrotechnische Ladung der Selbstzerlegeeinrichtung brannte weiter, die Bordstromquelle versorgte ununterbrochen den Aufschlagzünder. Während des Fluges erarbeitete der IRZSLK die Lenksignale, die an die Rudermaschine gelangten und die Lenkung der Rakete bewirkten. Traf die Rakete auf ein Luftziel, brachte der Aufschlagzünder das Gefechtsteil zur Detonation. Gleichzeitig zündete der Zündgenerator die restliche Treibladung des Marschtriebwerks. Traf die Rakete kein Ziel, brannte nach einer Brenndauer von 14 bis 17 Sekunden die pyrotechnische Ladung der Selbstzerlegeeinrichtung ab und das Gefechtsteil detonierte.

Abschusseinrichtung

Das **Startrohr 9P322** nahm die Rakete auf, es diente dem Richten und Starten der Rakete sowie dem Transport und der Lagerung in der Transportkiste. Das Startrohr hielt das Starttriebwerk nach dem Start fest und schützte den Fla-Raketenschützen vor den Auswirkungen der Pulvergase des Starttriebwerks. Mithilfe der Visiereinrichtung, bestehend aus Lochkimme und Ringkorn, visierte der Fla-Raketenschütze das Luftziel an. Das Erfassen des Luftziels durch den Infrarot-Zielsuchlenkkopf wurde durch eine Signallampe bestätigt. Die Visiereinrichtung war so zur Längsachse des Startrohrs angeordnet, dass beim Anvisieren des Luftziels das Startrohr einen Anfangserhöhungswinkel erhielt. So ließ sich das Absinken der Rakete beim Verlassen des Startrohrs ausgleichen. Ein vorderer und ein hinterer Verschlussdeckel verhinderten das Eindringen von Schmutz und Feuchtigkeit in das Startrohr.

Startrohr 9P332 mit aufgesetzter Außenstromquelle 9B238.

Die **Außenstromquelle 9B238,** die nur einmal verwendet werden konnte, lieferte die Energie für die Vorbereitung des FRK zum Schießen und für den Start der Rakete.Sie bestand hauptsächlich aus dem Druckbehälter für die Langzeitlagerung von komprimiertem Gas (35 MPa) zur Versorgung des IRZSLK-Kühlsystems mit Kühlmittel und einer Batterie.

Der **Startmechanismus 9P519** mit **Kennungsgerät 1L14-2** gewährleistete die Startvorbereitung und den Start der Rakete. Mithilfe eines Elektronikblocks wurde der Kreiselrotor des IRZSLK angelassen, auf Arbeitsgeschwindigkeit beschleunigt und entarretiert. Der Elektronikblock analysierte die vom IRZSLK eintreffenden Informations- und Korrektursignale und erzeugte akustische und optische Signale, wenn sich ein Luftziel im Sichtfeld befand. Die Informations- und Startautomatik erzeugte eine Spannung für den Zündstromkreis des Pulverdruckerzeugers, den Schärfungsmechanismus und das Starttriebwerk, wenn alle Bedingungen für einen erfolgreichen Start erfüllt waren.

Der FRK verfügte über das Kennungsgerät 1L14-2 zur funkelektronischen Abfrage und Bearbeitung der Kennung GEGNER – EIGENER. Beim Anliegen des Kennungssignales EIGENER wurde der Start der Rakete blockiert. Das Kennungsgerät war als separater Block am Startmechanismus angebracht.

Mittel der Gefechtssicherstellung

Die **Elektronische Luftlagekarte 1L15-1** (ELLK) diente der rechtzeitigen Benachrichtigung der mit dem Fla-Raketenkomplex 9K310Ä IGLA-Ä ausgerüsteten Einheiten. Sie informierte über die Position, den Kurs und die Staatszugehörigkeit von Luftzielen im Raum der Gefechtshandlungen. Die Luftlageinformationen übermittelte die automatisierte Führungsstelle PU12M per Funk in Form von Telecode-Informationen. Die ELLK konnte bis zu vier Flugobjekte darstellen. Durch den empfindlichen Annäherungs- und Aufschlagzünder des Gefechtskopfes war die Rakete 9M313 in der Lage, Ziele im An- und Abflug zu bekämpfen. Diese technische Möglichkeit konnte der Fla-Raketenschütze jedoch nur nutzen, wenn er das zu bekämpfende Ziel rechtzeitig entdeckte und als feindlich identifizierte. Da der FRK über das Kennungsgerät 1L14-2 verfügte, konnte mithilfe der ELLK diese schwierige Aufgabe sehr früh entschieden werden. Die ELLK bestand im Wesentlichen aus einem Bildschirm

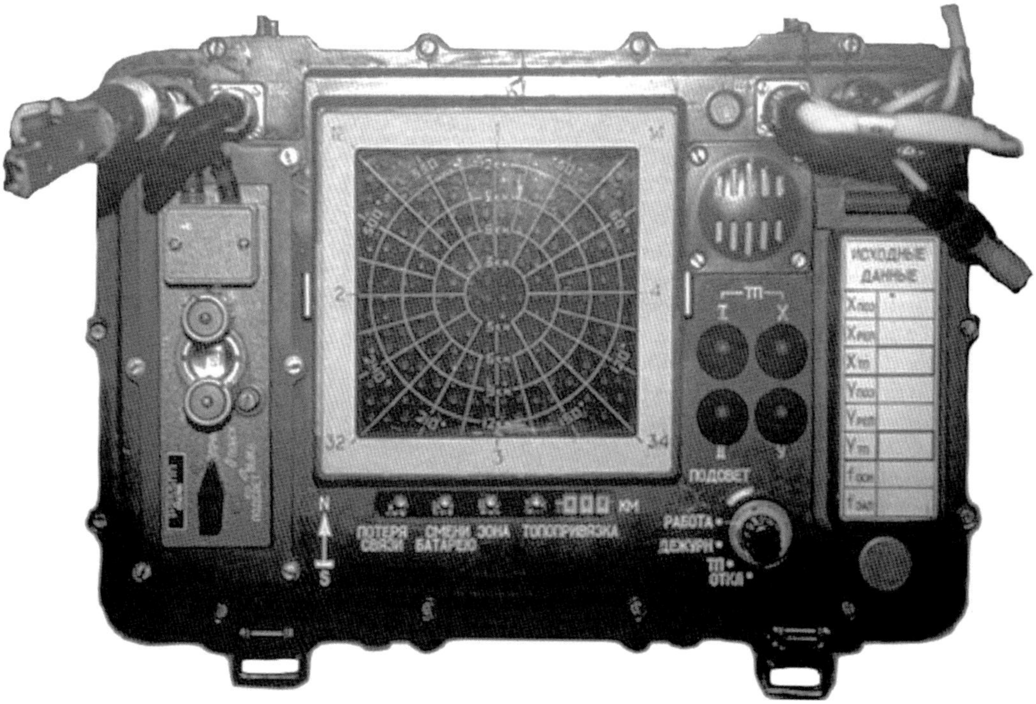

Elektronische Luftlagekarte 1L15-1, im Zentrum der Bildschirm mit dem Entfernungsraster (bis 12 km) und einer groben Winkeleinteilung, mit dem Fla-Raketenschützen als angenommenen Nullpunkt, oben links die Antenne.

und der Empfangsanlage mit Antenne. Der Bildschirm besaß ein Entfernungsraster bis 12 km und eine grobe Winkeleinteilung mit dem Fla-Raketenschützen als angenommenen Nullpunkt. Die Koordinaten der Startstellung wurden topografisch ermittelt, in der ELLK gespeichert und dem vorgesetzten Gefechtsstand gemeldet. Durchflog ein gegnerisches Luftziel die Darstellungszone von 26,5 x 26,5 km, erschien ein pulsierendes Lichtsignal auf dem Bildschirm und synchron dazu ertönte ein Tonsignal. Durchflog ein eigenes Flugzeug oder ein eigener Hubschrauber die Darstellungszone, wurde dies durch ein nicht blinkendes LED-Licht angezeigt. Die Flugbahn der Zielbewegung innerhalb des Anzeigebereichs wurde durch die unterschiedliche Helligkeit der LED-Anzeige dargestellt (neue Informationen entsprachen dem helleren Leuchten der LED), sodass die Bewegungsrichtung des Ziels festgestellt werden konnte. Wurde auf dem Gefechtsstand eingeschätzt, dass der Fla-Raketenschütze ein Ziel erfolgversprechend bekämpfen konnte, wurde dem Schützen die Richtung und Entfernung zu diesem Ziel auf dem Bildschirm angezeigt. Lange, bevor dieser das Ziel entdecken, erkennen und identifizieren konnte, war die Freund-Feind-Frage entschieden und die Vorbereitungen zur Bekämpfung eingeleitet. Nach entsprechender Vorbereitung konnte die Gefechtsarbeit auch aus der Bewegung heraus erfolgen. Die Luftlagekarte hatte die Abmessungen (L x B x H) von 340 x 240 x 186 mm bei einem Gewicht von 7 kg.

Mittel der technischen Sicherstellung

Der transportable Kontrollpunkt 9W866 wurde für die technische Wartung Nr. 1 am Startmechanismus 9P519 und für Regelarbeiten an der Rakete 9M313 eingesetzt. Die Zeit für die Entfaltung aus der Marsch- in die Arbeitslage betrug maximal 30 Minuten, die Arbeiten am Fla-Raketenkomplex nahmen höchstens fünf Minuten in Anspruch.

Für die praktische und theoretische Ausbildung der Fla-Raketenschützen stand eine Vielzahl von Trainingselementen zur Verfügung, wie der praktische **Trainingskomplex 9F634-2**, der **Feldtrainingskomplex 9F635-2** und der **Startkontrollkomplex 9F636-2** sowie Maß- und Gewichtsmodelle, der **Exerzierkomplex 9K310-2** und der **taktische Komplex 9F663**.

Verbleib

Die Bundeswehr übernahm alle 75 Fla-Raketenkomplexe 9K310Ä IGLA-1Ä aus sowjetischer Produktion und ordnete sie der Kategorie I – Weiterverwendung – zu.

Eine letzte Frage

1988 stellte die 37.Tagung des Militärischen Wissenschaftlich-Technischen Rates (MWTR) zu den Hauptrichtungen der Ausrüstung der Armeen der Teilnehmerstaaten des Warschauer Vertrages mit Bewaffnung und Technik für den Zeitraum 1991 bis 1995 fest … *daß die Ausrüstung mit mobilen Fla-Raketenkomplexen auf Regimentsebene mit nur 15 % zu gering ist. … Die geplante Ausrüstung mit Komplexen STROP und modernisierten ZU-23-2 kann die Aufgabe der Deckung des Regiments vor Luftangriffsmitteln nicht im vollen Umfang lösen. Auf Divisions- und Armeeebene der TLA ist die Ausrüstung mit den Komplexen BUK und TOR und auf Bataillonsebene mit dem tragbaren Fla-Raketenkomplex IGLA-1Ä vorgesehen.*

Die konzeptionelle Vorbereitung zur Modernisierung und Umgestaltung der TLA der LaSK erhielt mit dem *Entwurf des Hauptstabes der NVA über die Entwicklung der NVA im Zeitraum 1991 bis 1995* eine konkrete Ausgestaltung. Aus dem Schriftverkehr zwischen der Verwaltung des Raketen- und waffentechnischen Dienstes vom 22.07.1987 mit dem Hauptstab zum ersten Entwurf über die Entwicklung der NVA im Zeitraum 1991 bis 1995 wurden erste Schritte diskutiert.

Im Jahr 1992 war die Ausstattung der OHS/LaSK sowie des Fla-Raketen-Ausbildungszentrums 40 *mit je einem Gefechtsfahrzeug 9A331, Transportladefahrzeug, Wartungsfahrzeug, EWZ-Fahrzeug 9F393 sowie weiteren Ausbildungsgeräten zur Gewährleistung der Ausbildung* in Vorbereitung der Einführung des **Fla-Raketensystems 9K331 TOR-M1** vorgesehen. Die Umrüstung des FRR-4 sollte nach vorliegenden Planungen ab dem Jahr 1993 erfolgen, während die Umrüstung der FRR-1, -9 und -11 auf das FRS 9K331 TOR-M1 im Zeitraum 1996 bis 2000 anberaumt war.

Startrampe 9A331M1 des Fla-Raketensystems 9K331M1 TOR-M1 in Gefechtslage (linkes Bild). Der selbstfahrende Fla-Kanonenraketenkomplex 2K22 TUNGUSKA war mit zwei doppelläufigen 30-mm Flak 2A38M mit einer theoretischen Feuergeschwindigkeit von 5000 S/min sowie acht Raketen 9M311 ausgestattet.

Es war vorgesehen, die bislang im Bestand befindlichen Fla-Raketenkomplexe 9K31M STRELA-1M durch den FRK 9K35M STRELA-10M zu ersetzen. In der Folge forderte der CTLA/LaSK von 1991 bis 1995 elf und für den Zeitraum von 1996 bis 2000 acht Batterien des FRK 9K35M STRELA-10M an, um die MSR/PR weiter auszurüsten.

Die Einführung eines Nachfolgetyps für die 23-mm Fla-SFL 23/4 SCHILKA war aus technischen Erwägungen dringend erforderlich. Geplant war der Einsatz des selbstfahrenden **Fla-Kanonenraketenkomplexes 2K22 TUNGUSKA.** Für die drei MSR und das PR jeder MSD war die Bereitstellung von 16 Gefechtsfahrzeugen erforderlich. Der CTLA/LaSK forderte für den Zeitraum 1991 bis 1995 zehn und für den Zeitraum 1996 bis 2000 sechs Batterien an.

In einer Stellungnahme zur Entwicklungsplanung 1991/1995 vom Chef RWD aus dem Jahr 1988 findet sich die Aussage, dass die ursprünglich vorgesehene Einführung von Gefechtsfahrzeugen des Fla-Kanonenraketenkomplexes 2K22 TUNGUSKA zur Umrüstung der 8. MSD mit den vorgegebenen finanziellen Mitteln nicht realisierbar war. 1990 befand sich dieses System bereits über zehn Jahre in der Nutzung der Sowjetarmee. Zum System gehörte neben einem neuen Fla-Raketentyp (9M311) ein umfangreicher Kontroll- und Prüfkomplex mit hohem finanziellem und personellem Mehraufwand. Aufgrund der technischen Parameter war dieses System nicht in der Lage, Panzerabwehrhubschrauber der NATO auf Entfernungen von mehr als 4 km zu bekämpfen. Es war zu erwarten, dass spätestens ab 1996 ein Nachfolgetyp zur Einführung angeboten werden würde.

Im Planungszeitraum 1996 bis 2000 war die Umrüstung des FRR-5 vom Fla-Raketensystem 2K11 KRUG auf das **Fla-Raketensystem 9K37M1 BUG M1** vorgesehen. Begründet wurde dieses Vorhaben mit einer wesentlichen Gefechtswertsteigerung sowie dem Ablauf der technischen Einsatzbereitschaft der Raketen 3M8 bis zum Jahr 2000. Die mit der Umrüstung auf das System BUG M1 frei werdende Technik des FRR-5 sollte zur Aufstockung des FRR-3 und damit zur 3. Fla-Raketenbrigade eingesetzt werden. Im Jahr 1995 war bereits die Ausstattung der Lehreinrichtungen der LaSK mit Technik des Systems BUG M1 vorgesehen.

Im Jahr 1989 nahm die NVA die **Aufklärungs- und Zielzuweisungsstation 9S18 KUPOL** als Bestandteil des Fla-Raketensystems BUK in ihr VdKBA auf. Im Zeitraum von 1991 bis 1995 war die Beschaffung von fünf Stationen vorgesehen.

Hauptstartrampe 9A310M1 (oberes Bild) sowie Nebenstartrampe 9A39M1 des Fla-Raketensystems 9K37M1 BUK-M1

Abkürzungen

ADK	Autodrehkran
AFK	Automatisierter Führungskomplex
AFS	Automatisiertes Führungssystem
AFR	Antifunk-Messrakete
AKPS	Automatisierte Kontroll- und Prüfstation
ALS	Aufhell- und Leitstation (S300PMU ANGARA)
ALS	Aufklärungs- und Leitstation (2K12M KUB-M)
AP	Autopilot
AVR	Automatische Verstärkungsregelung
AZM	Aufklärungs- und Zielzuweisungsmittel
AZS	Aufklärungs- und Zielzuweisungsstation
BAZ	Брянский автомобильный завод – Brjansker Automobilwerk
BFRTB	Bewegliche Fla-Raketentechnische Basis
CTLA	Chef Truppenluftabwehr
DPM	Dreipunktmethode
EA	Einachs-Anhänger
ELLK	Elektronische Luftlagekarte
EWZ	Ersatzteile, Werkzeug, Zubehör
FKA	Funkkommandoantenne
FKS	Funkkommandosender
FL/FO	Funklenkung/Funkortung
FMTW	Flüssigkeits-Marschtriebwerk
FMZSLK	Funkmess-Zielsuchlenkkopf
FRA	Fla-Raketenabteilung
FRAG	Fla-Raketenabteilungsgruppe
FRAZ	Flugabwehrraketen-Ausbildungszentrum
FRBr	Fla-Raketenbrigade
FRBttr	Fla-Raketenbatterie
FRK	Fla-Raketenkomplex
FRR	Fla-Raketenregiment
FRS	Fla-Raketensystem
FSB	Feststoffbooster
FSSTW	Feststoff-Staustrahltriebwerk
FSTW	Feststoff-Starttriebwerk
FuMG	Funkmessgerät
FuMS	Funkmess-Station
FuTM	Funktechnische Mittel
FuTT	Funktechnische Truppen
FZ	Funkzünder
GAZ	Горьковский автомобильный завод – Gorki Automobilwerk
Gf	Gefechtsfahrzeug
GS	Gefechtsstand
GS-	Gerätesatz
HF-	Hochfrequenz-
HM	Höhenmesser
IRZSLK	Infrarot-Zielsuchlenkkopf
KPS	Kontroll- und Prüfstation
KS	Kampfsatz
KUNG	Кузов универсального нулевого (нормального) габарита – Koffer mit universeller Null- (Normal-) Abmessung
KWS	Kontroll- und Wartungsstation
KrAZ	Кременчугский автомобильный завод – Krementschuger Automobilwerk
LAR	Lehr- und Ausbildungsregiment
LaSK	Landstreitkräfte
Lkw	Lastkraftwagen
LS	Leitstation
LSK/LV	Luftstreitkräfte/Luftverteidigung
LTA	Lufttankanlage
LVD	Luftverteidigungsdivision
(L x B x H)	Länge x Breite x Höhe
MAZ	Минский автомобилъный завод – Minsker Automobilwerk
MfNV	Ministerium für Nationale Verteidigung
MHB	Methode halbe Begradigung
MSB	Motorisiertes Schützenbataillon
MSD	Motorisierte Schützendivision
MSK	Motorisierte Schützenkompanie
MSR	Motorisiertes Schützenregiment
MWTR	Militärischer Wissenschaftlich-Technischer Rat
NVA	Nationale Volksarmee
OdAZ	Одесский автосборочный завод – Odessaer Automobilwerk
OHS	Offiziershochschule
oZSLK	optischer Zielsuchlenkkopf
PAB	Prüf- und Abstimmbasis
PD	Panzerdivision
PR	Panzerregiment
RLS	Raketenleitstation
RTeB	Raketentechnische Basis
RTF	Raketentransportfahrzeug
RTLF	Raketentransport-Ladefahrzeug
RTrA	Raketentransportabteilung
RWD	Raketen- und Waffentechnischer Dienst
SAL	Sattelauflieger
SBZ	Selektion beweglicher Ziele
SFL	Selbstfahrlafette
SKE	System der Kommandoerarbeitung
SLS	Start- und Leitstation
SPW	Schützenpanzerwagen
SR	Startrampe
SST	Staustrahltriebwerk
STAN	Stellenplan und Ausrüstungsnachweis

SVA	Stromversorgungsanlage
SZE	Sicherheits- und Zündeinrichtung
TA	Technische Abteilung
TAK	Technologischer Ausrüstungskomplex
tFRK	tragbarer Fla-Raketenkomplex
TLA	Truppenluftabwehr
TLF	Transportladefahrzeug
TPA	Turbopumpenaggregat
TS	Technische Stellung
TSC	Transport- und Startcontainer
TSG	Tochtersichtgerät
TW	Triebwerk
UdSSR	Union der Sozialistischen Sowjetrepubliken
VdBA	Verzeichnis der Bewaffnung und Ausrüstung
VdKBA	Verzeichnis der Kampftechnik, Bewaffnung und Ausrüstung
VR	Volksrepublik
ZIL	Завод имени Лихачева – Werk mit dem Namen Lichatschow
ZSLK	Zielsuchlenkkopf
ZZSLK	Zweikanal-Zielsuchlenkkopf

Quellennachweis

Bildquellen und Schrifttum

1. Privatarchive und Sammlungen:

J. Siegert (135), E. Gerecke (23), B. Keuthen (17), A. Junghans (7), M. Wilhelm (6), O. Lenz (6) R. Seifert (5), K. Anweiler (3), H. Hanske (2), M. Pahlkötter (1), W. Donat (1), B. Hildebrandt (1), L. Simon (1), K. Piotrowski (1), L. Gau (1), R. Wagner (1)

2. Öffentliche Institutionen:

Bundesarchiv–Militärarchiv Freiburg (2)

3. Dokumentationen:

Dienstvorschriften der NVA (23)
Fla-Raketensystem S-300 der Luftverteidigung der UdSSR - E. Gerecke
Werksfotos (8)
Verzeichnis der Bewaffnung und Ausrüstung (4)
Альбом фотоснимков изделия 5в27 - Fotoalbum des Produktes 5W27 (10)
Альбом фотоснимков изделия 5в28 - Fotoalbum des Produktes 5W28 (6)

4. Weiterführende Literatur:

Deutsche Militärfahrzeuge – Bundeswehr und NVA - L.-R. Gau, J. Plate, J. Siegert (1)
Der Fla-Raketenkomplex S-300PMU in der NVA - B. Biedermann, J. Gebbert, W. Kerner
Die Fla-Raketentruppen der Luftverteidigung der DDR - B. Biedermann. S. Horst
Die Funktechnischen Truppen der Luftverteidigung der DDR - W.-R. Stuppert, S. Fiedler
Landgestützte Raketensysteme der NVA - Fla-Raketensysteme der Luftverteidigung und der Truppenluftabwehr der Landstreitkräfte - Media-Script Berlin
Panzer der NVA - J. Siegert

WEITERE INTERESSANTE BÜCHER ZUM THEMA

Jörg Siegert widmet sich in diesem Band den Rad- und Kettenfahrzeuge sowie den großkalibrigen Artilleriesystemen der NVA, die in bewährter Manier umfassend dargestellt und porträtiert werden
176 Seiten, 180 Abb., 230x265 mm
ISBN 978-3-613-04556-9
€ 29,90 | € (A) 30,80

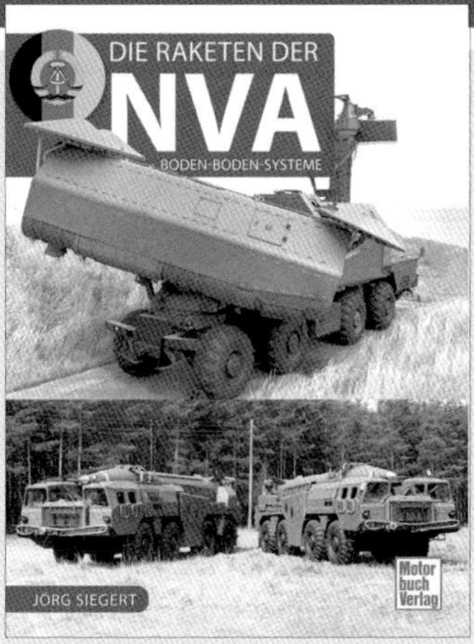

Jörg Siegert widmet sich in diesem Band den Rohr- und Raketenwaffen der NVA, die in bewährter Manier umfassend dargestellt und porträtiert werden. Neben den eigentlichen Waffenträgern werden auch die zahlreichen Leit- und Unterstützungsfahrzeuge vorgestellt.
176 Seiten, 219 Abb., 210x242 mm
ISBN 978-3-613-04654-2
€ 34,90 | € (A) 35,90

Jörg Siegert beschreibt in diesem Buch in Wort und Bild die gepanzerten Rad-Panzer und Spezialfahrzeuge des Militär-Transportwesens, der Nachrichten- und Pioniertruppen, des Kfz-Dienstes und des Militär-Bauwesens, wie sie bis 1989 bei der NVA in Dienst standen.
160 Seiten, 254 Abb., 210x280 mm
ISBN 978-3-613-04513-2
€ 24,90 | € (A) 25,60

Jörg Siegert stellt in diesem Band die Rad- und Kettenfahrzeuge vor, mit denen die NVA bis zur Integration in die Bundeswehr ausgerüstet war. Detailliert vorgestellt werden etwa 50 verschiedene Grundfahrzeuge wie die Kampfpanzer T 34/76, T 34/85, IS II, PT 76, T 54, T 55, T 72 und ihre Versionen.
160 Seiten, 229 Abb., 210x242 mm
ISBN 978-3-613-04825-6
€ 29,90 | € (A) 30,80

Leseproben zu allen Titeln
auf unserer Internetseite

Motor buch Verlag

Überall, wo es Bücher gibt, oder unter
WWW.MOTORBUCH-VERSAND.DE
Service-Hotline: 0711 / 78 99 21 51
www.facebook.com/MotorbuchVerlag

Stand Dezember 2025
Änderungen in Preis und
Lieferfähigkeit vorbehalten.